AutoCAD 2020 中文版
建筑水暖电设计实例教程

三维书屋工作室

胡仁喜　张亭　等编著

机械工业出版社

本书介绍了使用 AutoCAD 2020 中文版绘制建筑水暖电设计图的方法和技巧。全书共 22 章，第 1 章介绍了 AutoCAD2020 入门；第 2 章介绍了二维绘图命令；第 3 章介绍了编辑命令；第 4 章介绍了辅助工具；第 5 章介绍了给水排水施工图基础；第 6～8 章介绍了卫生间与住宅楼给水排水施工图及其系统图的绘制；第 9、10 章介绍了暖通空调的施工图及教学楼空调平面图的具体绘制；第 11 章介绍了某住宅楼采暖工程图的基本绘制；第 12～17 章主要介绍了建筑电气工程图的设计和建筑电气系统图的设计，包括办公楼配电平面图，餐厅消防报警平面图，餐厅消防报警系统图和电视、电话系统图，MATV、VSTV 电缆电视系统图及闭路监视系统图、综合布线及无线寻呼系统图等的绘制；第 18～22 章综合介绍了居民楼水暖电的绘制实例，包括居民楼电气平面图、居民楼辅助电气平面图、居民楼电气系统图、某居民楼采暖平面图和居民楼给水排水平面图。本书语言浅显易懂，思路清晰明确，书中的例子均为实际工程中的案例，具有很高的实用价值。本书适用于 AutoCAD 软件的初、中级用户，也适用于建筑设施制图的相关人员。随书配赠的电子资料包中包含了所有实例的源文件和实例制作过程的多媒体动画，可以帮助读者形象直观地学习和理解本书。

图书在版编目（CIP）数据

AutoCAD 2020中文版建筑水暖电设计实例教程 / 胡仁喜等编著.—北京：机械工业出版社，2021.3

ISBN 978-7-111-67516-7

Ⅰ.①A… Ⅱ.①胡… Ⅲ.①给排水系统－建筑设计－计算机辅助设计－AutoCAD软件－教材②采暖设备－建筑设计－计算机辅助设计－AutoCAD软件－教材③电气设备－建筑设计－计算机辅助设计－AutoCAD软件－教材 Ⅳ.①TU821-39②TU83-39

中国版本图书馆 CIP 数据核字(2021)第 027187 号

机械工业出版社（北京市百万庄大街 22 号　邮政编码 100037）
策划编辑：曲彩云　　责任编辑：曲彩云　李含阳
责任校对：刘秀华　　责任印制：郜　敏
北京中兴印刷有限公司印刷
2021 年 4 月第 1 版第 1 次印刷
184mm×260mm · 28.75 印张 · 711 千字
标准书号：ISBN 978-7-111-67516-7
定价：99.00 元

电话服务　　　　　　　　网络服务
客服电话：010-88361066　机 工 官 网：www.cmpbook.com
　　　　　010-88379833　机 工 官 博：weibo.com/cmp1952
　　　　　010-68326294　金 书 网：www.golden-book.com
封底无防伪标均为盗版　机工教育服务网：www.cmpedu.com

前　言

AutoCAD 是用户群非常庞大的 CAD 软件。目前，各种 CAD 软件如雨后春笋般出现，尽管这些后起之秀在不同的方面有很多优秀、卓越的功能，但是 AutoCAD 毕竟经历了市场的风雨考验，其开放性的平台和简单易行的操作方法深受工程设计人员喜爱。经过多年的发展，其功能不断完善，应用领域不断拓展，现已覆盖机械、建筑、服装、电子、气象和地理等多个学科，在全球建立了牢固的用户网络。

AutoCAD 自问世以来相继进行了 20 多次升级，每次升级都使其功能得到大幅提升。近几年来，随着电子和网络技术的飞速发展，AutoCAD 也加快了更新的步伐，现在又推出了AutoCAD2020。

本书介绍了使用 AutoCAD2020 中文版进行建筑水暖电设计的方法和技巧。全书分 22 章，第 1 章介绍了 AutoCAD2020 入门；第 2 章介绍了二维绘图命令；第 3 章介绍了编辑命令；第 4 章介绍了辅助工具；第 5 章介绍了给水排水施工图的绘制；第 6~8 章分别介绍了卫生间与住宅楼给水排水施工图及其系统图的绘制；第 9、10 章介绍了暖通空调的施工图及教学楼空调平面图的具体绘制；第 11 章介绍了住宅楼采暖工程图的基本绘制；第 12~17 章主要介绍了建筑电气工程图的设计和建筑电气系统图的设计；第 18~22 章介绍了居民楼水暖电的综合设计。

本书随书配赠的电子资料包中包含了全书实例操作过程录屏讲解 AVI 文件和实例源文件、AutoCAD 操作技巧集锦以及 AutoCAD 建筑设计、室内设计、电气设计的相关操作实例的录屏讲解 AVI 电子教材，读者可以登录百度网盘（）地址：http://pan.baidu.com/s/1c28cJra，密码：n8yp）进行下载。

本书主要对象为 AutoCAD 软件的初、中级用户以及对建筑制图比较了解的工程技术人员，旨在帮助读者用较短的时间快速地掌握使用 AutoCAD2020 中文版绘制建筑水暖电设计图的各种应用技巧，并提高建筑制图质量。

书中主要内容来自于编者几年来使用 AutoCAD 的经验总结，也有部分内容取自于国内实际工程图样。考虑到建筑制图的复杂性，我们对书中的理论讲解和实例引导都做了一些适当的简化处理，尽量做到深入浅出。同时，为了帮助读者更加直观地学习本书，随书配制了精美的动画教学内容（见电子资料包），使本书具有很好的可读性，既适合作为中、高等院校的 CAD 或建筑设计课程设计教材，也适合读者自学或作为建筑设计专业人员的参考工具书。

本书由三维书屋工作室策划，由 Autodesk 中国认证考试中心首席专家胡仁喜和三维书屋文化传播有限公司的张亭主要编写，康士廷、王敏、王玮、孟培、王艳池、闫聪聪、王培合、王义发、王玉秋、杨雪静、刘昌丽、卢园、孙立明、甘勤涛、李兵、路纯红、阳平华、李亚莉、张俊生、李鹏、周冰、董伟、李瑞、王渊峰也参加了本书的部分编写工作。虽然几易其稿，但由于编著水平有限，书中仍难免存在纰漏与失误，恳请广大读者登录网站www.sjzswsw.com或联系 win760520@126.com 予以指正。也欢迎加入三维书屋图书学习交流群（QQ：597056765 或 379090620）交流探讨。

编　者

目　录

第 1 章

AutoCAD 2020 入门

本章将通过对 AutoCAD 2020 绘图基本知识循序渐进的介绍，帮助读者了解操作界面基本布局，掌握如何设置图形的系统参数，熟悉文件管理方法，学会各种基本输入操作方式，熟练进行图层设置，以及应用各种绘图辅助工具等，并为后面的系统学习做好必要的准备。

 学 习 要 点

◎ 操作界面

◎ 配置绘图系统、设置绘图环境

◎ 文件管理、基本输入操作、图层设置

◎ 绘图辅助工具

1.1 操作界面

　　操作界面是 AutoCAD 显示、绘制和编辑图形的区域。启动 AutoCAD 2020，打开其默认操作界面，如图 1-1 所示。这个界面是 AutoCAD 新界面风格，在绘图区中右击，弹出快捷菜单，如图 1-2 所示，选择"选项"命令，弹出"选项"对话框，选择"显示"选项卡，在"窗口元素"选项组的"颜色主题"中设置为"明"，如图 1-3 所示。继续单击"窗口元素"选项组中的"颜色"按钮，将打开 "图形窗口颜色"对话框，单击 "颜色"下拉箭头，在打开的下拉列表中选择白色，如图 1-4 所示，然后单击"应用并关闭"按钮，再单击"确定"按钮，退出对话框。AutoCAD 2020 的操作界面如图 1-5 所示。

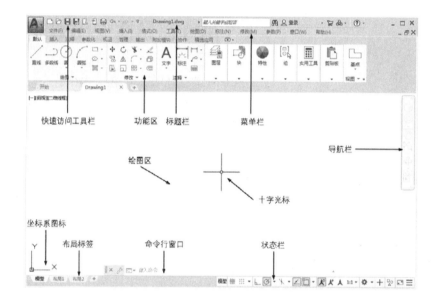

图 1-1　默认操作界面

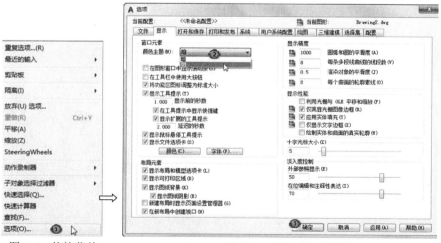

图 1-2　快捷菜单　　　　　　　　　图 1-3　"选项"对话框

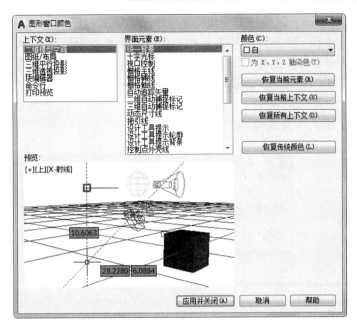

图1-4 "图形窗口颜色"对话框

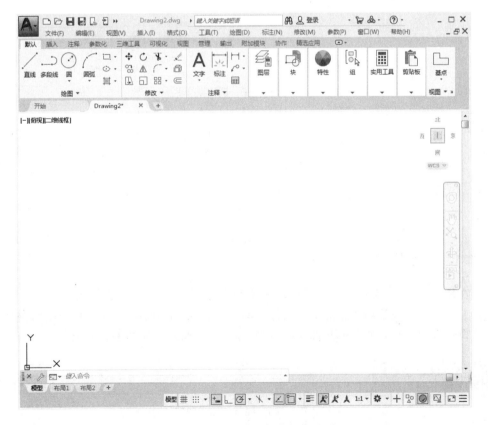

图1-5 AutoCAD 2020中文版的操作界面

▲ 技巧与提示——菜单栏的调出

在 AutoCAD "快速访问" 工具栏处调出菜单栏，如图 1-6 所示，调出后的菜单栏如图 1-7 所示。同其他 Windows 程序一样，AutoCAD 的菜单也是下拉形式的，并在菜单中包含子菜单。AutoCAD 的菜单栏中包含 "文件" "编辑" "视图" "插入" "格式" "工具" "绘图" "标注" "修改" "参数" "窗口" 和 "帮助" 12 个菜单，这些菜单几乎包含了 AutoCAD 的所有绘图命令。

图 1-6　调出菜单栏

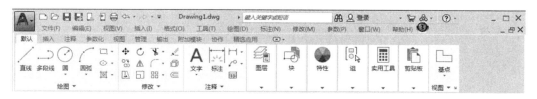

图1-7　菜单栏显示界面

📖 1.1.1　标题栏

在操作界面的最上端是标题栏，其中显示了系统当前正在运行的应用程序（AutoCAD 2020）和用户正在使用的图形文件名称。第一次启动 AutoCAD 2020 时，在标题栏中将显示系统自动创建并打开的图形文件的名称 "Drawing1.dwg"，如图 1-8 所示。

图1-8　第一次启动AutoCAD 2020时的标题栏

1.1.2　绘图区

绘图区（有时也称绘图窗口）是指在操作界面中间的大片空白区域，用于显示、绘制和编辑图形，AutoCAD 的主要设计工作都是在该区域中完成的。

在绘图区中有一个作用类似于光标的十字线，其交点反映了光标在当前坐标系中的位置。在 AutoCAD 2020 中，将该十字线称为十字光标，AutoCAD 通过它显示当前点的位置。十字光标的方向与当前用户坐标系的 X 轴、Y 轴方向平行，其长度系统预设为屏幕大小的 5%。

用户可以根据绘图的实际需要修改十字光标的大小，方法是选择菜单栏中的"工具"→"选项"命令，在打开的"选项"对话框中选择"显示"选项卡，在"十字光标大小"文本框中直接输入数值，或者拖动其后的滑块，即可对十字光标的大小进行调整。"选项"对话框中的"显示"选项卡如图 1-9 所示。

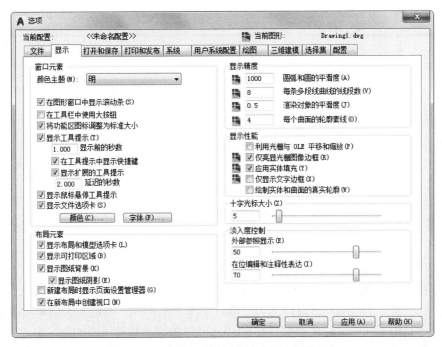

图1-9　"选项"对话框中的"显示"选项卡

此外，还可以通过设置系统变量 CURSORSIZE 的值，实现对十字光标大小的更改。方法是在命令行输入：

```
命令：CURSORSIZE↙
输入 CURSORSIZE 的新值 <5>：
```

在提示下输入新值即可，默认值为 5%。

1.1.3　坐标系图标

在绘图区的左下角，有一个 图标，称之为坐标系图标。该图标体现了当前绘图所用的坐标系形式，其作用是为点的坐标确定一个参照系。根据工作需要，用户可以选择将其关闭。方法是选择"视图"→"显示"→"UCS 图标"→"开"命令，如图 1-10 所示。

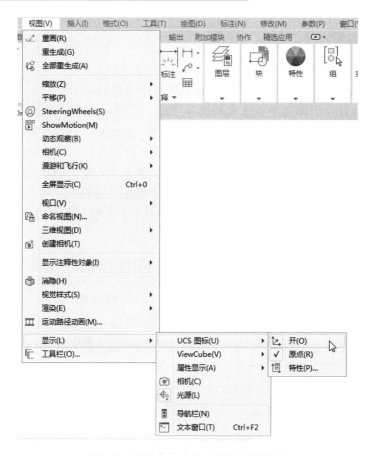

图1-10　通过菜单命令关闭坐标系图标

📖 1.1.4　菜单栏

菜单栏位于标题栏的下方，其中包括"文件""编辑""视图""插入""格式""工具""绘图""标注""修改""参数""窗口"和"帮助"12 个菜单项。单击某一菜单项，在弹出的下拉菜单（与其他 Windows 程序类似，AutoCAD 2020 的菜单也是下拉式的）中选择所需命令，即可执行相应的操作。

一般来讲，AutoCAD 2020 下拉菜单中的命令有以下 3 种类型。

1. 带有小三角形的菜单命令

这种类型的命令后面带有子菜单。例如，选择菜单栏中的"绘图"→"圆弧"命令，将弹出"圆弧"子菜单，如图 1-11 所示。

2. 打开对话框的菜单命令

这种类型的命令后面带有省略号。例如，选择菜单栏中的"格式"→"表格样式(B)..."命令，如图 1-12 所示，将打开"表格样式"对话框，如图 1-13 所示。

3. 直接操作的菜单命令

选择这种类型的命令，将直接进行相应的绘图或其他操作。例如，选择菜单栏中的"视图"→"重画"命令，如图 1-14 所示，系统将直接对屏幕图形进行重生成。

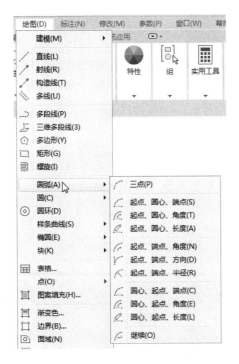

图1-11 带有子菜单的菜单命令

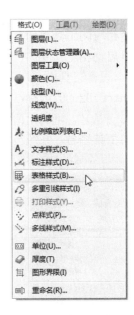

图1-12 激活相应对话框的菜单命令

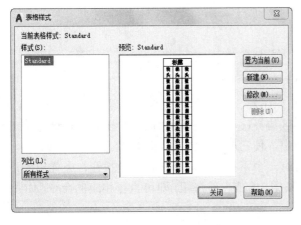

图1-13 "表格样式"对话框

图1-14 直接执行菜单命令

1.1.5 工具栏

工具栏是一组工具按钮的集合。将光标移动到某个按钮上，稍停片刻即可看到在其一侧将显示相应的工具提示，同时在状态栏中也将显示对应的说明和命令名。此时，单击该按钮就可以启动相应命令。

1. 设置工具栏

AutoCAD2020 的标准菜单提供有几十种工具栏，选择菜单栏中的"工具"→"工具栏"→"AutoCAD"，可调出所需要的工具栏，如图 1-15 所示。用鼠标左键单击某一个未在界面显示的工具栏名，系统自动在界面打开该工具栏。反之，关闭工具栏。

图 1-15 单独的工具栏标签

2. 工具栏的"固定""浮动"与"打开"

工具栏可以在绘图区"浮动"（见图 1-16），此时显示该工具栏标题，并可关闭该工具栏。用鼠标可以拖动"浮动"工具栏到图形区边界，可使它变为"固定"工具栏，此时该工具栏标题隐藏。也可以把"固定"工具栏拖出，使它成为"浮动"工具栏。

在工具栏中，有些按钮的右下角带有一个下拉按钮。单击该下拉按钮，在弹出的下拉列表中单击某一按钮，该按钮就成为当前按钮。单击当前按钮，即可执行相应的命令，如图 1-17所示。

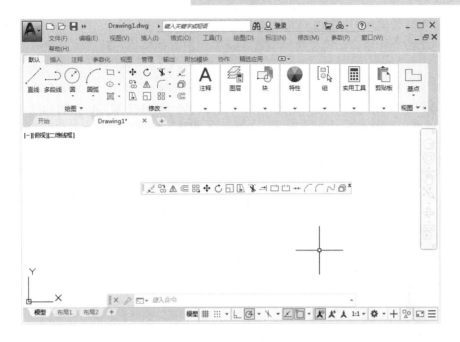

图1-16 "浮动"工具栏

图1-17 通过下拉按钮设置当前按钮

📖 1.1.6 命令行窗口

命令行窗口位于绘图区的下方,是供用户输入命令名和显示命令提示的区域,如图 1-18 所示。

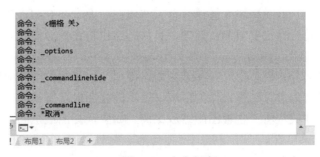

图1-18 命令行窗口

对于命令行窗口,有以下几点需要说明:

1）移动拆分条，可以扩大或缩小命令行窗口。

2）拖动命令行窗口，可以将其放置在屏幕上的其他位置。默认情况下布置在图形窗口的下方。

3）对当前命令行窗口中输入的内容，可以按 F2 键，在弹出的"AutoCAD 文本窗口"中运用文本编辑的方法进行编辑，如图 1-19 所示。"AutoCAD 文本窗口"的功能和命令行窗口相似，可以显示当前 AutoCAD 进程中命令的输入和执行过程。在 AutoCAD 2020 中执行某些命令时，会自动在"AutoCAD 文本窗口"中列出有关信息。

4）AutoCAD 通过命令行窗口反馈各种信息，包括出错信息，因此用户要时刻关注。

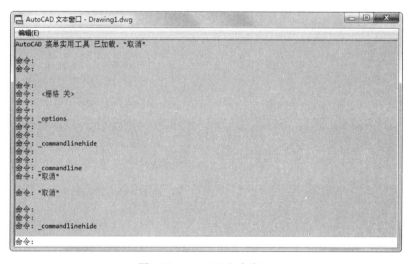

图1-19　AutoCAD文本窗口

1.1.7　布局标签

在绘图区与命令行窗口之间，AutoCAD 2020 系统默认显示一个"模型"空间布局标签和"布局 1""布局 2"两个图纸空间布局标签。

1."布局"标签

布局是系统为绘图设置的一种环境，包括图纸大小、尺寸单位、角度设定、数值精确度等。通常情况下，这些环境变量都按默认设置。用户可以根据实际需要改变这些变量的值。例如，默认的尺寸单位是米制的毫米，如果所绘图形的单位是英制的英寸，就可以改变尺寸单位环境变量的设置。改变环境变量的具体方法将在后面章节介绍，在此暂且从略。用户也可以根据需要设置符合自己要求的新标签，具体方法也将在后面章节介绍。

2."模型"标签

AutoCAD 的空间分为模型空间和图纸空间。模型空间是通常绘图的环境；而在图纸空间中，用户可以创建称为"浮动视口"的区域，以不同视图显示所绘图形。用户可以在图纸空间中调整浮动视口并决定所包含视图的缩放比例。如果选择图纸空间，则可打印多个任意布局的视图。

AutoCAD 2020 系统默认打开模型空间，用户可以通过单击选择需要的布局。

1.1.8 状态栏

状态栏位于操作界面的底部，主要由以下3部分组成。

1．光标定位点坐标和功能开关按钮

状态栏在操作界面的底部，依次显示的有"模型或图纸空间""显示图形栅格""捕捉模式""正交限制光标""按指定角度限制光标""等轴测草图""显示捕捉参照点""将光标捕捉到二维参照点""显示注释对象""在注释比例发上变化时，将比例添加到注释性对象""当前视图的注释比例""切换工作空间""注释监视器""隔离对象""硬件加速""全屏显示"和"自定义"17个功能开关按钮。单击这些开关按钮，即可实现相应功能的开关。

2．状态栏托盘

状态栏托盘包括一些常见的显示工具和注释工具，包括模型空间与布局空间转换工具，如图1-20所示。通过这些按钮可以控制图形或绘图区的状态。

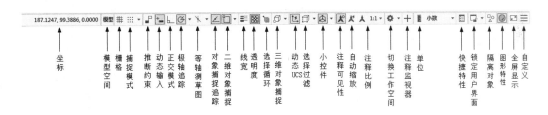

图1-20　状态栏托盘

通过状态栏托盘中的按钮，可以很方便地访问一些常用功能。下面简要介绍其中几个比较常用的按钮。

（1）注释比例按钮　在状态栏托盘的中部，显示的是"显示注释对象""在注释比例发生变化时，将比例添加到注释性对象""当前视图的注释比例"3个按钮，如图1-21所示。通过单击相应的按钮，可以很方便地访问注释比例常用功能。

图 1-21　注释比例按钮

：显示注释对象。当该图标亮显时表示显示所有比例的注释性对象，当其变暗时则表示仅显示当前比例的注释性对象。

：在注释比例发生变化时，自动将比例添加到注释性对象。

 1:1 ：当前视图的注释比例。单击该按钮右侧的下拉按钮，在弹出的下拉列表中可以根据需要选择适当的注释比例，如图1-22所示。

（2）"切换工作空间"按钮　单击状态栏托盘中的"切换工作空间"按钮，在弹出的如图1-23所示的下拉列表中选择相应命令，即可进行工作空间转换。

（3）"锁定"按钮　右击状态栏托盘中的"锁定"按钮，在弹出的如图1-24所示的快捷菜单中选择所需命令，可以控制是否锁定工具栏或绘图窗口在操作界面上的位置。

（4）"自定义"按钮　单击状态栏托盘中的"自定义"按钮，在弹出的如图1-25所示的下拉菜单中选择所需命令，可以控制相应功能的显示与隐藏或更改托盘设置。

（5）"全屏显示"按钮　单击该按钮，可以清除操作界面中的标题栏、工具栏和选项板等界面元素，使AutoCAD的绘图窗口全屏显示，如图1-26所示。

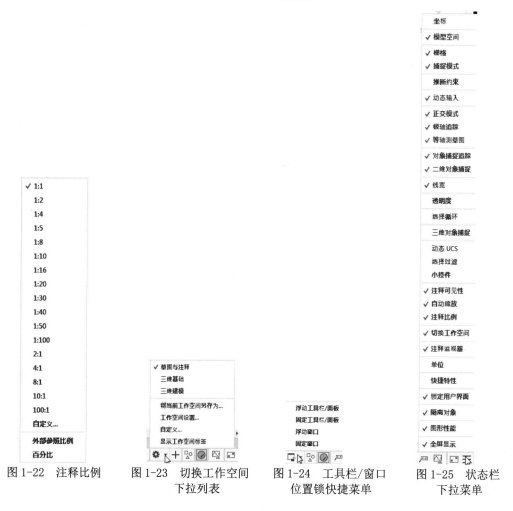

图 1-22 注释比例　　图 1-23 切换工作空间　　图 1-24 工具栏/窗口　　图 1-25 状态栏
　　　　　　　　　　下拉列表　　　　　　　　位置锁快捷菜单　　　　　　下拉菜单

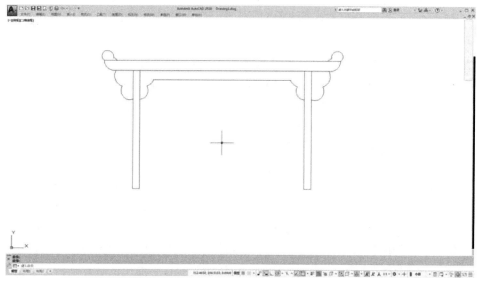

图1-26 全屏显示

1.1.9 滚动条

在绘图区右击，在弹出的右键菜单中选择"选项"命令，弹出"选项"对话框，选择"显示"选项卡，在"窗口元素"选项组中勾选"在图形窗口中显示滚动条"，单击"确定"按钮，即可显示滚动条，结果如图 1-27 所示。在滚动条中单击鼠标或拖动滚动条中的滚动块，可以在绘图窗口中按水平或竖直两个方向浏览图形。

图1-27 显示滚动条

1.1.10 快速访问工具栏和交互信息工具栏

1. 快速访问工具栏

该工具栏中提供了一些使用频率较高的工具按钮，如"新建""打开""保存""另存为""重做"和"打印"等。用户也可以单击该工具栏右侧的下拉按钮，在弹出的下拉菜单中选择相应的命令来设置适合自己的常用工具。

2. 交互信息工具栏

该工具栏中主要包括"搜索""Autodesk A360""Autodesk Exchange 应用程序""保持连接"和"单击此处访问帮助"等几个常用的数据交互访问工具。

1.1.11 功能区

AutoCAD 2020 功能区中包括"默认""插入""注释""参数化""视图""管理""输出""附加模块""A360"及"精选应用"等几个功能区，每个功能区下都以组的形式集成了一些相关的操作工具，方便用户的使用。在功能组中单击 按钮，可以控制相应功能的展开与收缩。

打开或关闭功能区的方法如下：

命令行：RIBBON（或 RIBBONCLOSE）。

菜单：工具→选项板→功能区。

1.2 配置绘图系统

由于每台计算机所使用的输入设备和输出设备的类型不同，而用户喜好的风格及计算机的目录设置也不同，所以每台计算机都是独特的。一般来讲，采用 AutoCAD 2020 的默认配置就可以绘图，但为了使用定点设备或打印机以及提高绘图的效率，还是建议用户在开始作图前先进行必要的配置。

◆执行方式

命令行：preferences。

菜单：工具→选项。

快捷菜单：单击鼠标右键，在弹出的快捷菜单中选择"选项"命令，如图 1-28 所示。

◆操作步骤

执行上述命令后，在弹出的"选项"对话框中选择不同的选项卡，可对系统进行详细的配置。下面仅就其中几个主要的选项卡做一说明，其他配置选项将在后面章节中用到时再做具体说明。

图1-28　在快捷菜单中选择"选项"命令

1.2.1　显示配置

在"选项"对话框中选择"显示"选项卡，从中可以根据需要对窗口元素、布局元素、显示精度、显示性能、十字光标大小以及淡入度控制等进行相应的设置，如图 1-3 所示。前面已经讲述了修改十字光标大小和绘图窗口颜色等知识，读者可参照"帮助"文件学习其余有关选项的设置。

在设置实体显示分辨率时，务必记住，显示质量越高，即分辨率越高，计算机计算的时间越长。显示质量设定在一个合理的程度上是很重要的，不要将其设置得太高。

1.2.2　系统配置

在"选项"对话框中选择"系统"选项卡，从中可以设置 AutoCAD 2020 系统的有关特性，如图 1-29 所示。

1."硬件加速"选项组

该选项组用于设定当前图形的性能。

2."当前定点设备"选项组

该选项组用于安装及配置定点设备，如数字化仪和鼠标。具体如何配置和安装，可参见定点设备的用户手册。

3."常规选项"选项组

该选项组用于确定是否选择系统配置的有关基本选项。

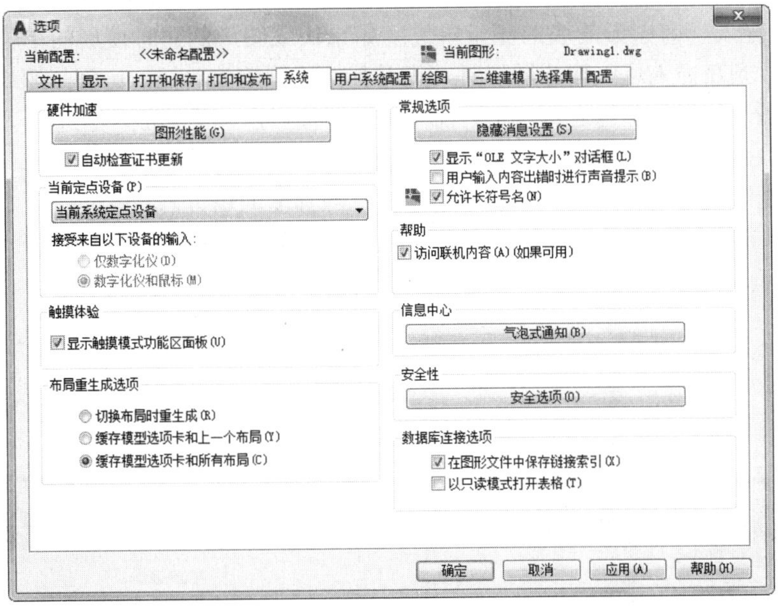

图1-29 "系统"选项卡

4."布局重生成选项"选项组

该选项组用于确定切换布局时是否重生成或缓存模型选项卡和布局。

5."数据库连接选项"选项组

该选项组用于确定数据库连接的方式。

1.3 设置绘图环境

一般情况下，可以采用系统默认的绘图单位和图形边界，但有的时候也需要根据绘图的实际需要进行设置。在 AutoCAD 2020 中，可以利用相关命令对绘图单位和图形边界等进行具体设置。

1.3.1 绘图单位设置

◆执行方式

命令行：DDUNITS（或 UNITS）。

菜单：格式→单位。

◆操作步骤

执行上述命令后，弹出"图形单位"对话框，如图 1-30 所示。在该对话框中，用户可以根据实际需要定义绘图单位和角度格式。

◆选项说明

（1）"长度"选项组 该选项组用于指定测量长度的当前单位及当前单位的精度。

（2）"角度"选项组 该选项组用于指定测量角度的当前单位、精度及旋转方向（默认方向为逆时针）。

（3）"插入时的缩放单位"选项组　该选项组用于控制使用工具选项板（如 DesignCenter 或 i-drop）拖入当前图形的块的测量单位。如果块或图形创建时使用的单位与该选项指定的单位不同，则在插入这些块或图形时，将对其按比例缩放。插入比例是源块或图形使用的单位与目标图形使用的单位之比。如果插入块时不按指定单位缩放，则选择"无单位"选项。

（4）"输出样例"选项组　该选项组用于显示当前输出的样例值。

（5）"光源"选项组　该选项组用于指定光源强度的单位。

（6）"方向"按钮　单击该按钮，弹出"方向控制"对话框，可从中进行方向控制设置，如图 1-31 所示。

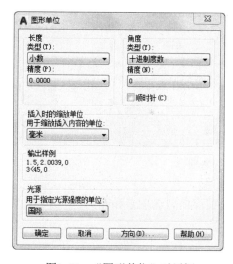

图1-30　"图形单位"对话框

图1-31　"方向控制"对话框

1.3.2　图形边界设置

◆执行方式

命令行：LIMITS。

菜单：格式→图形界限。

◆操作步骤

命令：LIMITS↙

重新设置模型空间界限：

指定左下角点或 [开(ON)/关(OFF)]<0.0000,0.0000>:（输入图形边界左下角的坐标后按 Enter 键）

指定右上角点 <12.0000,9.0000>:（输入图形边界右上角的坐标后按 Enter 键）

◆选项说明

（1）开(ON)　使绘图边界有效。系统将在绘图边界以外拾取的点视为无效。

（2）关(OFF)　使绘图边界无效。用户可以在绘图边界以外拾取点或实体。

（3）动态输入角点坐标　利用动态输入功能可以直接在屏幕上输入角点坐标，输入横坐标值后按下"，"键，接着输入纵坐标值，如图 1-32 所示。此外，也可以按光标位置直接单击确定角点位置。

图1-32　动态输入

1.4　文件管理

本节将介绍有关文件管理的一些基本操作方法，包括新建文件、打开已有文件、保存文件、删除文件等，这些都是进行 AutoCAD 2020 操作最基础的知识。

1.4.1　新建文件

1. 普通（或标准）新建文件方法

◆执行方式

命令行：NEW。

菜单：文件→新建。

工具栏：标准→新建☐。

◆操作步骤

执行上述命令后，弹出如图 1-33 所示的"选择样板"对话框，在该对话框的"文件类型"下拉列表框中提供了 3 种格式的图形样板，其扩展名分别是.dwt、.dwg、.dws。

在每种图形样板文件中，系统都会根据绘图任务的要求进行统一的图形设置，如绘图单位类型和精度要求、绘图界限、捕捉、栅格与正交设置、图层、图框和标题栏、尺寸及文本格式、线型和线宽等。

使用图形样板文件绘图的优点在于，在完成绘图任务时不但可以保持图形设置的一致性，而且可以大大提高工作效率。

一般情况下，.dwt 文件是标准的样板文件，通常将一些规定的标准性的样板文件设置成.dwt 文件；.dwg 文件是普通的样板文件；而.dws 文件是包含标准图层、标注样式、线型和文字样式的样板文件。此外，用户也可以根据自己的需要设置新的样板文件。

2. 快速创建文件方法

◆执行方式

命令行：QNEW。

工具栏：标准→新建☐。

◆操作步骤

执行上述命令后，系统立即根据所选的图形样板创建新图形，而不显示任何对话框或提示。

在运行快速创建图形功能之前必须进行如下设置：

1）将 FILEDIA 系统变量设置为 1；将 STARTUP 系统变量设置为 0。命令行提示如下：

```
命令: FILEDIA✓
输入 FILEDIA 的新值 <1>:✓
```

命令: STARTUP↙
输入 STARTUP 的新值 <0>:↙

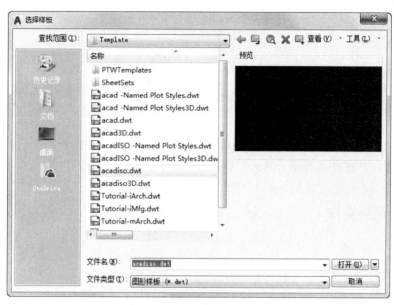

图1-33 "选择样板"对话框

2）选择"工具"→"选项"命令，在弹出的"选项"对话框中选择"文件"选项卡，单击"样板设置"节点下的"快速新建的默认样板文件名"分节点，单击"浏览"按钮，然后选择需要的样板文件路径，如图 1-34 所示。

图1-34 "选项"对话框中的"文件"选项卡

1.4.2 打开文件

◆执行方式

命令行：OPEN。

菜单：文件 →打开。

工具栏：标准 →打开 。

◆操作步骤

执行上述命令后，弹出如图 1-35 所示的"选择文件"对话框，在"文件类型"下拉列表框中可以选择.dwg、.dwt、.dxf 和.dws 文件。其中，.dxf 文件是用文本形式存储的图形文件，能够被其他程序读取，许多第三方应用软件都支持该格式。

图1-35 "选择文件"对话框

1.4.3 保存文件

◆执行方式

命令名：QSAVE（或 SAVE）。

菜单：文件→保存。

工具栏：标准→保存 。

◆操作步骤

执行上述命令后，若文件已命名，AutoCAD 将自动保存；若文件未命名（即为默认名 Drawing1.dwg），则弹出如图 1-36 所示的"图形另存为"对话框。在该对话框中，用户可以对图形文件命名，然后在"保存于"下拉列表框中指定保存文件的路径，在"文件类型"下拉列表框中指定保存文件的类型，最后单击"保存"按钮即可。

为了防止因意外操作或计算机系统故障导致正在绘制的图形文件丢失，可以对当前图形文件设置自动保存。步骤如下：

1）利用系统变量 SAVEFILEPATH 设置所有"自动保存"文件的位置，如"C:\HU\"。

图1-36　"图形另存为"对话框

2）利用系统变量 SAVEFILE 存储"自动保存"文件名。该系统变量存储的文件是只读文件，用户可以从中查询自动保存的文件名。

3）利用系统变量 SAVETIME 指定在使用"自动保存"功能时多长时间保存一次图形。

1.4.4　另存为

◆执行方式

命令行：SAVEAS。

菜单：文件→另存为。

◆操作步骤

执行上述命令后，弹出如图 1-36 所示的"图形另存为"对话框，从中可以将当前图形文件以其他名称保存。

1.4.5　退出

◆执行方式

命令行：QUIT 或 EXIT。

菜单：文件→退出。

按钮：单击 AutoCAD 操作界面右上角的"关闭"按钮 ✕ 。

◆操作步骤

命令: QUIT✓（或 EXIT✓）

执行上述命令后，若用户对图形所做的修改尚未保存，则会弹出如图 1-37 所示的系统警告对话框。单击"是"按钮，系统将保存文件，然后退出；单击"否"按钮，系统将不保存文件，直接退出。若用户对图形所做的修改已经保存，则直接退出。

图1-37　系统警告对话框

1.4.6　图形修复

图形文件损坏后或程序意外终止后，可以通过相应命令查找并更正错误，或者恢复为备份文件，修复部分或全部数据。

◆执行方式

命令行：DRAWINGRECOVERY。

菜单：文件→图形实用工具→打开图形修复管理器。

◆操作步骤

命令: DRAWINGRECOVERY✓

执行上述命令后，弹出如图 1-38 所示的图形修复管理器，打开"备份文件"栏中的文件，可以重新保存，从而进行修复。

图1-38　图形修复管理器

1.5　基本输入操作

在 AutoCAD 2020 中，有一些基本的输入操作方法，这些方法是进行 AutoCAD 绘图的必备知识基础，也是深入学习 AutoCAD 功能的前提。

1.5.1　命令输入方式

在 AutoCAD 2020 中进行交互式绘图，必须输入必要的指令和参数。AutoCAD 2020 提供了多种命令输入方式，下面以绘制直线为例进行介绍。

1．在命令行窗口中输入命令

命令字符可不区分大小写，如"命令: LINE✓"。执行命令时，在命令行窗口中经常会出现提示选项。例如，输入绘制直线命令"LINE"后，命令行提示如下。

命令: LINE✓
指定第一个点：（在屏幕上指定一点或输入一个点的坐标）
指定下一点或 [放弃(U)]：

提示中不带括号的选项为默认选项，因此可以直接输入直线段的起点坐标或在屏幕上指定一点；如果要选择其他选项，则应该首先输入该选项的标识字符，如"放弃"选项的标识字符为"U"，然后按系统提示输入数据即可。某些选项的后面带有尖括号，尖括号内的数值为默认数值。

2．在命令行窗口中输入命令缩写字

为了操作便捷，可以在命令行窗口中输入命令缩写字母，如 L（Line）、C（Circle）、A（Arc）、Z（Zoom）、R（Redraw）、M（More）、CO（Copy）、PL（Pline）、E（Erase）等，其执行效果与输入命令全称是一样的。

3．选取绘图菜单直线选项

选择该选项后，在状态栏中可以看到对应的命令说明及命令名。

4．选取工具栏中的对应图标

选取该图标后在状态栏中也可以看到对应的命令说明及命令名。

5．在命令行中打开右键快捷菜单

如果在前面刚使用过要输入的命令，可以在命令行中单击鼠标右键，在弹出的快捷菜单中选择"最近的输入"命令，在其子菜单中选择需要的命令，如图 1-39 所示。"最近的输入"子菜单中存储了最近使用的几个命令，如果是经常重复使用的命令，使用这种方法将比较快速、简捷。

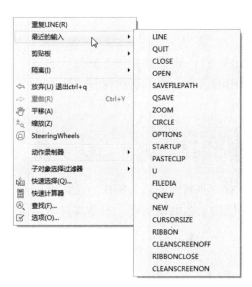

图1-39　命令行右键快捷菜单

6．在绘图区右击

如果要重复使用上次使用的命令，可以直接在绘图区右击，系统将立即重复执行上次使用的命令。

1.5.2　命令的重复、撤销、重做

1．命令的重复

在命令行窗口中直接按 Enter 键，可重复调用上一个命令，而不管上一个命令已完成还是被取消。

2．命令的撤销

在命令执行的任何时刻都可以取消和终止命令的执行。

◆执行方式

命令行：UNDO。

菜单：编辑→放弃。

快捷键：Esc。

3．命令的重做

已被撤销的命令还可以恢复重做，通常是恢复撤销的最后一个命令。

◆执行方式

命令行：REDO。

菜单：编辑→重做。

此外，还可以一次执行多重放弃和重做操作。在快速访问工具栏中单击 ⇦ ▾ 或 ⇨ ▾ 按钮右侧的下拉按钮，在弹出的下拉列表可以选择要放弃或重做的操作，如图 1-40 所示。

图1-40　多重放弃或重做

1.5.3　透明命令

在 AutoCAD 2020 中，有些命令不仅可以直接在命令行中使用，而且还可以在其他命令的执行过程中插入并执行，待该命令执行完毕后，系统继续执行原命令，这种命令便称为透明命令。透明命令一般用于修改图形设置或打开辅助绘图工具。

上述 3 种命令（即重复、撤销和重做）的执行方式同样适用于透明命令的执行。命令行提示如下：

```
命令：ARC↙
指定圆弧的起点或 [圆心(C)]：'ZOOM↙（透明使用显示缩放命令 ZOOM）
>>（执行 ZOOM 命令）
正在恢复执行 ARC 命令。
指定圆弧的起点或 [圆心(C)]：（继续执行原命令）
```

1.5.4　按键定义

在 AutoCAD 2020 中，除了可以通过在命令行窗口中输入命令、单击工具栏中的相应按钮或在菜单栏中选择相应命令来实现指定功能外，还可以利用相应的功能键或快捷键来快速实现。例如，按 F1 键，系统将打开 AutoCAD 帮助对话框。

系统使用 AutoCAD 传统标准（Windows 之前）或 Microsoft Windows 标准解释快捷键。有些功能键或快捷键在 AutoCAD 的菜单命令中已经指出，如"粘贴"功能的快捷键为 Ctrl+V。这些只要用户在使用的过程中多加留意，很快就能熟练掌握。

1.5.5　命令执行方式

有些命令具有两种执行方式，即对话框或命令行方式。如果指定使用命令行方式，可以在命令名前加短画线来表示，如"-LAYER"表示用命令行方式执行"图层"命令；而如果在命令行窗口中输入"LAYER"，系统则会自动打开"图层"对话框。

另外，有些命令同时存在命令行、菜单和工具栏 3 种执行方式。这时如果选择菜单或工具栏方式，则在命令行窗口中将显示该命令，并在前面加一下划线。例如，通过菜单或工具栏方式执行"直线"命令时，命令行会显示"_line"，其执行过程和结果与命令行方式相同。

1.5.6 坐标系

AutoCAD 采用两种坐标系：世界坐标系（WCS）与用户坐标系（UCS）。刚进入 AutoCAD 2020 时出现的坐标系统就是世界坐标系。这是一个固定的坐标系统，也是坐标系统中的基准，绘制图形时多数情况下都是在这个坐标系统下进行。用户坐标系是处于活动状态的坐标系，用于确定创建图形和建模的 XY 平面（工作平面）和 Z 轴方向。用户可以设置 UCS 原点及其 X、Y、Z 轴，以满足实际需要。

◆执行方式

命令行：UCS。

菜单：工具→工具栏→AutoCAD→UCS。

工具栏：UCS→UCS∠。

AutoCAD 有两种视图显示方式：模型空间和图纸空间。模型空间采用单一视图显示法，通常使用的都是这种显示方式；而在图纸空间中，可以在绘图区创建图形的多视图，并对其中每一个视图进行单独操作。在默认情况下，当前 UCS 与 WCS 重合。图 1-41a 所示为模型空间下的 UCS 坐标系图标，通常放在绘图区左下角处；也可以指定它放在当前 UCS 的实际坐标原点位置，如图 1-41b 所示。图 1-41c 所示为图纸空间下的坐标系图标。

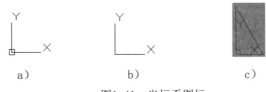

图1-41　坐标系图标

1.6 图层设置

AutoCAD 中的图层就如同在手工绘图中使用的重叠透明图纸，可用于组织不同类型的信息，如图 1-42 所示。在 AutoCAD 2020 中，图形的每个对象都位于一个图层上，所有图形对象都具有图层、颜色、线型和线宽这 4 个基本属性。在绘制时，图形对象将创建在当前的图层上。每个 CAD 文档中图层的数量是不受限制的，每个图层都有自己的名称。

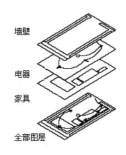

图1-42　图层示意图

24

1.6.1 建立新图层

新建的 CAD 文档中只能自动创建一个名为 0 的特殊图层。默认情况下，图层 0 被指定使用 7 号颜色、CONTINUOUS 线型、默认线宽以及 Color-7 打印样式，不能被删除或重命名图层 0。通过创建新的图层，可以将类型相似的对象指定给同一个图层使其相关联。例如，可以将构造线、文字、标注和标题栏置于不同的图层上，并为这些图层指定通用特性。通过将对象分类放到各自的图层中，可以快速、有效地控制对象的显示以及对其进行更改。

◆执行方式

命令行：LAYER。

菜单：格式→图层。

工具栏：图层→图层特性管理器（见图 1-43）。

功能区：单击"默认"选项卡"图层"面板中的"图层特性"按钮或单击"视图"选项卡"选项板"面板中的"图层特性"按钮。

图1-43 "图层"工具栏

◆操作步骤

执行上述命令后，弹出"图层特性管理器"对话框，如图 1-44 所示。

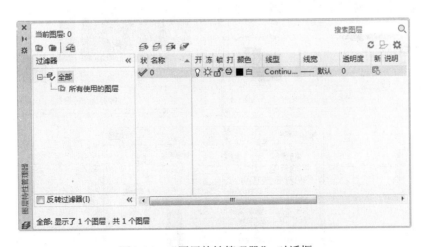

图1-44 "图层特性管理器" 对话框

在"图层特性管理器"对话框中单击"新建"按钮，即可建立新图层，默认的图层名为"图层 1"。可以根据绘图需要更改图层名，如改为"实体"层、"中心线"层或"标准层"等。

在一个图形中可以创建的图层数以及在每个图层中可以创建的对象数实际上是无限的。图层可使用最多 255 个字符（字母或数字）命名，图层特性管理器按名称的字母顺序排列图层。

说明

如果要建立不止一个图层，无须重复单击"新建"按钮，更有效的方法是在建立一个新的图层"图层1"后改变图层名，在其后输入一个逗号","，这样就会又自动建立一个新图层"图层1",再改变图层名,输入一个逗号,就会又建立一个新的图层......以此类推,可以建立多个图层。也可以按两次Enter键,建立另一个新的图层。图层名称也可以更改,直接双击图层名称,输入新的名称即可。

在图层属性设置中,主要涉及图层名称、关闭/打开图层、冻结/解冻图层、锁定/解锁图层、图层线条颜色、图层线条线型、图层线条宽度、图层打印样式以及图层是否打印等 9个参数。下面将分别讲述如何设置这些图层参数。

1．设置图层线条颜色

在工程制图中,整个图形包含多种不同功能的图形对象,如实体、剖面线与尺寸标注等。为了便于直观地区分它们,有必要针对不同的图形对象使用不同的颜色。例如,实体层使用白色,剖面线层使用青色等。

要改变图层的颜色,可单击图层所对应的颜色图标,弹出"选择颜色"对话框,如图1-45所示。这是一个标准的颜色设置对话框,其中包括"索引颜色""真彩色"和"配色系统"3个选项卡。选择不同的选项卡,即可针对颜色进行相应的设置。

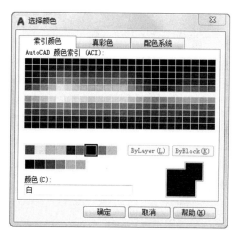
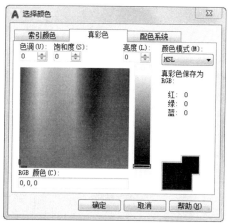
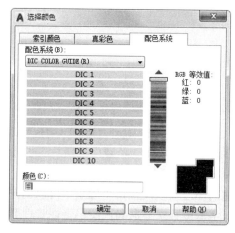

图1-45 "选择颜色"对话框

2．设置图层线型

线型是指作为图形基本元素的线条的组成和显示方式,如实线、点画线等。在绘图工作中，常常以线型划分图层。为某一个图层设置适合的线型后，在绘图时只需将该图层设置为当前工作层，即可绘制出符合线型要求的图形对象，并可极大地提高绘图的效率。

单击图层所对应的线型图标，弹出"选择线型"对话框，如图 1-46 所示。默认情况下，在"已加载的线型"列表框中，系统只列出了 Continuous 线型。单击"加载"按钮，打开"加载或重载线型"对话框（见图 1-47），可以看到 AutoCAD 还提供了许多其他的线型，选择所需线型，单击"确定"按钮，即可把该线型加载到"选择线型"对话框的"已加载的线型"列表框中。可以按住 Ctrl 键选择几种线型同时加载。

图1-46 "选择线型"对话框　　　　　图1-47 "加载或重载线型"对话框

3. 设置图层线宽

顾名思义，线宽设置就是改变线条的宽度。使用不同宽度的线条表现图形对象的类型，可以提高图形的表达能力和可读性。例如，绘制外螺纹时螺纹大径使用粗实线，螺纹小径使用细实线。

单击图层所对应的线宽图标，弹出"线宽"对话框，如图 1-48 所示。选择一种线宽，单击"确定"按钮，即可完成对图层线宽的设置。

线宽的默认值为 0.25mm。在布局空间为"模型"状态时，显示的线宽与计算机的像素有关，如线宽为 0mm 时，显示为 1 像素的线宽。屏幕上显示的图形线宽与实际线宽成一定比例，但线宽不随图形的放大和缩小而变化，线宽显示效果图如图 1-49 所示。当"线宽"功能关闭时，不显示图形的线宽，图形的线宽均为默认值。

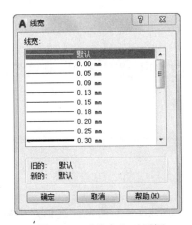

图1-48 "线宽"对话框

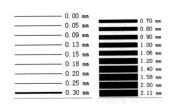

图1-49 线宽显示效果图

1.6.2 设置图层

除了前面讲述的通过图层特性管理器设置图层的方法外，还有几种更为简便的方法可以设置图层的颜色、线宽、线型等参数。

1. 直接设置图层

可以直接通过命令行或菜单设置图层的颜色、线宽、线型。

（1）设置图层颜色

◆执行方式

命令行：COLOR。

菜单：格式→颜色。

◆操作步骤

执行上述命令后，在弹出的"选择颜色"对话框（见图1-50）中设置所需颜色即可。

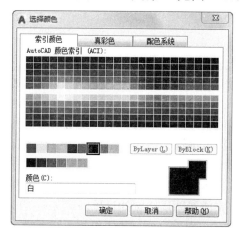

图1-50 "选择颜色"对话框

（2）设置图层线型

◆执行方式

命令行：LINETYPE。

菜单：格式→线型。

◆操作步骤

执行上述命令后，弹出"线型管理器"对话框，如图 1-51 所示。在该对话框中设置线型的具体方法与在"选择线型"对话框中类似。

（3）设置图层线宽

◆执行方式

命令行：LINEWEIGHT 或 LWEIGHT。

菜单：格式→线宽。

◆操作步骤

执行上述命令后，弹出"线宽设置"对话框，如图 1-52 所示。在该对话框中设置线宽的具体方法与在"线宽"对话框中类似。

图1-51 "线型管理器"对话框

图1-52 "线宽设置"对话框

2．利用"特性"工具栏设置图层

通过 AutoCAD 2020 提供的"对象特性"工具栏（见图 1-53），用户能够快速地查看和改变所选对象的图层、颜色、线型和线宽等特性。在绘图窗口中选择任何对象，都将在此工具栏上自动显示其所在图层、颜色、线型及打开样式等属性。如需修改，打开相应的下拉列表框，从中选择需要的选项即可。如果其中没有列出所需选项，还可通过选择相应选项打开对话框进行设置。例如，在如图 1-54 所示的"颜色"下拉列表框中选择"选择颜色"选项，在打开的如图 1-50 所示的"选择颜色"对话框中即可选择所需的颜色。同样，如果在如图 1-55 所示的"线型"下拉列表框中选择"其他"选项，在打开的如图 1-51 所示的"线型管理器"对话框中即可选择所需线型。

图1-53 "对象特性"工具栏

图1-54 "颜色"下拉列表框

图1-55 "线型"下拉列表框

3．通过"特性"选项板设置图层

◆执行方式

命令行：DDMODIFY 或 PROPERTIES。

菜单：修改→特性。

工具栏：标准→特性 。

◆操作步骤

执行上述命令后，在弹出的"特性"对话框（见图 1-56）中可以方便地设置或修改图层、颜色、线型、线宽等属性。

图1-56　"特性"对话框

1.6.3　控制图层

1．切换当前图层

不同的图形对象需要绘制在不同的图层中，这就要求在绘制前先将工作图层切换到所需的图层。要切换图层，打开"图层特性管理器"对话框，从中选择需要的图层，然后单击✔按钮即可。

2．删除图层

在"图层特性管理器"对话框的图层列表框中选择要删除的图层，单击"删除"按钮✖，即可删除该图层。从图形文件定义中删除选定的图层，只能删除未参照的图层。参照图层包括图层 0 及 DEFPOINTS、包含对象（包括块定义中的对象）的图层、当前图层和依赖外部参照的图层。不包含对象（包括块定义中的对象）的图层、非当前图层和不依赖外部参照的图层都可以删除。

3．关闭/打开图层

在"图层特性管理器"对话框中，单击"开/关图层"按钮💡，可以控制图层的可见性。图层打开时，💡按钮呈鲜艳的颜色，该图层上的图形可以显示在屏幕上或绘制在绘图仪上。单击该按钮，使其呈灰暗色时，该图层上的图形将不显示在屏幕上，而且不能被打印输出，但仍然作为图形的一部分保留在文件中。

4．冻结/解冻图层

在"图层特性管理器"对话框中，单击"在所有视口中冻结/解冻"按钮☼，可以冻结图层或将图层解冻。当☼按钮呈雪花灰暗色时，表示该图层处于冻结状态；当其呈太阳鲜艳色时，表示该图层处于解冻状态。冻结图层上的对象不能显示，也不能打印，同时也不能编辑、修改该图层上的图形对象。在冻结图层后，该图层上的对象不影响其他图层上对象的显示和打印。例如，在使用 HIDE 命令消隐的时候，只消隐未被冻结图层上的对象，不消隐其他的对象。

5. 锁定/解锁图层

在"图层特性管理器"对话框中，单击"锁定/解锁图层"按钮 🔓，可以锁定图层或将图层解锁。锁定图层后，该图层上的图形依然显示在屏幕上并可打印输出，同时可以在该图层上绘制新的图形对象，但用户不能对该图层上的图形进行编辑、修改操作。由此可以看出，其目的就是防止对图形的意外修改。可以对当前图层进行锁定，也可对锁定图层上的图形进行查询和对象捕捉。

6. 打印样式

在 AutoCAD 2020 中，可以使用一个称为"打印样式"的新的对象特性。打印样式控制对象的打印特性，包括颜色、抖动、灰度、笔号、虚拟笔、淡显、线型、线宽、线条端点样式、线条连接样式和填充样式等。打印样式给用户提供了很大的灵活性，因为用户可以设置打印样式来替代其他对象特性。当然，也可以根据实际需要关闭这些替代设置。

7. 打印/不打印

在"图层特性管理器"对话框中，单击"打印/不打印"按钮 🖨，可以设定打印时该图层是否打印，以在保证图形显示可见不变的条件下控制图形的打印特征。打印功能只对可见图层起作用，对于已经被冻结或被关闭的图层不起作用。

8. 冻结新视口

控制在当前视口中图层的冻结和解冻，不解冻图形中设置为"关"或"冻结"的图层，对于模型空间视口不可用。

1.7 绘图辅助工具

要快速、顺利地完成图形绘制工作，有时需要借助一些辅助工具，如用于准确确定绘制位置的精确定位工具和调整图形显示范围与方式的显示工具等。下面简略介绍一下这两种非常重要的绘图辅助工具。

1.7.1 精确定位工具

绘制图形时，可以使用直角坐标和极坐标精确定位点，但是有些点（如端点、中心点等）的坐标用户是不知道的，要想精确地指定这些点较困难，有时甚至是不可能的。AutoCAD 2020 很好地解决了这一问题，利用其提供的辅助定位工具，可以很容易地在屏幕中捕捉到这些点，从而进行精确地绘图。

1. 栅格

AutoCAD 的栅格由有规则的点的矩阵组成，延伸到指定为图形界限的整个区域。使用栅格与在坐标纸上绘图是十分相似的，可以对齐对象并直观显示对象之间的距离。如果放大或缩小图形，则可能需要调整栅格间距，使其更适合新的比例。虽然栅格在屏幕上是可见的，但它并不是图形对象，因此并不会被打印成图形中的一部分，也不会影响在何处绘图。

单击状态栏上的"栅格"按钮或按 F7 键，即可打开或关闭栅格。启用栅格并设置栅格在 X 轴和 Y 轴方向上间距的方法如下：

◆执行方式

命令行：DSETTINGS（或 DS、SE、DDRMODES）。

菜单：工具→绘图设置。

快捷菜单：右击"栅格显示"按钮，在弹出的快捷菜单中选择"设置"命令。

◆操作步骤

执行上述命令，可弹出"草图设置"对话框，如图 1-57 所示。

如果需要显示栅格，则选中"启用栅格"复选框。在"栅格 X 轴间距"文本框中输入栅格点之间的水平距离，单位为毫米。如要使用相同的间距设置垂直和水平分布的栅格点，则按 Tab 键；否则，在"栅格 Y 轴间距"文本框中输入栅格点之间的垂直距离。

图1-57　"草图设置"对话框

用户可以改变栅格与图形界限的相对位置。默认情况下，栅格以图形界限的左下角为起点，沿着与坐标轴平行的方向填充整个由图形界限所确定的区域。

说明

如果栅格的间距设置得太小，当进行"打开栅格"操作时，AutoCAD将在"AutoCAD文本窗口"窗口中显示"栅格太密，无法显示"的提示信息，而不在屏幕上显示栅格点。使用"缩放"命令时，如果将图形缩放得很小，也会出现同样的提示，且不显示栅格。

另外，还可以使用 GRID 命令通过命令行方式设置栅格，其功能与"草图设置"对话框类似，在此不再赘述。

2. 栅格捕捉

栅格捕捉是指 AutoCAD 可以生成一个隐含分布于屏幕上的栅格，这种栅格能够捕捉光标，使得光标只能落到其中的一个栅格点上。栅格捕捉可分为"矩形捕捉"和"等轴测捕捉"两种类型。默认设置为"矩形捕捉"，即捕捉点的阵列类似于栅格，如图 1-58 所示。用户可以指定捕捉模式在 X 轴和 Y 轴方向上的间距，也可改变捕捉模式与图形界限的相对位置。其与栅格不同之处在于：捕捉间距的值必须为正实数；捕捉模式不受图形界限的约束。"等轴测捕捉"表示捕捉模式为等轴测，此模式是绘制正等轴测图时的工作环境，如图 1-59 所示。在"等轴测捕捉"模式下，栅格和光标十字线呈绘制等轴测图时的特定角度。

在绘制图 1-58 和图 1-59 中的图形时，输入参数点时光标只能落在栅格点上。两种模式的切换方法是：打开"草图设置"对话框，选择"捕捉和栅格"选项卡，在"捕捉类型"选项组中可以通过选中相应的单选按钮来切换"矩形捕捉"与"等轴测捕捉"模式。

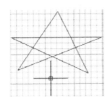 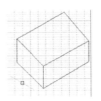

图1-58 "矩形捕捉"实例　　　　　图1-59 "等轴测捕捉"实例

3. 极轴追踪

极轴追踪是指在创建或修改对象时，按事先给定的角度增量和距离增量来追踪特征点，即捕捉相对于初始点且满足指定极轴距离和极轴角的目标点。

极轴追踪设置主要是设置追踪的距离增量和角度增量，以及与之相关联的捕捉模式。这些设置可以通过"草图设置"对话框中的"捕捉和栅格"与"极轴追踪"选项卡来实现，如图1-60和图1-61所示。

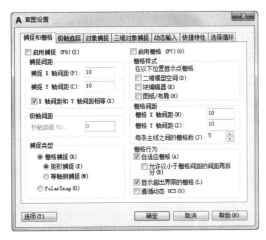

图1-60 "捕捉和栅格"选项卡　　　图1-61 "极轴追踪"选项卡

（1）"启用极轴追踪"复选框　用于打开或关闭极轴追踪。此外，也可以通过按 F10 键或使用 AUTOSNAP 系统变量来打开或关闭极轴追踪。

（2）"极轴角设置"选项组　在"草图设置"对话框的"极轴追踪"选项卡中，可以设置极轴角增量角度。设置时，既可以在"极轴角设置"选项组中的"增量角"下拉列表框中选择 90、45、30、22.5、18、15、10 和 5（单位为度）的极轴角增量，也可以直接输入指定其他任意角度。光标移动时，如果接近极轴角，将显示对齐路径和工具栏提示。例如，当极轴角增量设置为 30°、光标移动 90°时显示的对齐路径如图 1-62 所示。

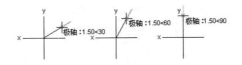

图1-62 设置极轴角度

"附加角"复选框用于设置极轴追踪时是否采用附加角度追踪。选中该复选框，可通过

"新建"或者"删除"按钮来增加、删除附加角度值。

（3）"对象捕捉追踪设置"选项组　该选项组用于设置对象捕捉追踪的模式。如果选中"仅正交追踪"单选按钮，则当采用追踪功能时，系统仅在水平和垂直方向上显示追踪数据；如果选中"用所有极轴角设置追踪"单选按钮，则当采用追踪功能时，系统不仅可以在水平和垂直方向上显示追踪数据，还可以在设置的极轴追踪角度与附加角度所确定的一系列方向上显示追踪数据。

（4）"极轴角测量"选项组　该选项组用于设置测量极轴角的角度时采用的参考基准。其中，"绝对"是指相对水平方向逆时针测量，"相对上一段"则是以上一段对象为基准进行测量。

4．对象捕捉

AutoCAD 2020 为所有的图形对象定义了特征点，对象捕捉是指在绘图过程中，通过捕捉这些特征点，迅速、准确地将新的图形对象定位在现有对象的确切位置上，如圆的圆心、线段的中点或两个对象的交点等。在 AutoCAD 2020 中，可以通过单击状态栏中的"对象捕捉"按钮，或者在"草图设置"对话框的"对象捕捉"选项卡中选中"启用对象捕捉"复选框，来启用对象捕捉功能。在绘图过程中，对象捕捉功能的调用可以通过以下方式来完成。

1）通过"对象捕捉"工具栏：在绘图过程中，当系统提示需要指定点位置时，可以单击"对象捕捉"工具栏（见图 1-63）中相应的特征点按钮，再把光标移动到要捕捉的对象上的特征点附近，AutoCAD 会自动提示并捕捉到这些特征点。例如，如果需要用直线连接一系列圆的圆心，可以将"圆心"设置为执行对象捕捉。如果有两个可能的捕捉点落在选择区域，AutoCAD 将捕捉离光标中心最近的符合条件的点。如果有多个符合点，则需要检查多个对象捕捉的有效性。例如，在指定位置有多个对象捕捉符合条件，在指定点之前，按 Tab 键可以遍历所有可能的点。

图 1-63　"对象捕捉"工具栏

2）通过对象捕捉快捷菜单：在需要指定点位置时，按住 Ctrl 键或 Shift 键的同时单击鼠标右键，在弹出的快捷菜单（见图 1-64）中可以选择某一种特征点执行对象捕捉，把光标移动到要捕捉对象上的特征点附近，即可捕捉到这些特征点。

3）通过命令行：当需要指定点位置时，在命令行中输入相应特征点的关键字（见表 1-1），然后把光标移动到要捕捉对象上的特征点附近，即可捕捉到这些特征点。

⚠️ 说明

对象捕捉不可单独使用，必须配合其他绘图命令一起使用。仅当 AutoCAD 提示输入点时，对象捕捉才生效。如果试图在命令行提示下使用对象捕捉，AutoCAD 将显示错误信息。

对象捕捉只影响屏幕上可见的对象，包括锁定图层、布局视口边界和多段线上的对象，而不能捕捉不可见的对象，如未显示的对象、关闭或冻结图层上的对象或虚线的空白部分。

5．自动对象捕捉

在绘制图形的过程中，使用对象捕捉的频率非常高，如果每次在捕捉时都要先选择捕捉模式，将使工作效率大大降低。出于此种考虑，AutoCAD 2020 提供了自动对象捕捉模式。如果启用自动捕捉功能，当光标距指定的捕捉点较近时，系统会自动精确地捕捉这些特征点，并显示出相应的标记以及该捕捉的提示。在"草图设置"对话框中选择"对象捕捉"选项卡，选中"启用对象捕捉追踪"复选框，即可启用自动捕捉功能，如图 1-65 所示。

图1-64 "对象捕捉"快捷菜单

表1-1 对象捕捉模式及关键字

模 式	关 键 字	模 式	关 键 字	模 式	关 键 字
临时追踪点	TT	捕捉自	FROM	端点	END
中点	MID	交点	INT	外观交点	APP
延长线	EXT	圆心	CEN	象限点	QUA
切点	TAN	垂足	PER	平行线	PAR
节点	NOD	最近点	NEA	无捕捉	NON

①说明

用户可以根据需要设置自己经常要用的对象捕捉模式。一旦完成了设置，以后每次运行时，所设定的对象捕捉模式就会被激活，而不是仅对一次选择有效。当同时采用多种模式时，系统将捕捉距光标最近且满足多种对象捕捉模式之一的点。当光标距要获取的点非常近时，按下Shift键将暂时不获取对象。

6. 正交绘图

所谓正交绘图，就是在命令的执行过程中，光标只能沿 X 轴或者 Y 轴移动，所有绘制的线段和构造线都将平行于 X 轴或 Y 轴，因此它们相互垂直成 90°相交，即正交。在"正交"模式下绘图，对于绘制水平线和垂直线非常有用，特别是在绘制构造线时经常会用到。此外，当捕捉模式为"等轴测"时，它还迫使直线平行于 3 个等轴测中的一个。

要设置正交绘图，可以直接单击状态栏中的"正交"按钮或按 F8 键。此时在"AutoCAD 文本窗口"窗口中将显示开/关提示信息。此外，也可以在命令行中输入"ORTHO"命令，开启或关闭正交绘图。

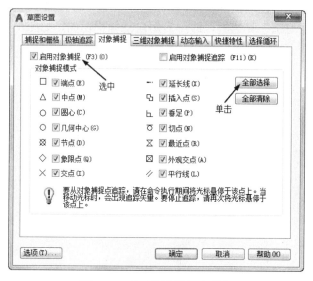

图1-65　"对象捕捉"选项卡

ⓘ说明

"正交"模式将光标限制在水平或垂直（正交）轴上。因为不能同时打开"正交"模式和极轴追踪，因此"正交"模式打开时，AutoCAD会关闭极轴追踪。如果再次打开极轴追踪，AutoCAD将关闭"正交"模式。

📖1.7.2　图形显示工具

对于一个较复杂的图形来说，在观察整幅图形时往往无法对其局部细节进行查看和操作，而在屏幕上显示一个细节时，又看不到其他部分。为了解决这类问题，AutoCAD 提供了缩放、平移、视图、鸟瞰视图和视口等一系列图形显示控制命令，可以用来任意地放大、缩小或移动屏幕上的图形显示，或者同时从不同的角度和部位来显示图形。另外，AutoCAD 还提供了重画和重新生成命令来刷新屏幕、重新生成图形。

1．图形缩放

图形缩放命令类似于照相机的镜头，可以放大或缩小屏幕所显示的范围，但它只改变视图的比例，对象的实际尺寸并不发生变化。当放大图形某一部分的显示尺寸时，可以更清楚地查看该区域的细节；相反，如果缩小图形的显示尺寸，则可以查看更大的区域，如整体浏览。

图形缩放功能在绘制大幅面机械图，尤其是装配图时非常有用，是使用频率最高的命令之一。该命令可以透明地使用，也就是说，该命令可以在其他命令执行时运行。完成该透明命令的执行后，AutoCAD 会自动返回到之前正在运行的命令。

执行图形缩放的方法如下：

◆执行方式

命令行：ZOOM。

菜单：视图→缩放。

工具栏：缩放（见图1-66）。

图1-66　"缩放"工具栏

◆操作步骤

执行上述命令后，系统提示如下。

指定窗口的角点，输入比例因子（nX 或 nXP），或者

[全部(A)/中心(C)/动态(D)/范围(E)/上一个(P)/比例(S)/窗口(W)/对象(O)]〈实时〉：

◆选项说明

（1）实时　这是"缩放"命令的默认操作，即在输入"ZOOM"命令后，直接按 Enter 键，将自动执行实时缩放操作。实时缩放就是可以通过上下移动鼠标交替进行放大和缩小。在进行实时缩放时，系统会显示一个"+"号或"-"号。当缩放比例接近极限时，AutoCAD 将不再与光标一起显示"+"号或"-"号。需要从实时缩放操作中退出时，可按 Enter 键、Esc 键或者从菜单中选择 Exit 命令退出。

（2）全部(A)　执行 ZOOM 命令后，在提示文字后输入"A"，即可执行"全部(A)"缩放操作。不论图形有多大，该操作都将显示图形的边界或范围，即使对象不包括在边界以内，它们也将被显示。因此，使用"全部(A)"缩放选项，可查看当前视口中的整个图形。

（3）中心(C)　通过确定一个中心点，可以定义一个新的显示窗口。操作过程中需要指定中心点，以及输入比例或高度。默认新的中心点就是视图的中心点，默认的输入高度就是当前视图的高度，直接按 Enter 键后，图形将不会被放大。输入比例的数值越大，图形放大倍数也将越大。此外，也可以在数值后面紧跟一个 X，如 3X，表示在放大时不是按照绝对值变化，而是按相对于当前视图的相对值缩放。

（4）动态(D)　通过操作一个表示视口的视图框，可以确定所需显示的区域。选择该选项，在绘图窗口中将出现一个小的视图框。按住鼠标左键左右移动可以改变该视图框的大小，定形后释放鼠标；再按下鼠标左键移动视图框，确定图形中的放大位置，系统将清除当前视口并显示一个特定的视图选择屏幕，该特定屏幕由当前视图及有效视图的相关信息构成。

（5）范围(E)　可以使图形缩放至整个显示范围。图形的显示范围由图形所在的区域构成，剩余的空白区域将被忽略。应用该选项，图形中所有的对象都尽可能地被放大。

（6）上一个(P)　在绘制一幅复杂的图形时，有时需要放大图形的一部分以进行细节的编辑，而当编辑完成后，又希望回到前一个视图。此时就可以使用"上一个(P)"选项来实现。当前视口由"缩放"命令的各种选项或"移动"视图、视图恢复、平行投影或透视命令引起的任何变化，系统都将保存起来。每一个视口最多可以保存 10 个视图。连续使用"上一个(P)"选项可以恢复前 10 个视图。

（7）比例(S)　此选项提供了 3 种比例输入样式：在提示信息下直接输入比例系数，AutoCAD 将按照此比例因子放大或缩小图形的尺寸；如果在比例系数后面加一"X"，则表示相对于当前视图计算比例因子；第三种则是相对于图纸空间。例如，可以在图纸空间阵列布排或打印出模型的不同视图。为了使每一张视图都与图纸空间单位成比例，即可选择"比例(S)"选项。每一个视图可以有单独的比例。

（8）窗口(W)　这是最常用的选项，即通过确定一个矩形窗口的两个对角点来指定所需缩放的区域。对角点可以由鼠标指定，也可以通过输入坐标来确定。指定窗口的中心点将成为新的显示屏幕的中心点。窗口中的区域将被放大或者缩小。调用 ZOOM 命令时，可以在没有选择任何选项的情况下，利用鼠标在绘图窗口中直接指定缩放窗口的两个对角点。

（9）对象(O)　缩放以便尽可能大地显示一个或多个选定的对象并使其位于视图的中心。可以在启动 ZOOM 命令前后选择对象。

ⓘ说明

这里提到的诸如放大、缩小或移动的操作仅仅是对图形在屏幕上的显示进行控制，图形本身并没有任何改变。

2．图形平移

当图形幅面大于当前视口时，如使用图形缩放命令将图形放大后，如果需要在当前视口之外观察或绘制一个特定区域，可以使用图形平移命令来实现。该命令能将在当前视口以外的图形的一部分移动进来查看或编辑，但不会改变图形的缩放比例。

执行图形缩放的方法如下：

◆执行方式

命令行：PAN。

菜单：视图→平移。

工具栏：标准→实时平移 ✍ 。

快捷菜单：在绘图窗口中单击鼠标右键→平移。

激活平移命令之后，光标将变成一只小手的形状，可以在绘图窗口中任意移动，以示当前正处于平移模式。单击并按住鼠标左键，将光标锁定在当前位置，即让"小手"抓住图形，然后将其拖动到所需位置上，释放鼠标将停止平移图形。可以反复按下鼠标左键，拖动，松开，将图形平移到其他位置上。

平移命令预先定义了一些不同的菜单选项与按钮，可用于在特定方向上平移图形。在激活平移命令后，这些选项可以从 "视图"→"平移"→"*"菜单中调用。

（1）实时　平移命令中最常用的选项，也是默认选项，前面提到的平移操作都是指实时平移，即通过鼠标的拖动来实现任意方向上的平移。

（2）点　该选项要求确定位移量，这就需要确定图形移动的方向和距离。可以通过输入点的坐标或用鼠标指定点的坐标来确定位移量。

（3）左　移动图形使屏幕左部的图形进入显示窗口。

（4）右　移动图形使屏幕右部的图形进入显示窗口。

（5）上　向底部平移图形后，使屏幕顶部的图形进入显示窗口。

（6）下　向顶部平移图形后，使屏幕底部的图形进入显示窗口。

第 2 章

二维绘图命令

二维图形是指在二维平面空间绘制的图形，主要由点、直线、圆弧、圆、椭圆、矩形、多边形、多段线、样条曲线、多线等几何元素组成。

学 习 要 点

- ◎ 直线类、圆类图形、点
- ◎ 平面图形、多段线、样条曲线、多线
- ◎ 图案填充

2.1 直线类

直线类命令主要包括"直线"和"构造线"命令，这两个命令是 AutoCAD 中最简单的绘图命令。

2.1.1 绘制直线段

◆执行方式

命令行：LINE。

菜单：绘图→直线。

工具栏：绘图→直线 ╱。

功能区：单击"默认"选项卡"绘图"面板中的"直线"按钮 ╱（见图 2-1）。

图2-1 "绘图"面板1

◆操作步骤

命令：LINE↙

指定第一个点：（输入直线段的起点，用鼠标指定点或者给定点的坐标）

指定下一点或 [放弃(U)]：（输入直线段的端点，也可以用鼠标指定一定角度后，直接输入直线段的长度）

指定下一点或 [放弃(U)]：（输入下一直线段的端点。输入选项 U 表示放弃前面的输入；右击或按 Enter 键，结束命令）

指定下一点或 [闭合(C)/放弃(U)]：（输入下一直线段的端点，或输入选项 C 使图形闭合，结束命令）

◆选项说明

1）若按 Enter 键响应"指定第一个点"的提示，则系统会把上次绘线（或弧）的终点作为本次操作的起始点。特别地，若上次操作为绘制圆弧，则按 Enter 键响应后，将绘出通过圆弧终点与该圆弧相切的直线段，该线段的长度由鼠标在屏幕上指定的一点与切点之间线段的长度确定。

2）在"指定下一点"的提示下，用户可以指定多个端点，从而绘出多条直线段。但是，每一条直线段都是一个独立的对象，可以进行单独的编辑操作。

3）绘制两条以上的直线段后，若用选项"C"响应"指定下一点"的提示，系统会自动连接起始点和最后一个端点，从而绘出封闭的图形。

4）若用选项"U"响应提示，则会擦除最近一次绘制的直线段。

5）若设置正交方式（单击状态栏上的"正交"按钮），则只能绘制水平直线段或垂直直线段。

6）若设置动态数据输入方式（单击状态栏上的"DYN"按钮），则可以动态输入坐标或长度值。

①说明

下面将要介绍的其他命令同样可以设置动态数据输入方式，效果与非动态数据输入方式类似。除了特别需要（以后不再强调），将只按非动态数据输入方式输入相关数据。

2.1.2 绘制构造线

◆执行方式

命令行：XLINE。

菜单：绘图→构造线。

工具栏：绘图→构造线 ✎ 。

功能区：单击"默认"选项卡"绘图"面板中的"构造线"按钮 ✎ （见图2-2）。

图2-2 "绘图"面板2

◆操作步骤

命令：XLINE✎
指定点或［水平(H)/垂直(V)/角度(A)/二等分(B)/偏移(O)］：（给出点）
指定通过点：（给定通过点2，画一条双向的无限长直线）
指定通过点：（继续给点，继续画线，按Enter键，结束命令）

◆选项说明

1）可以通过"指定点""水平""垂直""角度""二等分"和"偏移"6种方式绘制构造线。

2）这种线可以模拟手工绘图中的辅助绘图线，常用于辅助绘图。它用特殊的线型显示，在绘图输出时可不输出。

2.1.3 实例——阀

本实例将利用"直线"命令绘制如图2-3所示的阀。

图2-3 阀

单击"默认"选项卡"绘图"面板中的"直线"按钮 ✎ ，绘制阀。命令行提示与操作如下：

```
命令: _line
指定第一个点: (在绘图区指定一点)
指定下一点或 [放弃(U)]: (垂直向下在屏幕上的大致位置指定点2)
指定下一点或 [放弃(U)]: (在屏幕上的大致位置指定点3, 使点3大致与点1等高, 如图2-4所示)
指定下一点或 [闭合(C)/放弃(U)]: (垂直向下在屏幕上的大致位置指定点4, 使点4大致与点2等高)
指定下一点或 [闭合(C)/放弃(U)]: C↙ (系统自动封闭连续直线并结束命令)
```

图2-4 指定点3

说明

一般每个命令有4种执行方式，这里只给出了"工具栏"执行方式，其他3种执行方式的操作方法与此相同。

2.1.4 数据输入方法

在 AutoCAD 2020 中，点的坐标可以用直角坐标、极坐标、球面坐标和柱面坐标表示，每一种坐标又分别具有两种坐标输入方式，即绝对坐标和相对坐标。其中，直角坐标和极坐标最为常用，下面主要介绍它们的输入。

（1）直角坐标法　用点的 X、Y 坐标值表示的坐标。

例如，在命令行中输入点的坐标提示下输入"15,18"，则表示输入了一个 X、Y 的坐标值分别为 15、18 的点，此为绝对坐标输入方式，表示该点的坐标是相对于当前坐标原点的坐标值，如图 2-5a 所示。如果输入"@10,20"，则为相对坐标输入方式，表示该点的坐标是相对于前一点的坐标值，如图 2-5b 所示。

（2）极坐标法　用长度和角度表示的坐标，只能用来表示二维点的坐标。

在绝对坐标输入方式下，表示为"长度<角度"，如"25<50"，其中长度为该点到坐标原点的距离，角度为该点至原点的连线与 X 轴正向的夹角，如图 2-5c 所示。

在相对坐标输入方式下，表示为"@长度<角度"，如"@25<45"，其中长度为该点到前一点的距离，角度为该点至前一点的连线与 X 轴正向的夹角，如图 2-5d 所示。

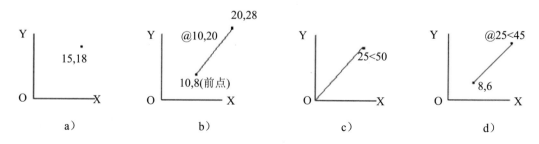

图 2-5　数据输入方法

（3）动态数据输入 单击状态栏中的"动态输入"按钮 ⁺□，系统打开动态输入功能，可以在屏幕上动态地输入某些参数数据。例如，绘制直线时，在光标附近会动态地显示"指定第一个点"，以及后面的坐标框，当前显示的是光标所在位置，可以输入数据，两个数据之间以逗号隔开，如图 2-6 所示。指定第一个点后，系统动态显示直线的角度，同时要求输入线段长度值，如图 2-7 所示，其输入效果与"@长度<角度"方式相同。

下面分别讲述点与距离值的输入方法。

（4）点的输入 绘图过程中常需要输入点的位置，AutoCAD 提供了如下几种输入点的方式：

1）用键盘直接在命令行窗口中输入点的坐标。直角坐标有两种输入方式，即"X, Y"（点的绝对坐标值，如"100,50"）和"@X, Y"（相对于前一点的相对坐标值，如"@50,-30"）。坐标值均相对于当前的用户坐标系。

2）极坐标的输入方式为长度<角度（其中，长度为点到坐标原点的距离，角度为原点至该点连线与 X 轴的正向夹角，如"20<45"）或"@长度<角度"（相对于前一点的相对极坐标，如"@50 <-30"）。

3）用鼠标等定标设备移动光标并单击鼠标左键在屏幕上直接取点。

4）用目标捕捉方式捕捉屏幕上已有图形的特殊点（如端点、中点、中心点、插入点、交点、切点、垂足点等）。

5）直接距离输入：先用光标拖拉出橡筋线确定方向，然后用键盘输入距离，这样有利于准确控制对象的长度等参数。例如，要绘制一条 10mm 长的线段，命令行提示与操作如下：

```
命令: line✓
指定第一个点:（在绘图区指定一点）
指定下一点或 [放弃(U)]:
```

这时在屏幕上移动鼠标指明线段的方向（但不要单击鼠标左键确认），如图 2-8 所示，然后在命令行中输入"10"，这样就在指定方向上准确地绘制出了长度为 10mm 的线段。

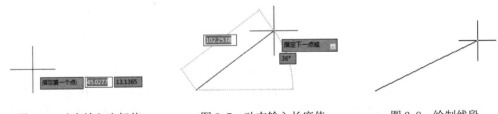

图 2-6 动态输入坐标值　　图 2-7 动态输入长度值　　图 2-8 绘制线段

（5）距离值的输入 在 AutoCAD 2020 命令中，有时需要提供高度、宽度、半径、长度等距离值。AutoCAD 2020 提供了两种输入距离值的方式：一种是用键盘在命令行窗口中直接输入数值；另一种是在屏幕上拾取两点，以两点的距离值定出所需数值。

2.1.5 实例——利用动态输入绘制标高符号

本实例主要练习执行"直线"命令后，在动态输入功能下绘制标高符号，如图 2-9 所示。

1）系统默认打开动态输入，如果动态输入没有打开，可单击状态栏中的"动态输入"按钮 ⁺□，打开动态输入。单击"默认"选项卡"绘图"面板中的"直线"按钮 ╱，在动态输入框中输入第一点坐标为（100,100），如图 2-10 所示，然后在动态输入框中输入长度为 40，按 Tab 键切换到角度输入框，输入角度为 135，如图 2-11 所示，按 Enter 键确认第二点。

图 2-9　绘制标高符号

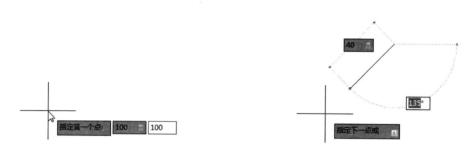

图 2-10　确定 P1 点　　　　　　　　　　图 2-11　确定 P2 点

2）拖动鼠标，在鼠标位置为 135°时，动态输入"40"，如图 2-12 所示，按 Enter 键确认 P3 点。

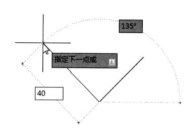

图 2-12　确定 P3 点

3）拖动鼠标，然后在动态输入框中输入相对直角坐标（@180，0），按 Enter 键确认 P4 点，如图 2-13 所示。也可以拖动鼠标，在鼠标位置为 0°时，动态输入"180"，如图 2-14 所示，按 Enter 键确认 P4 点，完成绘制。

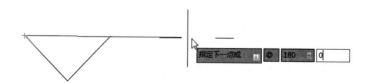

图 2-13　确定 P4 点（相对直角坐标方式）

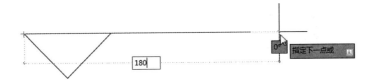

图2-14　确定 P4 点

2.2　圆类图形

　　圆类命令主要包括"圆""圆弧""椭圆""椭圆弧"和"圆环"等命令。这几个命令在 AutoCAD 绘图中比较常用。

2.2.1　绘制圆

◆执行方式

命令行：CIRCLE。

菜单：绘图→圆。

工具栏：绘图→圆◎。

功能区：单击"默认"选项卡"绘图"面板中的"圆"下拉菜单(见图2-15)。

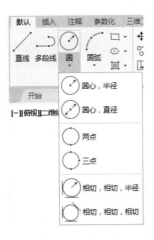

图2-15　"圆"下拉菜单

◆操作步骤

命令：CIRCLE✓
指定圆的圆心或 [三点(3P)/两点(2P)/切点、切点、半径(T)]：(指定圆心)
指定圆的半径或 [直径(D)]：(直接输入半径数值或用鼠标指定半径长度)
指定圆的直径〈默认值〉：(输入直径数值或用鼠标指定直径长度)

◆选项说明

　　(1)三点(3P)　用指定圆周上 3 点的方法画圆。

　　(2)两点(2P)　用指定直径的两端点的方法画圆。

（3）切点、切点、半径(T)　用先指定两个相切对象，后给出半径的方法画圆。

除了上述3种画圆方法外，在"绘图"→"圆"子菜单中还提供了一种"相切、相切、相切"的方法。当选择此方式时，系统提示如下。

```
指定圆上的第一个点: tan 到:（指定相切的第一个圆弧）
指定圆上的第二个点: tan 到:（指定相切的第二个圆弧）
指定圆上的第三个点: tan 到:（指定相切的第三个圆弧）
```

2.2.2　绘制圆弧

◆执行方式

命令行：ARC（缩写名：A）。

菜单：绘图→弧。

工具栏：绘图→圆弧 。

功能区：单击"默认"选项卡"绘图"面板中的"圆弧"下拉菜单（见图2-16）。

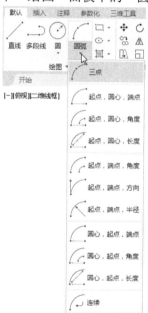

图2-16　"圆弧"下拉菜单

◆操作步骤

```
命令: ARC↙
指定圆弧的起点或 ［圆心(C)］:（指定起点）
指定圆弧的第二个点或 ［圆心(C)/端点(E)］:（指定第二点）
指定圆弧的端点:（指定端点）
```

◆选项说明

1）用命令行方式画圆弧时，可以根据系统提示选择不同的选项，具体功能与"绘图"→"圆弧"子菜单中提供的11种方式相似。

2）在此需要强调的是"连续"方式，若下一步要绘制的圆弧与上一线段或圆弧相切，则继续画圆弧段，因此在命令行中仅提供端点即可。

📖 2.2.3 实例——电抗器

本实例将利用"圆弧""直线"命令绘制如图 2-17 所示的电抗器。

图2-17　电抗器

1）单击"默认"选项卡"绘图"面板中的"直线"按钮，绘制垂直相交的适当长度的一条水平直线与一条竖直直线，如图 2-18 所示。

2）单击"默认"选项卡"绘图"面板中的"圆弧"按钮，绘制圆头部分圆弧。命令行提示与操作如下：

```
命令：_ARC
指定圆弧的起点或 [圆心(C)]:（打开"对象捕捉"开关，指定起点为水平线左端点）
指定圆弧的第二个点或 [圆心(C)/端点(E)]: C✓
指定圆弧的圆心:（指定圆心为水平线右端点）
指定圆弧的端点(按住 Ctrl 键以切换方向)或 [角度(A)/弦长(L)]: A✓
指定夹角(按住 Ctrl 键以切换方向): -270✓
```

结果如图 2-19 所示。

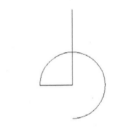

图2-18　垂直相交直线　　　　　　　　　　　　图2-19　绘制圆弧

3）单击"默认"选项卡"绘图"面板中的"直线"按钮，绘制一条适当长度的竖直直线，直线起点为圆弧的下端点。结果如图 2-17 所示。

ⓘ注意

绘制圆弧时，圆弧的曲率是遵循逆时针方向的，所以在采用指定圆弧两个端点和半径模式时，需要注意端点的指定顺序，否则有可能导致圆弧的凹凸形状与预期的相反。

📖 2.2.4 绘制圆环

◆执行方式

命令行：DONUT。

菜单：绘图→圆环。

功能区：单击"默认"选项卡"绘图"面板中的"圆环"按钮◎（见图2-20）。

图2-20 "绘图"面板

◆操作步骤

命令：DONUT✓
指定圆环的内径〈默认值〉：（指定圆环内径）
指定圆环的外径〈默认值〉：（指定圆环外径）
指定圆环的中心点或〈退出〉：（指定圆环的中心点）
指定圆环的中心点或〈退出〉：（继续指定圆环的中心点，则继续绘制具有相同内、外径的圆环；按 Enter 键，空格键或右击，结束命令）

◆选项说明

1）若指定内径为 0，则画出实心填充圆。

2）用命令 FILL 可以控制圆环是否填充。

命令：FILL✓
输入模式［开(ON)/关(OFF)］〈开〉：（选择 ON 表示填充，选择 OFF 表示不填充）

2.2.5 绘制椭圆与椭圆弧

◆执行方式

命令行：ELLIPSE。

菜单：绘图→椭圆。

工具栏：绘图→椭圆 ⟳ 或绘图→椭圆弧 ⟳。

功能区：单击"默认"选项卡"绘图"面板中的"椭圆"按钮 ⟳ 或"椭圆弧"按钮 ⟳（见图2-21）。

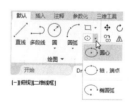

◆操作步骤

图2-21 "椭圆"下拉菜单

命令：ELLIPSE✓
指定椭圆的轴端点或［圆弧(A)/中心点(C)]：
指定轴的另一个端点：
指定另一条半轴长度或［旋转(R)]：

◆选项说明

（1）指定椭圆的轴端点　根据两个端点，定义椭圆的第一条轴。第一条轴的角度确定了整个椭圆的角度。第一条轴既可定义为椭圆的长轴，也可定义为椭圆的短轴。

（2）旋转(R)　通过绕第一条轴旋转圆来创建椭圆。相当于将一个圆绕椭圆轴翻转一个角度后的投影视图。

（3）中心点(C)　通过指定的中心点创建椭圆。

（4）圆弧(A)　该选项用于创建一段椭圆弧。与"工具栏：绘图→椭圆弧"功能相同。其中第一条轴的角度确定了椭圆弧的角度。第一条轴既可定义为椭圆弧长轴，也可定义为椭圆弧短轴。选择该项，系统继续提示：

指定椭圆弧的轴端点或 [中心点(C)]：（指定端点或输入 C）
指定轴的另一个端点：（指定另一端点）
指定另一条半轴长度或 [旋转(R)]：（指定另一条半轴长度或输入 R）
指定起始角度或 [参数(P)]：（指定起始角度或输入 P）
指定终止角度或 [参数(P)/夹角(I)]：

其中各选项含义介绍如下：

1）角度：指定椭圆弧端点的两种方式之一，光标与椭圆中心点连线的夹角为椭圆弧端点位置的角度。

2）参数(P)：指定椭圆弧端点的另一种方式，该方式同样是指定椭圆弧端点的角度，可通过以下矢量参数方程式创建椭圆弧：

$$p(u) = c + a* \cos(u) + b* \sin(u)$$

其中，c 是椭圆的中心点，a 和 b 分别是椭圆的长轴和短轴，u 为光标与椭圆中心点连线的夹角。

3）夹角(I)：定义从起始角度开始的包含角度。

2.2.6　实例——感应式仪表

本实例将利用"椭圆""圆环"及"直线"命令绘制如图 2-22 所示的感应式仪表。

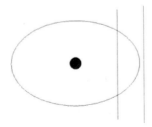

图2-22　感应式仪表

1）单击"默认"选项卡"绘图"面板中的"椭圆"按钮◯，绘制椭圆。命令行提示与操作如下：

命令：_ellipse
指定椭圆的轴端点或 [圆弧(A)/中心点(C)]：（适当指定一点作为椭圆轴的端点）
指定轴的另一个端点：（在水平方向指定椭圆轴的另一个端点）
指定另一条半轴长度或 [旋转(R)]：（适当指定一点，以确定椭圆另一条半轴的长度）

结果如图 2-23 所示。

2）单击"默认"选项卡"绘图"面板中的"圆环"按钮◎，绘制圆环。命令行提示与操作如下：

命令：_donut
指定圆环的内径 <0.5000>：0✓
指定圆环的外径 <1.0000>：150✓
指定圆环的中心点或 <退出>：（大致指定椭圆的圆心位置）
指定圆环的中心点或 <退出>：✓

结果如图 2-24 所示。

3）单击"默认"选项卡"绘图"面板中的"直线"按钮 ╱ ，在椭圆偏右位置绘制一条竖直直线，结果如图 2-22 所示。

图2-23 绘制椭圆   图2-24 绘制圆环

注意

在绘制圆环时，可能仅仅一次无法准确确定圆环外径大小，以确定圆环与椭圆的相对大小，可以通过多次绘制的方法找到一个相对合适的外径值。

2.3 点

点在 AutoCAD 中有多种不同的表示方式，用户可以根据需要进行设置。

2.3.1 绘制点

◆执行方式

命令行：POINT。

菜单：绘图→点→单点或多点。

工具栏：绘图→点 ⋮ 。

功能区：单击"默认"选项卡"绘图"面板中的"多点"按钮 ⋮ （见图 2-25）。

图2-25 "绘图"面板

◆操作步骤

命令：POINT✓

当前点模式：PDMODE=0 PDSIZE=0.0000

指定点：（指定点所在的位置）

◆选项说明

1）以菜单方式进行操作时（见图 2-26），"单点"命令表示只输入一个点，"多点"命令表示可输入多个点。

2）单击状态栏中的"对象捕捉"开关按钮，可以设置点的捕捉模式，帮助用户拾取点。

3）点在图形中的表示样式共有 20 种。可通过输入"DDPTYPE "命令或选择"格式"→"点样式"命令，弹出如图 2-27 所示的"点样式"对话框来设置点样式。

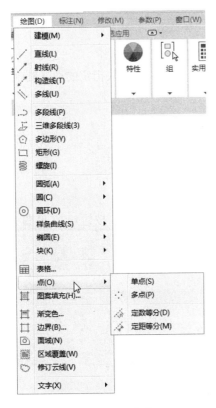

图2-26　"点"子菜单

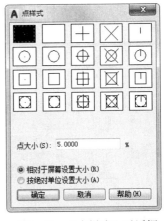

图2-27　"点样式"对话框

2.3.2　绘制等分点

◆执行方式

命令行：DIVIDE（缩写名：DIV）。

菜单：绘图→点→定数等分。

功能区：单击"默认"选项卡"绘图"面板中的"定数等分"按钮 （见图 2-28）。

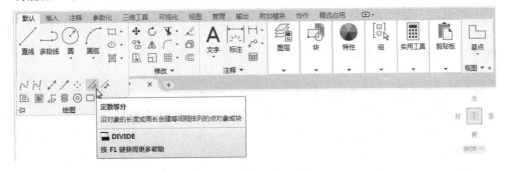

图2-28　"绘图"面板

◆操作步骤

命令：DIVIDE↙
选择要定数等分的对象：（选择要等分的实体）
输入线段数目或［块(B)］：（指定实体的等分数）

◆选项说明

1）等分数范围为2～32767。

2）在等分点处，按当前的点样式设置画出等分点。

3）在第二提示行选择"块(B)"选项时，表示在等分点处插入指定的块（BLOCK）。

2.3.3 绘制测量点

◆执行方式

命令行：MEASURE（缩写名：ME）。

菜单：绘制→点→定距等分。

功能区：单击"默认"选项卡"绘图"面板中的"定距等分"按钮 （见图2-29）。

图2-29 "绘图"面板

◆操作步骤

命令：MEASURE↙
选择要定距等分的对象：（选择要设置测量点的实体）
指定线段长度或［块(B)］：（指定分段长度）

◆选项说明

1）设置的起点一般是指指定线段的绘制起点。

2）在第二提示行选择"块(B)"选项时，表示在测量点处插入指定的块，后续操作与2.3.2节中等分点的绘制类似。

3）在测量点处，按当前的点样式设置画出测量点。

4）最后一个测量段的长度不一定等于指定分段的长度。

2.3.4 实例——楼梯

本实例将利用"直线""定数等分"等命令，绘制如图2-30所示的楼梯。

1）单击"默认"选项卡"绘图"面板中的"直线"按钮，绘制墙体与扶手，如图2-31所示。

2）在菜单栏中选择"格式"→"点样式"命令，在弹出的"点样式"对话框中选择"×"样式，如图2-32所示。

3）单击"默认"选项卡"绘图"面板中的"定数等分"按钮，以左边扶手的外面线段为对象，数目为8，绘制等分点，如图2-33所示。命令行中提示与操作如下：

命令：_divide
选择要定数等分的对象：（选择左边扶手外面线段）
输入线段数目或［块(B)］：8↙

图2-30　楼梯

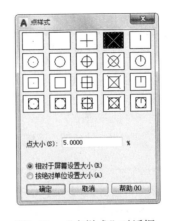
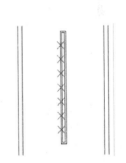

图2-31　绘制墙体与扶手　　　　　图2-32　"点样式"对话框　　　　　图2-33　绘制等分点

4）单击"默认"选项卡"绘图"面板中的"直线"按钮，分别以等分点为起点、左边墙体上的点为终点绘制水平线段，如图2-34所示。

5）单击"默认"选项卡"修改"面板中的"删除"按钮（此命令会在以后章节中详细讲述），删除等分点，如图2-35所示。命令行中提示与操作如下：

命令：_erase
选择对象：（选择等分点）

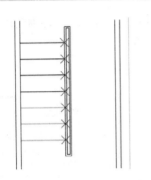

图2-34　绘制水平线　　　　　　　　　　　图2-35　删除点

6）重复步骤3）～5），绘制另一侧楼梯，结果如图2-30所示。

2.4 平面图形

简单的平面图形命令包括"矩形"命令和"正多边形"命令。

2.4.1 绘制矩形

◆执行方式

命令行：RECTANG（缩写名：REC）。

菜单：绘图→矩形。

工具栏：绘图→矩形 □ 。

功能区：单击"默认"选项卡"绘图"面板中的"矩形"按钮 □ （见图2-36）。

图2-36 "绘图"面板

◆操作步骤

命令：RECTANG✓
指定第一个角点或 [倒角(C)/标高(E)/圆角(F)/厚度(T)/宽度(W)]：
指定另一个角点或 [面积(A)/尺寸(D)/旋转(R)]：

◆选项说明

（1）第一个角点 通过指定两个角点来确定矩形，如图 2-37a 所示。

（2）倒角(C) 指定倒角距离，绘制带倒角的矩形，如图 2-37b 所示。每一个角点的逆时针和顺时针方向的倒角可以相同，也可以不同。其中，第一个倒角距离是指角点逆时针方向的倒角距离，第二个倒角距离是指角点顺时针方向的倒角距离。

（3）标高(E) 指定矩形标高（Z 坐标），即把矩形画在标高为 Z、与 XOY 坐标面平行的平面上，并作为后续矩形的标高值。

（4）圆角(F) 指定圆角半径，绘制带圆角的矩形，如图 2-37c 所示。

（5）厚度(T) 指定矩形的厚度，如图 2-37d 所示。

（6）宽度(W) 指定线宽，如图 2-37e 所示。

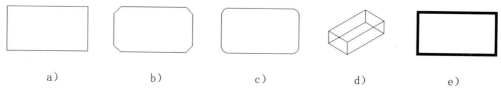

a)　　　　　　b)　　　　　　c)　　　　　　d)　　　　　　e)

图 2-37 绘制矩形

（7）面积(A) 通过指定面积和长或宽来创建矩形。选择该项后，系统提示如下：

输入以当前单位计算的矩形面积〈20.0000〉：（输入面积值）
计算矩形标注时依据［长度(L)/宽度(W)］〈长度〉：（按 Enter 键或输入 W）
输入矩形长度〈4.0000〉：（指定长度或宽度）

指定长度或宽度后，系统将自动计算出另一个维度并绘制出矩形。如果矩形被倒角或圆角，则在长度或宽度计算中会考虑此设置，如图 2-38 所示。

（8）尺寸(D)　使用长和宽创建矩形。第二个指定点将矩形定位在与第一角点相关的 4 个位置之一内。

（9）旋转(R)　旋转所绘制矩形的角度。选择该项后，命令行提示如下。

指定旋转角度或［拾取点(P)］〈135〉：（指定角度）
指定另一个角点或［面积(A)/尺寸(D)/旋转(R)］：（指定另一个角点或选择其他选项）

指定旋转角度后，系统按指定旋转角度创建矩形，如图 2-39 所示。

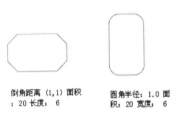

倒角距离(1,1) 面积
：20 长度：6

圆角半径：1.0 面
积：20 宽度：6

图2-38　按面积绘制矩形

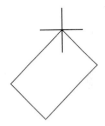

图2-39　按指定旋转角度创建矩形

2.4.2　绘制多边形

◆执行方式

命令行：POLYGON。

菜单：绘图→多边形。

工具栏：绘图→多边形 ⬠。

功能区：单击"默认"选项卡"绘图"面板中的"多边形"按钮 ⬠（见图 2-40）。

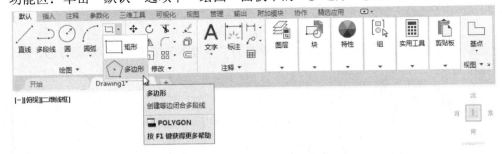

图2-40　"绘图"面板

◆操作步骤

命令：POLYGON↙
输入侧面数〈4〉：（指定多边形的边数，默认值为4）
指定正多边形的中心点或［边(E)］：（指定中心点）
输入选项［内接于圆(I)/外切于圆(C)］〈I〉：（指定是内接于圆或外切于圆。I 表示内接于圆，如图 2-41a 所示；C 表示外切于圆，如图 2-41b 所示）
指定圆的半径：（指定外接圆或内切圆的半径）

◆选项说明

如果选择"边(E)"选项,则只要指定多边形的一条边,系统就会按逆时针方向创建该正多边形,如图2-41c所示。

a)   b)   c)

图2-41　绘制正多边形

2.4.3　实例——方形散流器

本实例首先绘制矩形,再利用"偏移"等命令绘制如图2-42所示的方形散流器。

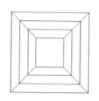

图2-42　方形散流器

1)单击"默认"选项卡"绘图"面板中的"多点"按钮∷,在屏幕上的适当位置绘制一个点。命令行提示与操作如下:

```
命令: _point
当前点模式:  PDMODE=0  PDSIZE=0.0000
指定点: (在屏幕中任意指定一点)
```

2)单击状态栏上的█按钮和▢按钮,打开"正交"和"对象捕捉"功能,如图2-43所示。

图2-43　状态栏

3)单击"默认"选项卡"绘图"面板中的"多边形"按钮⬡,绘制正方形。命令行提示与操作如下:

```
命令: _POLYGON
输入侧面数〈4〉: ✓
指定正多边形的中心点或 [边(E)]:(将鼠标移动到刚绘制的点附近,系统自动捕捉到该点作为中心点,如图2-44所示)
输入选项 [内接于圆(I)/外切于圆(C)] 〈I〉: c✓
指定圆的半径:500(见图2-45所示,系统自动绘制一个适当大小的正方形)
```

注意

由于设置了正交状态,所以绘制出的正方形的边能保证处于水平和竖直方向,如图2-46所示。

4)用同样方法绘制另外3个正方形,边长分别为400mm、300mm、200mm,并使这些正方形的中心与之前绘制的正方形中心重合,正方形之间的距离大致相等,如图2-47所示。

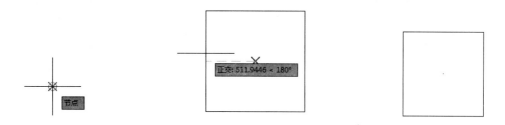

图2-44　捕捉中心点　　　　图2-45　指定正方形内切圆半径　　　图2-46　绘制出的正方形

5）单击"默认"选项卡"绘图"面板中的"直线"按钮 ∕ ，绘制连接最里边正方形和最外边正方形的线段，利用"对象捕捉"功能捕捉线段的端点，如图 2-48 所示。

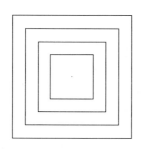

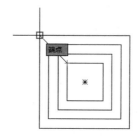

图2-47　绘制其他正方形　　　　　　　图2-48　绘制线段

6）单击"默认"选项卡"修改"面板中的"删除"按钮 ∠ ，删除最开始绘制的点（此命令会在以后章节中详细讲述），结果如图 2-42 所示。命令行操作与提示如下：

命令: _erase
选择对象:（选择正方形的中心点）

2.5　多段线

多段线是一种由线段和圆弧组合而成的、不同线宽的多线。这种线由于其组合形式的多样和线宽的不同，弥补了直线或圆弧功能的不足，适合绘制各种复杂的图形轮廓，因而得到了广泛的应用。

📖 2.5.1　绘制多段线

◆执行方式

命令行：PLINE（缩写名：PL）。

菜单：绘图→多段线。

工具栏：绘图→多段线 ⤳ 。

功能区：单击"默认"选项卡"绘图"面板中的"多段线"按钮 ⤳ （见图 2-49）。

◆操作步骤

命令: PLINE✓
指定起点:（指定多段线的起点）
当前线宽为 0.0000

指定下一个点或 ［圆弧(A)/半宽(H)/长度(L)/放弃(U)/宽度(W)］：(指定多段线的下一点)

图2-49 "绘图"面板

◆选项说明

多段线主要由不同长度的连续的线段或圆弧组成，如果在上述提示中选择"圆弧"选项，则命令行提示如下。

指定圆弧的端点(按住 Ctrl 键以切换方向)或[角度(A)/圆心(CE)/闭合(CL)/方向(D)/半宽(H)/直线(L)/半径(R)/第二个点(S)/放弃(U)/宽度(W)]：

2.5.2 编辑多段线

◆执行方式

命令行：PEDIT（缩写名：PE）。

菜单：修改→对象→多段线。

工具栏：修改 II→编辑多段线 。

快捷菜单：选择要编辑的多段线，在绘图区右击，在弹出的快捷菜单中选择"多段线编辑"命令。

◆操作步骤

命令：PEDIT↙
选择多段线或 [多条(M)]：(选择一条要编辑的多段线)
输入选项 [闭合(C)/合并(J)/宽度(W)/编辑顶点(E)/拟合(F)/样条曲线(S)/非曲线化(D)/线型生成(L)/反转(R)/放弃(U)]：

◆选项说明

（1）闭合(C) 创建闭合的多段线。

（2）合并(J) 以选中的多段线为主体，合并其他直线段、圆弧或多段线，使其成为一条多段线，如图 2-50 所示。能合并的条件是各段线的端点首尾相连。

（3）宽度(W) 修改整条多段线的线宽，使其具有同一线宽，如图 2-51 所示。

a）合并前　　b）合并后　　　　　　　　a）修改前　　　　b）修改后

图2-50 合并多段线　　　　　　　图2-51 修改整条多段线的线宽

（4）编辑顶点(E) 选择该项后，在多段线起点处将出现一个斜的十字叉"×"（当前顶点的标记），并在命令行显示如下后续操作的提示：

[下一个(N)/上一个(P)/打断(B)/插入(I)/移动(M)/重生成(R)/拉直(S)/切向(T)/宽度(W)/退出(X)] <N>：

这些选项允许用户进行移动、插入顶点和修改任意两点间的线的线宽等操作。

（5）拟合(F)　从指定的多段线生成由光滑圆弧连接而成的圆弧拟合曲线，该曲线经过多段线的各顶点，如图 2-52 所示。

a）修改前　　　　　　　　　　b）修改后

图2-52　生成圆弧拟合曲线

（6）样条曲线(S)　以指定的多段线的各顶点作为控制点生成 B 样条曲线，如图 2-53 所示。

（7）非曲线化(D)　用直线代替指定的多段线中的圆弧。对于选择"拟合（F）"选项或"样条曲线（S）"选项后生成的圆弧拟合曲线或样条曲线，删去其生成曲线时新插入的顶点，则恢复成由直线段组成的多段线。

a）修改前　　　　　　　　　　b）修改后

图2-53　生成B样条曲线

（8）线型生成(L)　当多段线的线型为点画线时，控制多段线的线型生成方式。选择此项后，系统提示如下：

输入多段线线型生成选项 ［开(ON)/关(OFF)］〈关〉：

选择 ON 时将在每个顶点处允许以短画开始或结束生成线型，选择 OFF 时将在每个顶点处允许以长画开始或结束生成线型，如图 2-54 所示。"线型生成"不能用于包含带变宽的线段的多段线。

a）关　　　　　　　　　　　　b）开

图2-54　控制多段线的线型（线型为点画线时）

（9）反转(R)　反转多段线顶点的顺序。

📖 2.5.3　实例——单联双控开关

本实例将利用"多段线""圆环"等命令绘制如图 2-55 所示的单联双控开关。

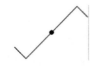

图2-55　单联双控开关

1）在状态栏上的"对象捕捉"按钮 ∠ 上单击鼠标右键，在弹出的快捷菜单中选择"设置"命令，如图 2-56 所示。

2）在弹出的"草图设置"对话框中选择"极轴追踪"选项卡，选中"启用极轴追踪"复选框，在"增量角"下拉列表框中选择 45，然后单击"确定"按钮，如图 2-57 所示。

图2-56　快捷菜单　　　　　　　　　　　　　　　图2-57　"草图设置"对话框

3）单击"默认"选项卡"绘图"面板中的"多段线"按钮 ⌐，命令行提示与操作如下。

```
命令: _pline
指定起点:（适当指定一点）
当前线宽为 0.0000
指定下一个点或 [圆弧(A)/半宽(H)/长度(L)/放弃(U)/宽度(W)]: W↙
指定起点宽度 <0.0000>: 4↙
指定端点宽度 <4.0000>: ↙
指定下一个点或 [圆弧(A)/半宽(H)/长度(L)/放弃(U)/宽度(W)]:（向右下方移动鼠标，系统自动显
示追踪45°追踪线，如图 2-58 所示，按下鼠标左键，系统自动捕捉到追踪线上的某一个点）
指定下一点或 [圆弧(A)/闭合(C)/半宽(H)/长度(L)/放弃(U)/宽度(W)]:（以同样方法追踪右上 90
°端点，长度适当指定）
指定下一点或 [圆弧(A)/闭合(C)/半宽(H)/长度(L)/放弃(U)/宽度(W)]:（以同样方法追踪右下 45
°端点，长度适当指定）
指定下一点或 [圆弧(A)/闭合(C)/半宽(H)/长度(L)/放弃(U)/宽度(W)]: ↙
```

绘制结果如图 2-59 所示。

图2-58　极轴追踪　　　　　　　　　　　　　图2-59　绘制多段线

4）单击"默认"选项卡"绘图"面板中的"圆环"按钮 ◎，绘制圆环。命令行提示与操作如下:

命令: _donut
指定圆环的内径 <0.5000>: 0↙
指定圆环的外径 <1.0000>: 40↙
指定圆环的中心点或 <退出>: (打开"对象捕捉"功能，捕捉刚绘制的多段线的中点)
指定圆环的中心点或 <退出>: ↙

最终结果如图 2-55 所示。

2.6 样条曲线

样条曲线是指 AutoCAD 使用的一种特殊曲线类型，又称为非一致有理 B 样条（NURBS）曲线。样条曲线可用于创建形状不规则的曲线，例如为地理信息系统（GIS）应用或汽车设计绘制轮廓线，如图 2-60 所示。

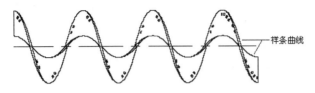

图 2-60　样条曲线

2.6.1　绘制样条曲线

◆执行方式

命令行：SPLINE。

菜单：绘图→样条曲线。

工具栏：绘图→样条曲线 N 。

功能区：单击"默认"选项卡"绘图"面板中的"样条曲线拟合"按钮 N 或"样条曲线控制点"按钮 N （见图 2-61）。

图 2-61　"绘图"面板

◆操作步骤

命令: SPLINE↙
当前设置: 方式=拟合　节点=弦
指定第一个点或 [方式(M)/节点(K)/对象(O)]: (指定一点或选择"对象(O)"选项)
输入下一个点或 [起点切向(T)/公差(L)]: (指定一点)
输入下一个点或 [端点相切(T)/公差(L)/放弃(U)]: (指定第三点)
输入下一个点或 [端点相切(T)/公差(L)/放弃(U)/闭合(C)]:

◆选项说明

（1）方式(M)　控制是使用拟合点还是使用控制点来创建样条曲线。

（2）节点(K)　 指定节点参数化，它会影响曲线在通过拟合点时的形状（SPLKNOTS 系统变量）。

（3）对象(O)　将二维或三维的二次或三次样条曲线拟合多段线转换为等价的样条曲线，然后（根据 DELOBJ 系统变量的设置）删除该多段线。

（4）起点相切(T)　基于切向创建样条曲线。

（5）公差(L)　指定距样条曲线必须经过的指定拟合点的距离。公差应用于除起点和端点外的所有拟合点。

（6）端点相切(T)　停止基于切向创建样条曲线，可通过指定拟合点继续创建样条曲线。选择"端点相切"后，将提示指定最后一个输入拟合点的切线方向。

（7）闭合(C)　将最后一点定义为与第一点一致，并使它在连接处相切，这样可以闭合样条曲线。选择该项，系统继续提示：

指定切向：（指定点或按 Enter 键）

用户可以指定一点来定义切向矢量，或者使用"切点"和"垂足"对象捕捉模式使样条曲线与现有对象相切或垂直。

2.6.2　编辑样条曲线

◆执行方式

命令行：SPLINEDIT。

菜单：修改→对象→样条曲线。

快捷菜单：选择要编辑的样条曲线，在绘图区右击，在弹出的快捷菜单中选择"编辑样条曲线"命令。

工具栏：修改 II→编辑样条曲线 。

◆操作步骤

命令：SPLINEDIT↙
选择样条曲线：（选择要编辑的样条曲线。若选择的样条曲线是用 SPLINE 命令创建的，其近似点以夹点的颜色显示出来；若选择的样条曲线是用 PLINE 命令创建的，其控制点以夹点的颜色显示出来）
输入选项 [闭合(C)/合并(J)/拟合数据(F)/编辑顶点(E)/转换为多段线(P)/反转(R)/放弃(U)/退出(X)] <退出>：

◆选项说明

（1）拟合数据(F)　编辑近似数据。选择该项后，创建该样条曲线时指定的各点将以小方格的形式显示出来。

（2）编辑顶点(E)　编辑样条曲线上的当前点。

（3）反转(R)　翻转样条曲线的方向。

（4）转换为多段线(P)　将样条曲线转换为多段线。

2.6.3　实例——整流器

本实例将利用"多边形""直线"及"样条曲线"等命令绘制如图 2-62 所示的整流器。

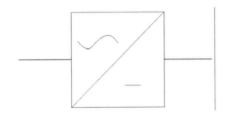

图 2-62　整流器

1）单击"默认"选项卡"绘图"面板中的"多边形"按钮⬠，绘制正四边形。命令行提示与操作如下：

```
命令：_polygon
输入侧面数〈4〉：✓
指定正多边形的中心点或［边(E)］：（在绘图屏幕适当指定一点）
输入选项［内接于圆(I)/外切于圆(C)］〈I〉：✓
指定圆的半径：（适当指定一点作为外接圆半径，使正四边形的边大致处于垂直正交位置，如图 2-63
所示）
```

2）单击"默认"选项卡"绘图"面板中的"直线"按钮╱，绘制 4 条直线，如图 2-64 所示。

图 2-63　绘制正四边形

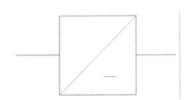

图 2-64　绘制直线

3）单击"默认"选项卡"绘图"面板中的"样条曲线拟合"按钮ℕ，绘制样条曲线。

命令行提示与操作如下：

```
命令：_spline
当前设置：方式=拟合　节点=弦
指定第一个点或［方式(M)/节点(K)/对象(O)］：（适当指定一点）
输入下一个点或［起点切向(T)/公差(L)］：（适当指定一点）
输入下一个点或［端点相切(T)/公差(L)/放弃(U)］：（适当指定一点）
输入下一个点或［端点相切(T)/公差(L)/放弃(U)/闭合(C)］：（适当指定一点）
输入下一个点或［端点相切(T)/公差(L)/放弃(U)/闭合(C)］：（适当指定一点）
输入下一个点或［端点相切(T)/公差(L)/放弃(U)/闭合(C)］：✓
```

最终结果如图 2-62 所示。

2.7　多线

多线是一种复合线，由连续的直线段复合组成。多线的一个突出优点是能够提高绘图效率，保证图线之间的统一性。

2.7.1 绘制多线

◆执行方式

命令行：MLINE。

菜单：绘图→多线。

◆操作步骤

命令：MLINE✓

当前设置：对正 = 上，比例 = 20.00，样式 = STANDARD

指定起点或 [对正(J)/比例(S)/样式(ST)]：(指定起点)

指定下一点：(给定下一点)

指定下一点或 [放弃(U)]：(继续给定下一点，绘制线段。输入"U"，则放弃前一段的绘制；右击或按 Enter 键，结束命令)

指定下一点或 [闭合(C)/放弃(U)]：(继续给定下一点，绘制线段。输入"C"，则闭合线段，结束命令)

◆选项说明

（1）对正(J)　该项用于给定绘制多线的基准。共有 3 种对正类型，即"上""无"和"下"。其中，"上(T)"表示以多线上侧的线为基准，以此类推。

（2）比例(S)　选择该项，要求用户设置平行线的间距。输入值为 0 时，平行线重合；值为负时，多线的排列倒置。

（3）样式(ST)　该项用于设置当前使用的多线样式。

2.7.2 定义多线样式

◆执行方式

命令行：MLSTYLE。

菜单：格式→多线样式。

◆操作步骤

命令：MLSTYLE✓

执行该命令后，将弹出如图 2-65 所示的"多线样式"对话框。在该对话框中，用户可以对多线样式进行定义、保存和加载等操作。

2.7.3 编辑多线

◆执行方式

命令行：MLEDIT。

菜单：修改→对象→多线。

◆操作步骤

执行编辑多线命令后，将弹出"多线编辑工具"对话框，如图 2-66 所示。

在该对话框中，可以根据实际需要选择多线编辑工具。其中，第一列管理十字交叉形式的多线，第二列管理 T 形多线，第三列管理拐角接合点和节点形式的多线，第四列管理多线被剪切或连接的形式。

图 2-65　"多线样式"对话框

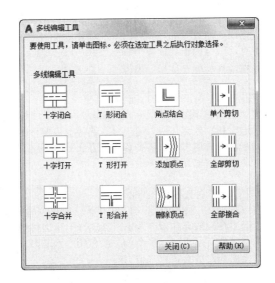

图 2-66　"多线编辑工具"对话框

选择某种多线编辑工具后，单击"关闭"按钮，就可以将其应用于编辑操作中。

2.7.4　实例——墙体

本实例将利用多线样式与编辑多线命令绘制如图 2-67 所示的墙体。

1）单击"默认"选项卡"绘图"面板中的"构造线"按钮 ，绘制出一条水平构造线和一条竖直构造线，组成"十"字形辅助线，如图 2-68 所示。命令行操作与提示如下：

命令：XLINE↙
指定点或［水平(H)/垂直(V)/角度(A)/二等分(B)/偏移(O)］：（指定一点）
指定通过点：（指定水平方向一点）

指定通过点：(指定竖直方向一点)

指定通过点：✓

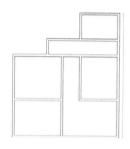

图2-67　墙体

2）单击"默认"选项卡"修改"面板中的"偏移"按钮◎（此命令会在以后章节中详细讲述），将水平构造线依次向上偏移4800、5100、1800和3000，偏移得到的水平构造线如图2-69所示。重复"偏移"命令，将垂直构造线依次向右偏移3900、1800、2100和4500，结果如图2-70所示。命令行操作与提示如下：

```
命令：_offset
当前设置：删除源=否　图层=源　OFFSETGAPTYPE=0
指定偏移距离或［通过(T)/删除(E)/图层(L)］<通过>：4800（输入偏移距离）
选择要偏移的对象，或［退出(E)/放弃(U)］<退出>：(选择水平构造线)
指定要偏移的那一侧上的点，或［退出(E)/多个(M)/放弃(U)］<退出>：(指定偏移方向)
选择要偏移的对象，或［退出(E)/放弃(U)］<退出>：
命令：　OFFSET
当前设置：删除源=否　图层=源　OFFSETGAPTYPE=0
指定偏移距离或［通过(T)/删除(E)/图层(L)］<48.0000>：5100（输入偏移距离）
选择要偏移的对象，或［退出(E)/放弃(U)］<退出>：(选择上步偏移的水平构造线)
指定要偏移的那一侧上的点，或［退出(E)/多个(M)/放弃(U)］<退出>：(指定偏移方向)
选择要偏移的对象，或［退出(E)/放弃(U)］<退出>：
命令：　OFFSET
当前设置：删除源=否　图层=源　OFFSETGAPTYPE=0
指定偏移距离或［通过(T)/删除(E)/图层(L)］<51.0000>：1800（输入偏移距离）
选择要偏移的对象，或［退出(E)/放弃(U)］<退出>：(选择上步偏移的水平构造线)
指定要偏移的那一侧上的点，或［退出(E)/多个(M)/放弃(U)］<退出>：(指定偏移方向)
选择要偏移的对象，或［退出(E)/放弃(U)］<退出>：
命令：　OFFSET
当前设置：删除源=否　图层=源　OFFSETGAPTYPE=0
指定偏移距离或［通过(T)/删除(E)/图层(L)］<18.0000>：3000（输入偏移距离）
选择要偏移的对象，或［退出(E)/放弃(U)］<退出>：(选择上步偏移的水平构造线)
指定要偏移的那一侧上的点，或［退出(E)/多个(M)/放弃(U)］<退出>：(指定偏移方向)
选择要偏移的对象，或［退出(E)/放弃(U)］<退出>：
命令：　OFFSET
当前设置：删除源=否　图层=源　OFFSETGAPTYPE=0
指定偏移距离或［通过(T)/删除(E)/图层(L)］<30.0000>：3900（输入偏移距离）
选择要偏移的对象，或［退出(E)/放弃(U)］<退出>：(选择竖直构造线)
指定要偏移的那一侧上的点，或［退出(E)/多个(M)/放弃(U)］<退出>：(指定偏移方向)
选择要偏移的对象，或［退出(E)/放弃(U)］<退出>：
命令：　OFFSET
当前设置：删除源=否　图层=源　OFFSETGAPTYPE=0
```

指定偏移距离或 [通过(T)/删除(E)/图层(L)] <39.0000>: 1800 （输入偏移距离）
选择要偏移的对象，或 [退出(E)/放弃(U)] <退出>: （选择上步偏移的竖直构造线）
指定要偏移的那一侧上的点，或 [退出(E)/多个(M)/放弃(U)] <退出>: （指定偏移方向）
选择要偏移的对象，或 [退出(E)/放弃(U)] <退出>:
命令：OFFSET
当前设置：删除源=否　图层=源　OFFSETGAPTYPE=0
指定偏移距离或 [通过(T)/删除(E)/图层(L)] <18.0000>: 2100 （输入偏移距离）
选择要偏移的对象，或 [退出(E)/放弃(U)] <退出>: （选择上步偏移的竖直构造线）
指定要偏移的那一侧上的点，或 [退出(E)/多个(M)/放弃(U)] <退出>: （指定偏移方向）
选择要偏移的对象，或 [退出(E)/放弃(U)] <退出>:
命令：OFFSET
当前设置：删除源=否　图层=源　OFFSETGAPTYPE=0
指定偏移距离或 [通过(T)/删除(E)/图层(L)] <21.0000>: 4500 （输入偏移距离）
选择要偏移的对象，或 [退出(E)/放弃(U)] <退出>: （选择上步偏移的竖直构造线）
指定要偏移的那一侧上的点，或 [退出(E)/多个(M)/放弃(U)] <退出>: （指定偏移方向）

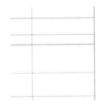

图 2-68　"十"字形辅助线　　　图 2-69　偏移水平构造线　　　图 2-70　偏移竖直构造线

3）选择菜单栏中的"格式"→"多线样式"命令，弹出"多线样式"对话框，如图 2-71 所示。在该对话框中单击"新建"按钮，在打开的"创建新的多线样式"对话框中的"新样式名"文本框中输入"墙体线"，如图 2-72 所示。

图 2-71　"多线样式"对话框　　　　　图 2-72　"创建新的多线样式"对话框

4）单击"继续"按钮，弹出"新建多线样式：墙体线"对话框，按照图 2-73 所示进行设置。

5）选择菜单栏中的"绘图"→"多线"命令，绘制多线墙体。命令行提示与操作如下：

命令：_MLINE↙
当前设置：对正 = 上，比例 = 20.00，样式 = STANDARD

指定起点或［对正(J)/比例(S)/样式(ST)］: S✓
输入多线比例〈20.00〉: 1✓
当前设置: 对正 = 上, 比例 = 1.00, 样式 = STANDARD
指定起点或［对正(J)/比例(S)/样式(ST)］: J✓
输入对正类型［上(T)/无(Z)/下(B)］〈上〉: Z✓
当前设置: 对正 = 无, 比例 = 1.00, 样式 = STANDARD
指定起点或［对正(J)/比例(S)/样式(ST)］:（在绘制的辅助线交点上指定一点）
指定下一点:（在绘制的辅助线交点上指定下一点）
指定下一点或［放弃(U)］:（在绘制的辅助线交点上指定下一点）
指定下一点或［闭合(C)/放弃(U)］:（在绘制的辅助线交点上指定下一点）
指定下一点或［闭合(C)/放弃(U)］:C✓

图 2-73　"新建多线样式: 墙体线"对话框

根据辅助线网格, 用相同方法绘制多线, 绘制结果如图 2-74 所示。

6）编辑多线。选择菜单栏中的"修改"→"对象"→"多线"命令, 弹出"多线编辑工具"对话框, 如图 2-75 所示。单击"T 形合并"按钮, 然后单击"关闭"按钮, 命令行提示与操作如下:

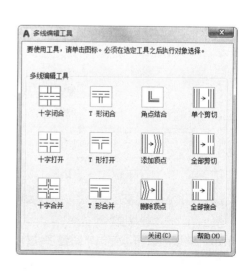

图 2-74　多线绘制结果　　　　　图 2-75　"多线编辑工具"对话框

命令：MLEDIT↙
选择第一条多线：（选择多线）
选择第二条多线：（选择多线）
选择第一条多线或［放弃(U)］：（选择多线）
选择第一条多线或［放弃(U)］：↙

7）重复编辑多线命令，继续进行多线编辑，结果如图 2-67 所示。

2.8 图案填充

　　当需要用一个重复的图案（Pattern）填充某个区域时，可以使用 BHATCH 命令建立一个相关联的填充阴影对象，即所谓的图案填充。

2.8.1 基本概念

1. 图案边界

当进行图案填充时，首先要确定图案填充的边界。定义边界的对象只能是直线、双向射线、单向射线、多段线、样条曲线、圆弧、圆、椭圆、椭圆弧、面域等对象或用这些对象定义的块，而且作为边界的对象，在当前屏幕上必须全部可见。

2. 孤岛

在进行图案填充时，我们把位于总填充区域内的封闭区域称为孤岛，如图 2-76 所示。

在用 BHATCH 命令进行图案填充时，AutoCAD 允许用户以拾取点的方式确定填充边界，即在希望填充的区域内任意拾取一点，AutoCAD 会自动确定出填充边界，同时也确定该边界内的孤岛。如果用户是以点取对象的方式确定填充边界的，则必须确切地点取这些孤岛（有关知识将在 2.8.2 节中介绍）。

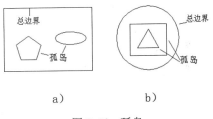

a)　　　　　　b)

图 2-76　孤岛

3. 填充方式

在进行图案填充时，需要控制填充的范围。AutoCAD 系统为用户提供了以下 3 种填充方式，来实现对填充范围的控制。

（1）普通方式　如图 2-77a 所示，该方式从边界开始，从每条填充线或每个剖面符号的两端向里画，遇到内部对象与之相交时，填充线或剖面符号断开，直到遇到下一次相交时再继续画。采用这种方式时，要避免填充线或剖面符号与内部对象的相交次数为奇数。该方式为系统内部的默认方式。

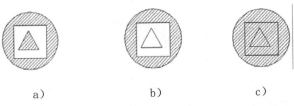

a)　　　　　　　b)　　　　　　　c)

图 2-77　填充方式

（2）最外层方式　如图 2-77b 所示，该方式从边界开始，向里画剖面符号，只要在边界内部与对象相交,则剖面符号由此断开,而不再继续画。

(3)忽略方式 如图 2-77c 所示,该方式忽略边界内部的对象,所有内部结构都被剖面符号覆盖。

2.8.2 图案填充的操作

◆执行方式

命令行:BHATCH。

菜单:绘图→图案填充。

工具栏:绘图→图案填充 或绘图→渐变色 。

功能区:单击"默认"选项卡"绘图"面板中的"图案填充"按钮 (见图 2-78)。

图 2-78 "绘图"面板

◆操作步骤

执行上述命令后,系统弹出如图 2-79 所示的"图案填充创建"选项卡,各面板中的按钮含义如下:

图 2-79 "图案填充创建"选项卡

(1)"边界"面板

1)拾取点:通过选择由一个或多个对象形成的封闭区域内的点,确定图案填充边界(见图 2-80)。指定内部点时,可以随时在绘图区域中单击鼠标右键以显示包含多个选项的快捷菜单。

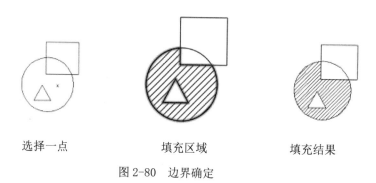

选择一点 填充区域 填充结果

图 2-80 边界确定

2）选择边界对象：指定基于选定对象的图案填充边界。使用该选项时，不会自动检测内部对象，必须选择选定边界内的对象，以按照当前孤岛检测样式填充这些对象（见图2-81）。

| 原始图形 | 选取边界对象 | 填充结果 |

图2-81 "选取边界对象"方式

3）删除边界对象：从边界定义中删除之前添加的任何对象（见图2-82所示）。

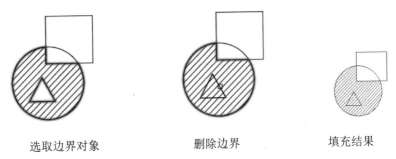

| 选取边界对象 | 删除边界 | 填充结果 |

图2-82 "删除边界对象"方式

4）重新创建边界：围绕选定的图案填充或填充对象创建多段线或面域，并使其与图案填充对象相关联（可选）。

5）显示边界对象：选择构成选定关联图案填充对象的边界的对象，使用显示的夹点可修改图案填充边界。

6）保留边界对象：指定如何处理图案填充边界对象。选项包括：

不保留边界。不创建独立的图案填充边界对象（仅在图案填充创建期间可用）。

保留边界 - 多段线。创建封闭图案填充对象的多段线（仅在图案填充创建期间可用）。

保留边界 - 面域。创建封闭图案填充对象的面域对象（仅在图案填充创建期间可用）。

选择新边界集。指定对象的有限集（称为边界集），以便通过创建图案填充时的拾取点进行计算。

（2）"图案"面板　显示所有预定义和自定义图案的预览图像。

（3）"特性"面板

1）图案填充类型：指定是使用纯色、渐变色、图案还是用户定义的图案填充。

2）图案填充颜色：替代实体填充和填充图案的当前颜色。

3）背景色：指定填充图案背景的颜色。

4）图案填充透明度：设定新图案填充或填充的透明度，替代当前对象的透明度。

5）图案填充角度：指定图案填充或填充的角度。

6）填充图案比例：放大或缩小预定义或自定义填充图案。

7）相对图纸空间：相对于图纸空间单位缩放填充图案（仅在布局中可用）。使用此选项，可很容易地做到以适合布局的比例显示填充图案。

8）双向：将绘制第二组直线，与原始直线成 90°角，从而构成交叉线（仅当"图案填充类型"设定为"用户定义"时可用）。

9）ISO 笔宽：基于选定的笔宽缩放 ISO 图案（仅对于预定义的 ISO 图案可用）。

（4）"原点"面板

1）设定原点：直接指定新的图案填充原点。

2）左下：将图案填充原点设定在图案填充边界矩形范围的左下角。

3）右下：将图案填充原点设定在图案填充边界矩形范围的右下角。

4）左上：将图案填充原点设定在图案填充边界矩形范围的左上角。

5）右上：将图案填充原点设定在图案填充边界矩形范围的右上角。

6）中心：将图案填充原点设定在图案填充边界矩形范围的中心。

7）使用当前原点：将图案填充原点设定在 HPORIGIN 系统变量中存储的默认位置。

8）存储为默认原点：将新图案填充原点的值存储在 HPORIGIN 系统变量中。

（5）"选项"面板

1）关联：指定图案填充或填充为关联图案填充。关联的图案填充或填充在用户修改其边界对象时将会更新。

2）注释性：指定图案填充为注释性。此特性会自动完成缩放注释过程，从而使注释能够以正确的大小在图纸上打印或显示。

3）特性匹配：

使用当前原点：使用选定图案填充对象（除图案填充原点外）设定图案填充的特性。

使用源图案填充的原点：使用选定图案填充对象（包括图案填充原点）设定图案填充的特性。

4）允许的间隙：设定将对象用作图案填充边界时可以忽略的最大间隙。默认值为 0，此值指定对象必须封闭区域而没有间隙。

5）创建独立的图案填充：控制当指定了几个单独的闭合边界时，是创建单个图案填充对象，还是创建多个图案填充对象。

6）孤岛检测：

普通孤岛检测：从外部边界向内填充。如果遇到内部孤岛，填充将关闭，直到遇到孤岛中的另一个孤岛。

外部孤岛检测：从外部边界向内填充。此选项仅填充指定的区域，不会影响内部孤岛。

忽略孤岛检测：忽略所有内部的对象，填充图案时将通过这些对象。

7）绘图次序：为图案填充或填充指定绘图次序。选项包括不更改、后置、前置、置于边界之后和置于边界之前。

（6）"关闭"面板：

关闭图案填充创建：退出 HATCH 并关闭上下文选项卡。也可以按 Enter 键或 Esc 键退出 HATCH。

2.8.3 编辑填充的图案

对于已经填充的图案，如不满意，还可根据需要进行编辑。

◆执行方式

命令行：HATCHEDIT。

菜单：修改→对象→图案填充。

工具栏：修改 II→编辑图案填充 。

◆操作步骤

执行上述命令后，AutoCAD 会给出如下提示。

选择图案填充对象：

选择关联填充对象后，系统弹出如图 2-83 所示的"图案填充编辑器"选项卡。在该选项卡中，可以对已填充的图案进行一系列的编辑修改。需要注意的是，只有正常显示的选项，才可以对其进行操作。

图 2-83 "图案填充编辑器"选项卡

2.8.4 实例——暗装开关

本实例将利用"圆弧""图案填充"等命令绘制如图 2-84 所示的暗装开关。

图 2-84 暗装开关

1）单击"默认"选项卡"绘图"面板中的"圆弧"按钮 ，绘制一段圆弧。命令行提示与操作如下：

命令：_ARC
指定圆弧的起点或 [圆心(C)]：（指定起点）
指定圆弧的第二点或 [圆心(C)/端点(E)]：（指定第二点）
指定圆弧的端点：（指定端点）

绘制结果如图 2-85 所示。

2）单击"默认"选项卡"绘图"面板中的"直线"按钮 ，在圆弧内绘制一条直线，作为填充区域。命令行提示与操作如下：

命令：_line 指定第一点：（圆弧左侧）
指定下一点或 [放弃(U)]：（圆弧右侧）

3）单击"默认"选项卡"绘图"面板中的"图案填充"按钮▨，弹出"图案填充创建"选项卡，选择"SOLID"图案，单击"拾取点"按钮⊞，对图形进行填充，结果如图 2-86 所示。

4）单击"默认"选项卡"绘图"面板中的"直线"按钮╱，在圆弧上端点绘制相互垂直的两条线段。命令行提示与操作如下：

命令：_L
指定第一个点：
指定下一点或 [放弃(U)]：〈正交 开〉（指定圆弧左侧一点）
指定下一点或 [放弃(U)]：（指定圆弧右侧一点）
指定下一点或 [放弃(U)]：〈正交 开〉（指定圆弧中点）
指定下一点或 [放弃(U)]：（指定圆弧上一点）

结果如图 2-84 所示。

图 2-85　绘制圆弧　　　　　　　　　　　　　　图 2-86　填充结果

🌶️**注意**

这里的"L"是LINE命令的缩写形式。对于这种命令的缩写形式，如果读者能够熟练应用，可以大大提高绘图效率。

关于各种命令的缩写形式，我们整理成文件放在随书配赠的电子资料包中，读者可以随时查阅。

第 **3** 章

编辑命令

　　根据实际需要对二维图形进行恰当的编辑操作，配合绘图命令的使用，可以进一步完成复杂图形对象的绘制工作，并可使用户合理安排和组织图形，保证绘图准确，减少重复。因此，对编辑命令的熟练掌握和使用有助于提高设计和绘图的效率。

◎ 选择对象

◎ 复制类命令、改变位置类命令、删除及恢复类命令、改变几何特性类命令

◎ 对象编辑

3.1 选择对象

选择对象是进行编辑的前提，AutoCAD 提供了多种对象选择方法，如点取法、用选择窗口选择对象、用选择线选择对象、用对话框选择对象等。

AutoCAD 2020 提供了两种编辑图形的途径，其执行效果是相同的。

1. 先执行编辑命令，然后选择要编辑的对象。

2. 先选择要编辑的对象，然后执行编辑命令。

此外，AutoCAD 还可以把选择的多个对象组成整体，如选择集和对象组，以进行整体编辑与修改。

3.1.1 构造选择集

选择集可以仅由一个图形对象构成，也可以是一个复杂的对象组，如位于某一特定层上的具有某种特定颜色的一组对象。选择集的构造可以在调用编辑命令之前或之后进行。

AutoCAD 提供了以下几种方法来构造选择集：

1）先选择一个编辑命令，然后选择对象，按 Enter 键，结束操作。

2）在命令行提示下输入"SELECT"，根据选择的选项出现选择对象提示，按 Enter 键结束操作。

3）用点取设备选择对象，然后调用编辑命令。

4）定义对象组。

无论使用哪种方法，AutoCAD 2020 都将提示用户选择对象，并且光标的形状由十字光标变为拾取框。

下面结合 SELECT 命令说明选择对象的方法。

SELECT 命令可以单独使用，也可以在执行其他编辑命令时被自动调用。此时屏幕提示：

选择对象：

等待用户以某种方式选择对象作为回答。AutoCAD 2020 提供了多种选择方式，可以输入"？"查看这些选择方式。选择相应选项后，出现如下提示：

需要点或窗口(W)/上一个(L)/窗交(C)/框(BOX)/全部(ALL)/栏选(F)/圈围(WP)/圈交(CP)/编组(G)/添加(A)/删除(R)/多个(M)/前一个(P)/放弃(U)/自动(AU)/单个(SI)/子对象(SU)/对象(O)

其中主要选项的含义如下：

（1）点　该选项表示直接通过点取的方式选择对象。用鼠标或键盘移动拾取框，使其框住要选择的对象，然后单击，就会选中该对象选中的对象将以高亮度显示。

（2）窗口(W)　使用由两个对角顶点确定的矩形窗口选择位于其范围内部的所有图形，与边界相交的对象不会被选中，如图 3-1 所示。在指定对角顶点时，应该按照从左向右的顺序。

（3）上一个(L)　在"选择对象："提示下输入"L"后，按 Enter 键，系统会自动选择最后绘出的一个对象。

（4）窗交(C)　该方式与"窗口"方式类似，区别在于它不但选中矩形窗口内部的对象，也选中与矩形窗口边界相交的对象，如图 3-2 所示。

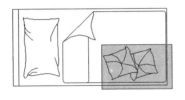
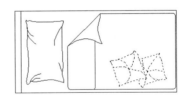

a）图中深色覆盖部分为选择窗口　　　　　　b）选择后的图形

图3-1　"窗口"对象选择方式

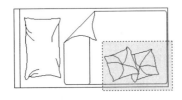
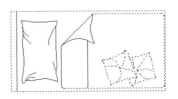

a）图中深色覆盖部分为选择窗口　　　　　　b）选择后的图形

图3-2　"窗交"对象选择方式

（5）框（BOX）　使用时，系统根据用户在屏幕上给出的两个对角点的位置而自动引用"窗口"或"窗交"方式。若从左向右指定对角点，则为"窗口"方式；反之，则为"窗交"方式。

（6）全部（ALL）　选择图面上的所有对象。

（7）栏选（F）　用户临时绘制一些直线（这些直线不必构成封闭图形），凡是与这些直线相交的对象均被选中，如图3-3所示。

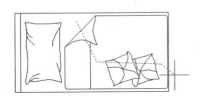
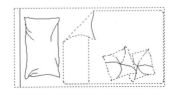

a）图中虚线为选择栏　　　　　　　　　b）选择后的图形

图3-3　"栏选"对象选择方式

（8）圈围（WP）　使用一个不规则的多边形来选择对象。根据提示，用户顺次输入构成多边形的所有顶点的坐标，然后按 Enter 键结束操作，系统将自动连接第一个顶点到最后一个顶点之间的所有顶点，形成封闭的多边形，凡是被多边形围住的对象均被选中（不包括边界），如图3-4所示。

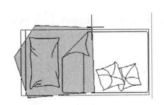
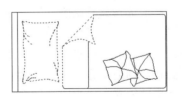

a）图中十字线所拉出深色多边形为选择窗口　　　　b）选择后的图形

图3-4　"圈围"对象选择方式

（9）圈交(CP)　类似于"圈围"方式，在"选择对象："提示下输入"CP"，后续操作与"圈围"方式相同。两者的区别在于：使用"圈交"方式时，与多边形边界相交的对象也被选中。

（10）编组(G)　使用预先定义的对象组作为选择集。事先将若干个对象组成对象组，用组名引用。

（11）添加(A)　添加下一个对象到选择集，也可用于从移走模式（Remove）到选择模式的切换。

（12）删除(R)　按住 Shift 键选择对象，可以从当前选择集中移走该对象（对象由高亮显示状态变为正常显示状态）。

（13）多个(M)　指定多个点，不高亮显示对象。这种方法可以加快在复杂图形上选择对象的过程。若两个对象交叉，两次指定交叉点，则可以选中这两个对象。

（14）前一个(P)　用关键字 P 回应"选择对象："的提示，则把上次编辑命令中最后一次构造的选择集或最后一次使用 Select（DDSELECT）命令预置的选择集作为当前选择集。这种方法适用于对同一选择集进行多种编辑操作的情况。

（15）放弃(U)　用于取消加入选择集的对象。

（16）自动(AU)　选择结果视用户在屏幕上的选择操作而定，如果选中单个对象，则该对象为自动选择的结果；如果选择点落在对象内部或外部的空白处，系统会提示如下：

指定对角点：

此时，系统会采取一种窗口的选择方式。对象被选中后，将变为虚线形式，并以高亮度显示。

 说明

若矩形框从左向右定义，即第一个选择的对角点为左侧的对角点，矩形框内部的对象被选中，框外部及与矩形框边界相交的对象不会被选中；若矩形框从右向左定义，则矩形框内部及与矩形框边界相交的对象都会被选中。

（17）单个(SI)　选择指定的第一个对象或对象集，而不继续提示进行下一步的选择。

（18）子对象(SU)　使用户可以逐个选择原始形状，这些形状是复合实体的一部分或三维实体上的顶点、边和面。可以选择这些子对象的其中之一，也可以创建多个子对象的选择集。选择集可以包含多种类型的子对象。按住 Ctrl 键操作与选择 SELECT 命令的"子对象"选项相同。

3.1.2　快速选择

有时需要选择具有某些共同属性的对象来构造选择集，如选择具有相同颜色、线型或线宽的对象。当然，可以使用前面介绍的方法来选择这些对象，但如果要选择的对象数量较多且分布在较复杂的图形中，则会导致很大的工作量。AutoCAD 2020 提供了 QSELECT 命令来解决这个问题。调用 QSELECT 命令后，将打开"快速选择"对话框，从中可以根据用户指定的过滤标准快速创建选择集，如图 3-5 所示。

◆执行方式

命令行：QSELECT。

菜单：工具→快速选择。

快捷菜单：在绘图区右击，在弹出的快捷菜单中选择"快速选择"命令（见图3-6）。

选项板："特性"对话框→快速选择 （见图3-7）。

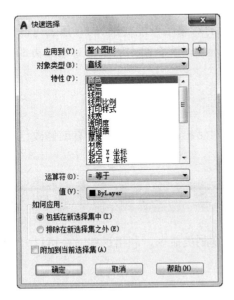

图3-5　"快速选择"对话框

图3-6　快捷菜单

图3-7　"特性"对话框

◆操作步骤

执行上述命令后，在弹出的"快速选择"对话框中可以选择符合条件的对象或对象组。

📖3.1.3　构造对象组

对象组与选择集并没有本质的区别，当把若干个对象定义为选择集并想让它们在以后的操作中始终作为一个整体时，为了简捷，可以给这个选择集命名并保存起来，这个命名了的对象选择集就是对象组，其名称为组名。

如果对象组可以被选择（位于锁定层上的对象组不能被选择），那么可以通过其组名引用该对象组，并且一旦组中任何一个对象被选中，那么组中的全部对象成员都将被选中。

◆执行方式

命令行：GROUP。

◆操作步骤

执行上述命令后，将打开"对象编组"对话框，在其中可以查看或修改已存在的对象组的属性，也可以创建新的对象组。

3.2　复制类命令

本节将详细介绍 AutoCAD 2020 提供的复制类命令，利用这些命令可以方便地编辑、绘制图形。

📖3.2.1　"复制"命令

◆执行方式

命令行：COPY。

菜单：修改→复制。

工具栏：修改→复制 ⚬。

功能区：单击"默认"选项卡"修改"面板中的"复制"按钮 ⚬（见图3-8）。

快捷菜单：选择要复制的对象，在绘图区右击，在弹出的快捷菜单中选择"复制选择"命令。

图3-8　"修改"面板

◆操作步骤

命令：COPY✓
选择对象：（选择要复制的对象）

用前面介绍的对象选择方法选择一个或多个对象，按 Enter 键结束选择操作。系统继续提示：

当前设置： 复制模式 = 多个
指定基点或 [位移(D)/模式(O)] 〈位移〉:

◆选项说明

（1）指定基点 指定一个坐标点后，AutoCAD 2020 将把该点作为复制对象的基点，并提示：

指定第二点或[阵列(A)] 〈使用第一点作位移〉:

指定第二个点后，系统将根据这两点确定的位移矢量把选择的对象复制到第二点处。如果此时直接按 Enter 键，即选择默认的"使用第一点作为位移"，则第一个点被当作相对于 X、Y、Z 的位移。例如，如果指定基点为（2,3）并在下一个提示下按 Enter 键，则该对象从它当前的位置开始，在 X 方向上移动 2 个单位，在 Y 方向上移动 3 个单位。复制完成后，系统会继续提示：

指定第二个点或 [阵列(A)/退出(E)/放弃(U)] 〈退出〉:

这时，可以不断指定新的第二点，从而实现多重复制。

（2）位移(D) 直接输入位移值，表示以选择对象时的拾取点为基准，以拾取点坐标为移动方向，沿纵横比移动指定位移后所确定的点为基点。例如，选择对象时的拾取坐标为（2,3），输入位移为 5，则表示以（2,3）点为基准，沿纵横比为 3:2 的方向移动 5 个单位所确定的点为基点。

（3）模式(O) 控制是否自动重复该命令，即确定复制模式是单个还是多个。

3.2.2 实例——双管荧光灯

本实例将利用"多段线"命令绘制基本轮廓，再利用"复制"命令复制对象，完成如图 3-9 所示的双管荧光灯的绘制。

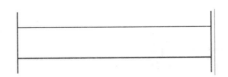

图3-9 双管荧光灯

1）单击"默认"选项卡"绘图"面板中的"多段线"按钮，绘制两条相互垂直的线段（线宽设为 2，线段长度适当设置），如图 3-10 所示。

2）单击"默认"选项卡"修改"面板中的"复制"按钮，将多段线进行复制。命令行提示与操作如下：

命令: _copy
选择对象:（选择左边竖直线段）
选择对象:✓
当前设置： 复制模式 = 多个
指定基点或 [位移(D) /模式(O)]〈位移〉:（打开状态栏上的"对象捕捉"开关，捕捉水平线段的左端点）
指定第二个点或[阵列(A)] 〈使用第一个点作为位移〉:（捕捉水平线段的右端点）
指定第二个点或[阵列(A)/退出(E)/放弃(U)]〈使用第一个点作为位移〉:✓

结果如图 3-11 所示。

3）以同样方法复制水平线段，结果如图 3-9 所示。

图3-10　绘制多段线　　　　　　　　　图3-11　复制线段

📖3.2.3　"镜像"命令

所谓"镜像"，就是把选择的对象以一条镜像线为对称轴进行复制。镜像操作完成后，可以保留原对象，也可以将其删除。

◆执行方式

命令行：MIRROR。

菜单：修改→镜像。

工具栏：修改→镜像⚠。

功能区：单击"默认"选项卡"修改"面板中的"镜像"按钮⚠（见图3-12）。

图3-12　"修改"面板

◆操作步骤

命令：MIRROR↙

选择对象：（选择要镜像的对象）

指定镜像线的第一点：（指定镜像线的第一个点）

指定镜像线的第二点：（指定镜像线的第二个点）

要删除源对象？[是(Y)/否(N)]〈否〉：（确定是否删除原对象）

这两点确定一条镜像线，被选择的对象将以该线为对称轴进行镜像。包含该线的镜像平面与用户坐标系的 XY 平面垂直，即镜像操作是在与用户坐标系的 XY 平面平行的平面上进行的。

📖3.2.4　实例——办公桌

本实例将利用"镜像"命令镜像部分办公桌，完成如图 3-13 所示办公桌的绘制。

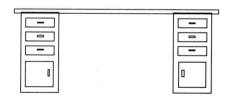

图3-13　办公桌

1）单击"默认"选项卡"绘图"面板中的"矩形"按钮 □，在合适的位置绘制矩形，如图 3-14 所示。

2）单击"默认"选项卡"绘图"面板中的"矩形"按钮 □，在合适的位置绘制多个矩形，结果如图 3-15 所示。

3）单击"默认"选项卡"绘图"面板中的"矩形"按钮 □，在合适的位置绘制多个矩形，结果如图 3-16 所示。

图3-14 绘制矩形　　　　　图3-15 绘制多个矩形　　　　图3-16 绘制多个矩形

4）单击"默认"选项卡"绘图"面板中的"矩形"按钮 □，在合适的位置绘制矩形，结果如图 3-17 所示。

图3-17 绘制矩形桌面

5）单击"默认"选项卡"修改"面板中的"镜像"按钮 ⚊，将左边的一系列矩形以桌面矩形的顶边中点和底边中点的连线为对称轴进行镜像。命令行提示与操作如下：

```
命令：_MIRROR
选择对象：（选择左边的一系列矩形）
选择对象：✓
指定镜像线的第一点：（选择桌面矩形的底边中点）
指定镜像线的第二点：（选择桌面矩形的顶边中点）
要删除源对象吗？[是(Y)/否(N)]〈否〉：✓
```

结果如图 3-12 所示。

📖3.2.5　"偏移"命令

偏移对象是指保持所选对象的形状，在不同的位置以不同的尺寸大小新建一个对象。

◆执行方式

命令行：OFFSET。

菜单：修改→偏移。

工具栏：修改→偏移 ⊑。

功能区：单击"默认"选项卡"修改"面板中的"偏移"按钮 ⊑（见图 3-18）。

◆操作步骤

命令：OFFSET✓

当前设置：删除源=否 图层=源 OFFSETGAPTYPE=0
指定偏移距离或[通过(T)/删除(E)/图层(L)]〈通过〉：(指定距离值)
选择要偏移的对象，或[退出(E)/放弃(U)]〈退出〉：(选择要偏移的对象，按Enter键结束操作)
指定要偏移的那一侧上的点，或[退出(E)/多个(M)/放弃(U)]〈退出〉：(指定偏移方向)

图3-18 "修改"面板

◆选项说明

（1）指定偏移距离 输入一个距离值或按 Enter 键，使用当前的距离值，系统将把该距离值作为偏移距离，如图 3-19 所示。

图3-19 指定偏移对象的距离

（2）通过(T) 指定偏移对象的通过点。选择该选项后出现如下提示：

选择要偏移的对象或〈退出〉：(选择要偏移的对象，按Enter键结束操作)
指定通过点：(指定偏移对象的一个通过点)

操作完毕后，系统根据指定的通过点绘出偏移对象，如图 3-20 所示。

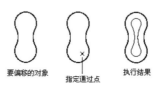

图3-20 指定偏移对象的通过点

（3）删除(E) 偏移后将源对象删除。选择该选项后出现如下提示：

要在偏移后删除源对象吗？[是(Y)/否(N)]〈当前〉：

（4）图层(L) 确定将偏移对象创建在当前图层上还是源对象所在的图层上。选择该选项后出现如下提示：

输入偏移对象的图层选项[当前(C)/源(S)]〈当前〉：

📖3.2.6 实例——显示器

本实例将利用"矩形"等命令绘制外框，再利用"偏移"命令偏移矩形，绘制如图 3-21 所示的显示器。

1）单击"默认"选项卡"绘图"面板中的"矩形"按钮 ⬚，绘制显示器屏幕外轮廓，如图 3-22 所示。命令行提示与操作如下：

```
命令：_rectang
指定第一个角点或 [倒角(C)/标高(E)/圆角(F)/厚度(T)/宽度(W)]：(在屏幕上指定一点)
指定另一个角点或 [面积(A)/尺寸(D)/旋转(R)]：(在屏幕上指定合适的另外一点)
```

图3-21　显示器

2）单击"默认"选项卡"修改"面板中的"偏移"按钮 ，创建屏幕内侧显示屏区域的轮廓线。命令行提示与操作如下：

```
命令：OFFSET↙（偏移生成平行线）
当前设置：删除源=否　图层=源　OFFSETGAPTYPE=0
指定偏移距离或 [通过(T)/删除(E)/图层(L)] <通过>：(输入偏移距离或指定通过点位置)
选择要偏移的对象，或 [退出(E)/放弃(U)] <退出>：(选择要偏移的图形)
指定通过点或 [退出(E)/多个(M)/放弃(U)] <退出>：
选择要偏移的对象，或 [退出(E)/放弃(U)] <退出>：(按 Enter 键结束操作)
```

结果如图 3-23 所示。

图3-22　绘制外轮廓

图3-23　绘制内侧矩形轮廓线

3）单击"默认"选项卡"绘图"面板中的"直线"按钮 ，将内侧显示屏区域的轮廓线的交角处连接起来，如图 3-24 所示。

4）单击"默认"选项卡"绘图"面板中的"多段线"按钮 ，绘制显示器矩形底座，如图 3-25 所示。

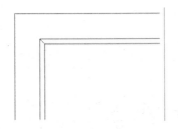

图3-24　连接交角处

图3-25　绘制矩形底座

5）单击"默认"选项卡"绘图"面板中的"圆弧"按钮 ，绘制底座的弧线造型，如图 3-26 所示。

6）单击"默认"选项卡"绘图"面板中的"直线"按钮 ，绘制底座与显示屏之间左侧的连接线，再单击"默认"选项卡"修改"面板中的"镜像"按钮 ⚠，绘制底座与显示屏之间的连接线。命令行提示与操作如下：

```
命令: MIRROR↙
选择对象: （选择左侧连接线）
选择对象: （按 Enter 键）
指定镜像线的第一点: （以中间的轴线位置作为镜像线）
指定镜像线的第二点:
要删除源对象吗? [是(Y)/否(N)] <否>:N（输入"N"后按 Enter 键，保留原有图形）
```

结果如图 3-27 所示。

图3-26　绘制底座的弧线造型　　　　　　图3-27　绘制连接线

7）单击"默认"选项卡"绘图"面板中的"圆"按钮 ⊙，创建由多个大小不同的圆形构成的显示屏调节按钮，如图 3-28 所示。

⚠注意

显示器的调节按钮仅为示意造型。

8）在显示屏的右下角绘制电源开关按钮。单击"默认"选项卡"绘图"面板中的"圆"按钮 ⊙，先绘制 2 个同心圆，如图 3-29 所示。

图3-28　创建调节按钮　　　　　　图3-29　绘制圆形开关

9）单击"默认"选项卡"绘图"面板中的"多段线"按钮 ⌐ᵊ，绘制开关按钮的矩形造型，如图 3-30 所示。

图3-30　绘制开关按钮的矩形造型

⚠注意

显示器的电源开关按钮由2个同心圆和1个矩形组成。

3.2.7 "阵列"命令

阵列是指多重复制所选对象并把得到的副本按矩形或环形排列。把副本按矩形排列称为建立矩形阵列，把副本按环形排列称为建立极轴阵列。建立极轴阵列时，应该控制复制对象的次数和对象是否被旋转；建立矩形阵列时，应该控制行和列的数量以及对象副本之间的距离。

利用"阵列"命令可以建立矩形阵列、极轴阵列（环形）和旋转的矩形阵列（即路径阵列）。

◆执行方式

命令行：ARRAY。

菜单：修改→阵列→矩形阵列或路径阵列或环形阵列。

工具栏：修改→矩形阵列 ；修改→路径阵列；修改→环形阵列。

功能区：单击"默认"选项卡"修改"面板中的"矩形阵列"按钮／"路径阵列"按钮／"环形阵列"按钮（见图3-31）。

图3-31　"修改"面板

◆操作步骤

命令：ARRAY↙
选择对象：（使用对象选择方法）
输入阵列类型 [矩形(R)/路径(PA)/极轴(PO)]〈路径〉：R（指定阵列类型）
类型 = 矩形　关联 = 是
选择夹点以编辑阵列或 [关联(AS)/基点(B)/计数(COU)/间距(S)/列数(COL)/行数(R)/层数(L)/退出(X)]〈退出〉：R
输入行数或 [表达式(E)]〈3〉：2（指定行数）
指定 行数 之间的距离或 [总计(T)/表达式(E)]〈469098.0711〉:200（指定行距）
指定 行数 之间的标高增量或 [表达式(E)]〈0〉：
选择夹点以编辑阵列或 [关联(AS)/基点(B)/计数(COU)/间距(S)/列数(COL)/行数(R)/层数(L)/退出(X)]〈退出〉:col
输入列数数或 [表达式(E)]〈3〉：2（指定列数）
指定 列数 之间的距离或 [总计(T)/表达式(E)]〈469098.0711〉:200（指定列距）
指定 列数 之间的标高增量或 [表达式(E)]〈0〉：
选择夹点以编辑阵列或 [关联(AS)/基点(B)/计数(COU)/间距(S)/列数(COL)/行数(R)/层数(L)/退出(X)]〈退出〉：

◆选项说明

（1）矩形（R）　将选定对象的副本分布到行数、列数和层数的任意组合。

（2）路径（PA）　沿路径或部分路径均匀分布选定对象的副本。选择该选项后出现如下提示：

> 选择路径曲线：（选择一条曲线作为阵列路径）
> 选择夹点以编辑阵列或［关联(AS)/方法(M)/基点(B)/切向(T)/项目(I)/行(R)/层(L)/对齐项目(A)/Z 方向(Z)/退出(X)]〈退出〉：（通过夹点调整阵列数和层数，也可以分别选择各选项输入数值）

（3）极轴（PO）　在绕中心点或旋转轴的环形阵列中均匀分布对象副本。选择该选项后出现如下提示：

> 指定阵列的中心点或［基点(B)/旋转轴(A)]：（选择中心点、基点或旋转轴）
> 选择夹点以编辑阵列或［关联(AS)/基点(B)/项目(I)/项目间角度(A)/填充角度(F)/行(ROW)/层(L)/旋转项目(ROT)/退出(X)]〈退出〉：（通过夹点调整角度，填充角度；也可以分别选择各选项输入数值）

3.2.8　实例——多级插头插座

在本实例中，首先利用"矩形""圆弧"等命令绘制轮廓，再利用"图案填充"命令填充矩形，最后利用"阵列"命令对所绘图形进行阵列，完成如图 3-32 所示多级插头插座的绘制。

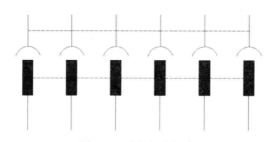

图3-32　多级插头插座

1）利用"圆弧""直线""矩形"等命令绘制如图 3-33 所示的图形。

注意

利用"正交""对象捕捉""对象追踪"等功能可准确绘制图线，保持相应端点对齐。

2）单击"默认"选项卡"绘图"面板中的"图案填充"按钮▨，弹出"图案填充创建"选项卡，选择"SOLID"图案，单击"拾取点"按钮▣，对矩形进行填充，如图 3-34 所示。

3）选择水平直线，单击鼠标右键，在弹出的快捷菜单中选择"特性"命令，在弹出的"特性"对话框中将两条水平直线的线型改为虚线，如图 3-35 所示。

图3-33　绘制图形　　　　图3-34　图案填充　　　　图3-35　修改线型

4）单击"默认"选项卡"修改"面板中的"矩形阵列"按钮▦，设置阵列对象为上述步

骤中绘制的插座、行数为 1、列数为 6、列间距为 1，矩形阵列结果如图 3-36 所示。命令行
操作与提示如下：

```
命令：_ARRAYRECT
选择对象：（选择插座）
类型 = 矩形   关联 = 否
选择夹点以编辑阵列或 [关联(AS)/基点(B)/计数(COU)/间距(S)/列数(COL)/行数(R)/层数(L)/退
出(X)] <退出>: AS✓
创建关联阵列 [是(Y)/否(N)] <否>: N✓
选择夹点以编辑阵列或 [关联(AS)/基点(B)/计数(COU)/间距(S)/列数(COL)/行数(R)/层数(L)/退
出(X)] <退出>: R✓
输入行数数或 [表达式(E)] <3>: 1（指定行数）✓
指定 行数 之间的距离或 [总计(T)/表达式(E)] <62.2009>:✓
指定 行数 之间的标高增量或 [表达式(E)] <0>:✓
选择夹点以编辑阵列或 [关联(AS)/基点(B)/计数(COU)/间距(S)/列数(COL)/行数(R)/层数(L)/退
出(X)] <退出>: COL✓
输入列数数或 [表达式(E)] <4>: 6（指定列数）✓
指定 列数 之间的距离或 [总计(T)/表达式(E)] <1>: 1✓
选择夹点以编辑阵列或 [关联(AS)/基点(B)/计数(COU)/间距(S)/列数(COL)/行数(R)/层数(L)/退
出(X)] <退出>:
```

5）按 Delete 键，删除图 3-36 中最右边的两条水平虚线，结果如图 3-32 所示。

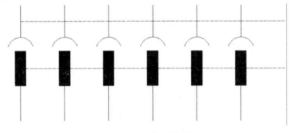

图3-36　阵列结果

3.3　改变位置类命令

改变位置类编辑命令的功能是按照指定要求改变当前图形或图形某部分的位置，主要包
括"移动""旋转"和"缩放"等命令。

3.3.1　"移动"命令

◆执行方式

命令行：MOVE。

菜单：修改→移动。

快捷菜单：选择要复制的对象，在绘图区右击，在弹出的快捷菜单中选择"移动"命令。

工具栏：修改→移动✛。

功能区：单击"默认"选项卡"修改"面板中的"移动"按钮✛（见图 3-37）。

◆操作步骤

命令：MOVE✓

选择对象：（选择对象）

图3-37　"修改"面板

用前面介绍的对象选择方法选择要移动的对象，按 Enter 键结束选择。系统继续提示：

指定基点或 [位移(D)] ⟨位移⟩：（指定基点或位移）
指定第二个点或 ⟨使用第一个点作为位移⟩：

其中各选项的功能与"复制"命令中的相应选项类似，在此不再赘述。

📖3.3.2　实例——沙发茶几

本实例将利用"直线""圆弧""镜像""偏移"等命令绘制沙发、茶几等图形，然后利用"移动"命令将所绘图形放置到适当位置，完成如图 3-38 所示客厅沙发茶几的绘制。

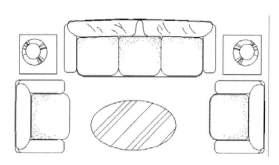

图3-38　客厅沙发茶几

1）单击"默认"选项卡"绘图"面板中的"直线"按钮，绘制单个沙发面的 4 边，如图 3-39 所示。

⏺说明

使用"直线"命令绘制沙发面的4边，尺寸适当选择，注意其相对位置和长度的关系。

2）单击"默认"选项卡"绘图"面板中的"圆弧"按钮，将沙发面 4 边连接起来，得到完整的沙发面，如图 3-40 所示。

3）单击"默认"选项卡"绘图"面板中的"直线"按钮，绘制侧面扶手轮廓，如图 3-41 所示。

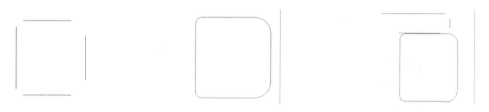

图3-39　创建沙发面4边　　　　图3-40　连接边角　　　　图3-41　绘制侧面扶手轮廓

4）单击"默认"选项卡"绘图"面板中的"圆弧"按钮，绘制侧面扶手的弧边线，如图 3-42 所示。

5）单击"默认"选项卡"修改"面板中的"镜像"按钮 ⚠，镜像绘制另一侧扶手轮廓，如图 3-43 所示。

说明

以中间的轴线作为镜像线，镜像另一侧的扶手轮廓。

6）单击"默认"选项卡"绘图"面板中的"圆弧"按钮 和"修改"面板中的"镜像"按钮 ⚠，绘制沙发背部扶手轮廓，如图 3-44 所示。

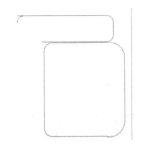
图3-42　绘制侧面扶手的弧边线

图3-43　镜像创建另外一侧扶手

7）单击"默认"选项卡"绘图"面板中的"圆弧"按钮 、"直线"按钮 和"修改"面板中的"镜像"按钮 ⚠，完善沙发背部扶手，如图 3-45 所示。

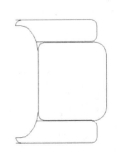
图3-44　创建背部扶手

图3-45　完善沙发背部扶手

8）单击"默认"选项卡"修改"面板中的"偏移"按钮 ⊝，对沙发面进行修改，使其更为形象，如图 3-46 所示。

9）单击"默认"选项卡"绘图"面板中的"多点"按钮 ，在沙发座面上绘制点，细化沙发面，如图 3-47 所示。

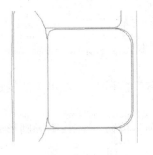
图3-46　修改沙发面

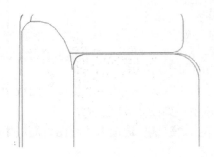
图3-47　细化沙发面

10）单击"默认"选项卡"修改"面板中的"镜像"按钮 ⚠，进一步完善沙发面造型，使其更为形象，如图 3-48 所示。

11）采用相同的方法，绘制 3 人座的沙发面造型，如图 3-49 所示。

说明

先绘制沙发面造型。

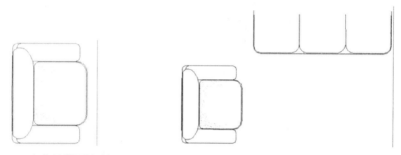

图3-48　完善沙发面造型　　　　　　　图3-49　绘制3人座的沙发面造型

12）单击"默认"选项卡"绘图"面板中的"直线"按钮∕、"圆弧"按钮∕和"修改"面板中的"镜像"按钮▲，绘制 3 人座沙发扶手造型，如图 3-50 所示。

13）单击"默认"选项卡"绘图"面板中的"圆弧"按钮∕和"直线"按钮∕，绘制 3 人座沙发背部造型，如图 3-51 所示。

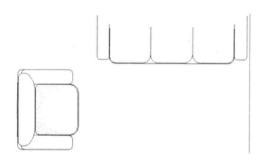

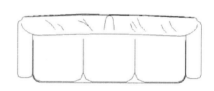

图3-50　绘制3人座沙发扶手造型　　　　图3-51　绘制3人座沙发背部造型

14）单击"默认"选项卡"绘图"面板中的"多点"按钮，对 3 人座沙发面造型进行细化，如图 3-52 所示。

15）单击"默认"选项卡"修改"面板中的"移动"按钮，调整两个沙发造型的位置。命令行提示与操作如下：

```
命令: MOVE✓
选择对象:（选择单人沙发）✓
指定基点或 [位移(D)] <位移>:（适当指定一点）
指定第二个点或 <使用第一个点作为位移>:（适当指定一点）
```

结果如图 3-53 所示。

16）单击"默认"选项卡"修改"面板中的"镜像"按钮▲，对单个沙发进行镜像，得到沙发组造型，如图 3-54 所示。

17）单击"默认"选项卡"绘图"面板中的"椭圆"按钮，绘制椭圆形茶几造型，如图 3-55 所示。

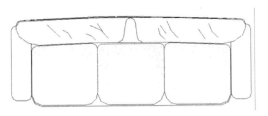

图3-52　细化3人座沙发面造型

图3-53　调整两个沙发造型的位置

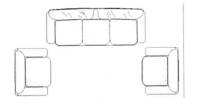

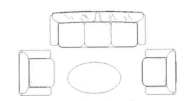

图3-54　镜像得到沙发组造型

图3-55　建立椭圆形茶几造型

🛈 说明

用户也可以绘制其他的茶几造型。

18）单击"默认"选项卡"绘图"面板中的"图案填充"按钮▨，弹出"图案填充创建"选项卡，从中选择适当的图案，单击"拾取点"按钮⊞，对茶几进行图案填充，如图 3-56 所示。

19）单击"默认"选项卡"绘图"面板中的"多边形"按钮⬠，绘制沙发之间的一个正方形桌面造型，如图 3-57 所示。

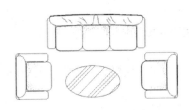

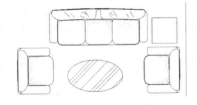

图3-56　填充茶几图案

图3-57　绘制桌面造型

🛈 说明

先绘制一个正方形作为桌面。

20）单击"默认"选项卡"绘图"面板中的"圆"按钮⊘，绘制两个大小和圆心位置都不同的圆形，如图 3-58 所示。

21）单击"默认"选项卡"绘图"面板中的"直线"按钮╱，绘制随机斜线，形成灯罩效果，如图 3-59 所示。

22）单击"默认"选项卡"修改"面板中的"镜像"按钮⚏，镜像得到两个桌面灯，完成客厅沙发茶几的绘制，结果如图 3-38 所示。

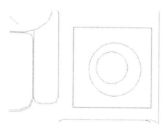

图3-58 绘制两个圆形

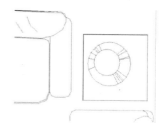

图3-59 创建灯罩

3.3.3 "旋转"命令

◆执行方式

命令行：ROTATE。

菜单：修改→旋转。

快捷菜单：选择要旋转的对象，在绘图区右击，在弹出的快捷菜单中选择"旋转"命令。

工具栏：修改→旋转 ↻。

功能区：单击"默认"选项卡"修改"面板中的"旋转"按钮 ↻（见图3-60）。

图3-60 "修改"面板

◆操作步骤

命令：ROTATE↙

UCS 当前的正角方向： ANGDIR=逆时针 ANGBASE=0

选择对象：（选择要旋转的对象）

指定基点：（指定旋转的基点。在对象内部指定一个坐标点）

指定旋转角度，或［复制(C)/参照(R)］<0>：（指定旋转角度或其他选项）

◆选项说明

（1）复制(C) 选择该选项，旋转对象的同时将保留原对象，如图 3-61 所示。

旋转前

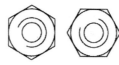
旋转后

图3-61 复制旋转

（2）参照(R) 采用参照方式旋转对象时，系统提示如下：

指定参照角 <0>：（指定要参考的角度，默认值为 0）

指定新角度或［点(P)］<0>：（输入旋转后的角度值）

操作完毕后，对象被旋转至指定的角度位置。

 说明

可以用拖动鼠标的方法旋转对象。选择对象并指定基点后，从基点到当前光标位置会出现一条连线，鼠标选择的对象会动态地随着该连线与水平方向的夹角的变化而旋转，按Enter键确认旋转操作，如图3-62所示。

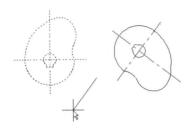

图3-62　拖动鼠标旋转对象

3.3.4　实例——显示器

本实例将利用"矩形""多段线""直线"与"矩形阵列"命令绘制轮廓，然后利用"旋转"命令对所绘图形进行旋转，完成如图3-63所示显示器的绘制。

图3-63　显示器

1）图层设计。新建两个图层：

"1"图层，颜色为红色，其余属性默认。

"2"图层，颜色为绿色，其余属性默认。

2）将当前图层设置为"1"。单击"默认"选项卡"绘图"面板中的"矩形"按钮 □，绘制角点坐标分别为（0,16）、（450,130）的矩形，结果如图3-64所示。

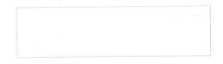

图3-64　绘制矩形

3）单击"默认"选项卡"绘图"面板中的"多段线"按钮，命令行提示与操作如下：

```
命令: _PLINE↙
指定起点: 0,16↙
当前线宽为 0.0000
指定下一个点或 [圆弧(A)/半宽(H)/长度(L)/放弃(U)/宽度(W)]: 30,0↙
指定下一点或 [圆弧(A)/闭合(C)/半宽(H)/长度(L)/放弃(U)/宽度(W)]: 430,0↙
指定下一点或 [圆弧(A)/闭合(C)/半宽(H)/长度(L)/放弃(U)/宽度(W)]: 450,16↙
指定下一点或 [圆弧(A)/闭合(C)/半宽(H)/长度(L)/放弃(U)/宽度(W)]: ↙
命令: PLINE↙
```

```
指定起点: 37,130↙
当前线宽为 0.0000
指定下一个点或 [圆弧(A)/半宽(H)/长度(L)/放弃(U)/宽度(W)]: 80,308↙
指定下一点或 [圆弧(A)/闭合(C)/半宽(H)/长度(L)/放弃(U)/宽度(W)]: A↙
指定圆弧的端点(按住 Ctrl 键以切换方向)或[角度(A)/圆心(CE)/闭合(CL)/方向(D)/半宽(H)/直
线(L)/半径(R)/第二个点(S)/放弃(U)/宽度(W)]: 101,320↙
指定圆弧的端点(按住 Ctrl 键以切换方向)或[角度(A)/圆心(CE)/闭合(CL)/方向(D)/半宽(H)/直
线(L)/半径(R)/第二个点(S)/放弃(U)/宽度(W)]: L↙
指定下一点或 [圆弧(A)/闭合(C)/半宽(H)/长度(L)/放弃(U)/宽度(W)]: 306,320↙
指定下一点或 [圆弧(A)/闭合(C)/半宽(H)/长度(L)/放弃(U)/宽度(W)]: A↙
指定圆弧的端点或[角度(A)/圆心(CE)/闭合(CL)/方向(D)/半宽(H)/直线(L)/半径(R)/第二个点
(S)/放弃(U)/宽度(W)]: 326,308↙
指定圆弧的端点(按住 Ctrl 键以切换方向)或[角度(A)/圆心(CE)/闭合(CL)/方向(D)/半宽(H)/直
线(L)/半径(R)/第二个点(S)/放弃(U)/宽度(W)]: L↙
指定下一点或 [圆弧(A)/闭合(C)/半宽(H)/长度(L)/放弃(U)/宽度(W)]: 380,130↙
指定下一点或 [圆弧(A)/闭合(C)/半宽(H)/长度(L)/放弃(U)/宽度(W)]: ↙
```

绘制结果如图 3-65 所示。

4)单击"默认"选项卡"绘图"面板中的"直线"按钮 ⁄ ,绘制过点(176,130)、(176,320)的直线,如图 3-66 所示。

5)单击"默认"选项卡"修改"面板中的"矩形阵列"按钮 品 ,阵列对象为步骤4)中绘制的直线,设置行数为1、列数为5、列间距为22,结果如图 3-67 所示。

图3-65 绘制多段线   图3-66 绘制直线   图3-67 阵列直线

6)单击"默认"选项卡"修改"面板中的"旋转"按钮 ↻ ,旋转绘制的显示器。命令行提示与操作如下:

```
命令: _ROTATE
UCS 当前的正角方向: ANGDIR=逆时针 ANGBASE=0
选择对象: (选择所有对象)
选择对象: ↙
指定基点: 0,0↙
指定旋转角度,或 [复制(C)/参照(R)] <0>: 25↙
```

结果如图 3-63 所示。

3.3.5 "缩放"命令

◆执行方式

命令行:SCALE。

菜单:修改→缩放。

快捷菜单:选择要缩放的对象,在绘图区右击,在弹出的快捷菜单中选择"缩放"命令。

工具栏:修改→缩放 ⊡ 。

功能区:单击"默认"选项卡"修改"面板中的"缩放"按钮 ⊡ (见图 3-68)。

◆操作步骤

命令：SCALE↙
选择对象：（选择要缩放的对象）
指定基点：（指定缩放操作的基点）
指定比例因子或［复制(C)/参照(R)］〈1.0000〉：

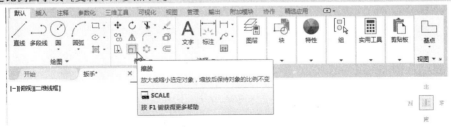

图3-68 "修改"面板

◆选项说明

（1）参照(R) 采用参考方向缩放对象时，系统提示如下：

指定参照长度〈1〉：（指定参考长度值）
指定新的长度或［点(P)］〈1.0000〉：（指定新长度值）

若新长度值大于参考长度值，则放大对象；否则，缩小对象。操作完毕后，系统以指定的基点按指定的比例因子缩放对象。如果选择"点(P)"选项，则指定两点来定义新的长度。

（2）指定比例因子 选择对象并指定基点后，从基点到当前光标位置会出现一条线段，线段的长度即为比例大小。鼠标选择的对象会动态地随着该连线长度的变化而缩放，按 Enter 键确认缩放操作。

（3）复制(C) 选择"复制(C)"选项时，可以复制缩放对象，即缩放对象时保留源对象，如图 3-69 所示。

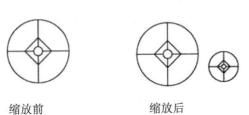

缩放前　　　　　　　缩放后

图3-69 复制缩放

📖3.3.6 实例——装饰盘

本实例将利用"圆"命令绘制装饰盘外轮廓线，再利用"圆弧"命令绘制装饰花瓣，最后利用"缩放"命令缩放外圆，完成如图 3-70 所示装饰盘的绘制。

图3-70 装饰盘

1）单击"默认"选项卡"绘图"面板中的"圆"按钮⊙，绘制一个圆心为（100，100）、半径为200的圆作为装饰盘的外轮廓线，如图3-71所示。

2）单击"默认"选项卡"绘图"面板中的"圆弧"按钮⌒，绘制花瓣线，如图3-72所示。

图3-71　绘制圆形　　　　　　　　　　　　　图3-72　绘制花瓣线

3）单击"默认"选项卡"修改"面板中的"镜像"按钮⚏，镜像花瓣线，如图3-73所示。

4）单击"默认"选项卡"修改"面板中的"环形阵列"按钮⚙，选择花瓣为源对象，以圆心为阵列中心点阵列花瓣，结果如图3-74所示。命令行操作与提示如下：

命令：_ARRAYPOLAR
选择对象：（选择花瓣）
选择对象：
类型 = 极轴　关联 = 否
指定阵列的中心点或［基点(B)/旋转轴(A)］：
选择夹点以编辑阵列或［关联(AS)/基点(B)/项目(I)/项目间角度(A)/填充角度(F)/行(ROW)/层(L)/旋转项目(ROT)/退出(X)］〈退出〉：AS✓
创建关联阵列［是(Y)/否(N)］〈否〉：N✓
选择夹点以编辑阵列或［关联(AS)/基点(B)/项目(I)/项目间角度(A)/填充角度(F)/行(ROW)/层(L)/旋转项目(ROT)/退出(X)］〈退出〉：I✓
输入阵列中的项目数或［表达式(E)］〈6〉：6（指定项目数）✓

图3-73　镜像花瓣线　　　　　　　　　　　　图3-74　阵列花瓣

5）单击"默认"选项卡"修改"面板中的"缩放"按钮▢，复制缩放一个圆作为装饰盘内装饰圆。命令行提示与操作如下：

命令：_SCALE
选择对象：（选择圆）
指定基点：（指定圆心）
指定比例因子或［复制(C)/参照(R)］〈1.0000〉：C✓
指定比例因子或［复制(C)/参照(R)］〈1.0000〉：0.5✓

最终结果如图3-70所示。

3.4　删除及恢复类命令

删除及恢复类命令主要用于删除图形的某部分或对已被删除的部分进行恢复，包括"删除""恢复""重做""清除"等命令。

3.4.1　"删除"命令

如果所绘制的图形不符合要求或绘错了图形,则可以使用"删除"命令将其删除。

◆执行方式

命令行:ERASE。

菜单:修改→删除。

快捷菜单:选择要删除的对象,在绘图区右击,在弹出的快捷菜单中选择"删除"命令。

工具栏:修改→删除 。

◆操作步骤

可以先选择对象,然后调用"删除"命令;也可以先调用"删除"命令,然后再选择对象。选择对象时,可以使用前面介绍的各种对象选择方法。

当选择多个对象时,多个对象都将被删除;若选择的对象属于某个对象组,则该对象组中的所有对象都将被删除。

3.4.2　"恢复"命令

若误删除了图形,则可以使用"恢复"命令将其恢复。

◆执行方式

命令行:OOPS 或 U。

工具栏:标准→回退 。

快捷键:Ctrl+Z。

◆操作步骤

在命令行提示下输入"OOPS",按 Enter 键。

3.4.3　"清除"命令

此命令与"删除"命令的功能完全相同。

◆执行方式

菜单:修改→清除。

快捷键:Delete。

◆操作步骤

执行上述命令后,系统提示如下。

选择对象:(选择要清除的对象,按 Enter 键执行"清除"命令)

3.5　改变几何特性类命令

改变几何特性类编辑命令(包括"倒角""圆角""打断""修剪""延伸""拉长""拉伸"等)在对指定对象进行编辑后,将使对象的几何特性发生改变。

3.5.1 "修剪"命令

◆执行方式

命令行：TRIM。

菜单：修改→修剪。

工具栏：修改→修剪 ✂。

功能区：单击"默认"选项卡"修改"面板中的"修剪"按钮 ✂ （见图3-75）。

图3-75 "修改"面板

◆操作步骤

命令：TRIM✓

当前设置：投影=UCS，边=无

选择剪切边...

选择对象或〈全部选择〉：（选择用作修剪边界的对象）

按 Enter 键结束对象选择，系统提示：

选择要修剪的对象，或按住 Shift 键选择要延伸的对象，或[栏选(F)/窗交(C)/投影(P)/边(E)/删除(R)/放弃(U)]：

◆选项说明

（1）按住 Shift 键 在选择对象时，如果按住 Shift 键，系统自动将"修剪"命令转换成"延伸"命令。"延伸"命令将在 3.5.3 节介绍。

（2）边(E) 选择此选项时，可以选择对象的修剪方式。

1）延伸(E)：延伸边界进行修剪。在此方式下，如果剪切边没有与要修剪的对象相交，系统会延伸剪切边直至与要修剪的对象相交，然后再修剪，如图 3-76 所示。

选择剪切边　　　　　　选择要修剪的对象　　　　　修剪后的结果

图3-76 延伸方式修剪对象

2）不延伸(N)：不延伸边界修剪对象，只修剪与剪切边相交的对象。

（3）栏选(F) 选择此选项时，系统以栏选的方式选择被修剪对象，如图 3-77 所示。

（4）窗交(C) 选择此选项时，系统以窗交的方式选择被修剪对象，如图 3-78 所示。被选择的对象可以互为边界和被修剪对象，此时系统会在选择的对象中自动判断边界。

选定剪切边　　　使用栏选方式选定的要修剪的对象　　　栏选结果

图3-77　以栏选方式选择修剪对象

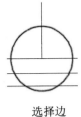
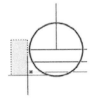
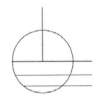

选择边　　　　　选定要修剪的对象　　　　　窗交结果

图3-78　以窗交方式选择修剪对象

3.5.2　实例——灯具

本实例将利用"矩形""圆弧""直线"等命令绘制大致轮廓，再利用"修剪"命令修剪多余的部分，最后利用"样条曲线""镜像"等命令进行相应处理，完成如图 3-79 所示灯具的绘制。

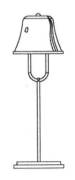

图3-79　灯具

1）单击"默认"选项卡"绘图"面板中的"矩形"按钮 ▭，绘制轮廓线。单击"默认"选项卡"修改"面板中的"镜像"按钮 ⚠，使轮廓线左右对称，如图 3-80 所示。

2）单击"默认"选项卡"绘图"面板中的"圆弧"按钮 ⌒ 和"修改"面板中的"偏移"按钮 ⊆，绘制两条圆弧，使端点分别捕捉到矩形的角点上，下面圆弧的中间点捕捉到中间矩形上边的中点上，如图 3-81 所示。

3）单击"默认"选项卡"绘图"面板中的"圆弧"按钮 ⌒ 和"直线"按钮 ╱，绘制灯柱上的结合点，如图 3-82 所示。

4）单击"默认"选项卡"修改"面板中的"修剪"按钮 ⅍，修剪多余图线。命令行提示与操作如下：

```
命令: trim↙
当前设置:投影=UCS，边=延伸
选择修剪边...
选择对象或〈全部选择〉:（选择修剪边界对象）↙
选择对象:（选择修剪边界对象）↙
选择对象: ↙
选择要修剪的对象，或按住 Shift 键选择要延伸的对象，或［投影(P)/边(E)/放弃(U)］:（选择修剪
对象）↙
```

图3-80　绘制轮廓线

图3-81　绘制圆弧

修剪结果如图 3-83 所示。

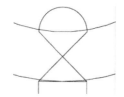

图3-82　绘制灯柱上的结合点

图3-83　修剪图形

5）单击"默认"选项卡"绘图"面板中的"样条曲线拟合"按钮 和"修改"面板中的"镜像"按钮 ，绘制灯罩轮廓线，如图 3-84 所示。

6）单击"默认"选项卡"绘图"面板中的"直线"按钮 ，补齐灯罩轮廓线，使直线端点捕捉到对应样条曲线端点，如图 3-85 所示。

7）单击"默认"选项卡"绘图"面板中的"圆弧"按钮 ，绘制灯罩顶端的突起，如图 3-86 所示。

8）单击"默认"选项卡"绘图"面板中的"样条曲线拟合"按钮 ，绘制灯罩上的装饰线，最终结果如图 3-79 所示。

图3-84　绘制灯罩轮廓线

图3-85　补齐灯罩轮廓线

图3-86　绘制灯罩顶端的突起

📖3.5.3 "延伸"命令

利用"延伸"命令，可以将所选对象延伸至另一个对象的边界线，如图 3-87 所示。

选择边界

选择要延伸的对象

延伸后的结果

图3-87 延伸对象

◆执行方式

命令行：EXTEND。

菜单：修改→延伸。

工具栏：修改→延伸 ⊸。

功能区：单击"默认"选项卡"修改"面板中的"延伸"按钮 ⊸（见图 3-88）。

图3-88 "修改"面板

◆操作步骤

命令：EXTEND↙

当前设置：投影=UCS，边=无

选择边界的边...

选择对象或〈全部选择〉：（选择边界对象）

此时可以通过选择对象来定义边界。若直接按 Enter 键，则选择所有对象作为可能的边界对象。

系统规定可以用作边界对象的对象包括直线段、射线、双向无限长线、圆弧、圆、椭圆、二维和三维多段线、样条曲线、文本、浮动的视口和区域。如果选择二维多段线作为边界对象，系统会忽略其宽度而把对象延伸至多段线的中心线上。

选择边界对象后，系统继续提示：

选择要延伸的对象，或按住 Shift 键选择要修剪的对象，或[栏选(F)/窗交(C)/投影(P)/边(E)/放弃(U)]:

◆选项说明

1）如果要延伸的对象是适配样条多段线，则延伸后会在多段线的控制框上增加新节点。如果要延伸的对象是锥形的多段线，系统会修正延伸端的宽度，使多段线从起始端平滑地延伸至新的终止端。如果延伸操作导致新终止端的宽度为负值，则取宽度值为0，如图3-89所示。

2）选择对象时，如果按住 Shift 键，则系统自动将"延伸"命令转换成"修剪"命令。

选择边界对象   选择要延伸的多段线   延伸后的结果

图3-89 延伸对象

3.5.4 实例——窗户

本实例将利用"延伸"命令延伸矩形中的直线，绘制如图 3-90 所示的窗户。

1）单击"默认"选项卡"绘图"面板中的"矩形"按钮 口，绘制角点坐标分别为（100,100）、（300,500）的矩形作为窗户外轮廓线，如图 3-91 所示。

2）单击"默认"选项卡"绘图"面板中的"直线"按钮 ∕，绘制坐标为（200,100）、（200,200）的线段分割矩形，如图 3-92 所示。

3）单击"默认"选项卡"修改"面板中的"延伸"按钮 →，将直线延伸至矩形最上面的边。命令行提示与操作如下：

```
命令: extend
当前设置:投影=UCS，边=无
选择边界的边...
选择对象或〈全部选择〉:（拾取矩形的最上边）
选择对象:
选择要延伸的对象，或按住 Shift 键选择要修剪的对象，或[栏选(F)/窗交(C)/投影(P)/边(E)/放弃(U)]:（拾取直线）
```

结果如图 3-90 所示。

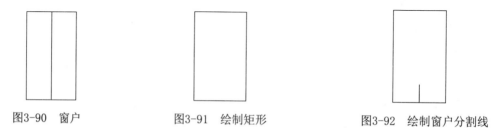

图3-90 窗户   图3-91 绘制矩形   图3-92 绘制窗户分割线

3.5.5 "拉伸"命令

拉伸对象是指拖拉选择的对象，使其形状发生改变。拉伸对象时，应指定拉伸的基点和移至点。利用一些辅助工具，如捕捉、钳夹功能及相对坐标等，可以提高拉伸的精度。

◆执行方式

命令行：STRETCH。

菜单：修改→拉伸。

工具栏：修改→拉伸 🔲。

功能区：单击"默认"选项卡"修改"面板中的"拉伸"按钮 🔲（见图 3-93）。

◆操作步骤

命令：STRETCH↙
以交叉窗口或交叉多边形选择要拉伸的对象...
选择对象：C↙
指定第一个角点：（采用交叉窗口的方式选择要拉伸的对象）
指定基点或 [位移(D)]〈位移〉：（指定拉伸的基点）
指定第二个点或〈使用第一个点作为位移〉：（指定拉伸的移至点）

图3-93　"修改"面板

此时，若指定第二个点，系统将根据这两点决定的矢量拉伸对象。若直接按 Enter 键，系统会把第一个点作为 X 轴和 Y 轴的分量值。

STRETCH 命令仅移动位于交叉选择窗口内的顶点和端点，而不更改那些位于交叉选择窗口外的顶点和端点，部分包含在交叉选择窗口内的对象将被拉伸。

3.5.6　实例——门把手

本实例先利用"圆""直线"等命令绘制门把手一侧的连续曲线，然后利用"修剪"命令将多余的线段删除得到一侧的曲线，再利用"镜像"命令创建另一侧的曲线，最后利用"修剪""圆""拉伸"命令创建销孔并细化图形，完成如图 3-94 所示门把手的绘制。

图3-94　门把手

1）设置图层。选择菜单栏中的"格式"→"图层"命令，弹出"图层特性管理器"对话框，新建以下两个图层。

①第一个图层命名为"轮廓线"，线宽属性为 0.3mm，其余属性默认。

②第二个图层命名为"中心线"，颜色设置为红色，线型加载为"CENTER"，其余属性默认。

2）将"中心线"图层设置为当前图层。单击"默认"选项卡"绘图"面板中的"直线"按钮 ，绘制过点（150,150）、（@120,0）的直线，结果如图 3-95 所示。

3）切换到"轮廓线"图层，单击"默认"选项卡"绘图"面板中的"圆"按钮 ，绘制圆心坐标为（160,150）、半径为 10mm 的圆。重复"圆"命令，以（235,150）为圆心，绘制半径为 15mm

的圆。接下来，再绘制一个半径为50mm的圆与前两个圆相切，结果如图3-96所示。

4）单击"默认"选项卡"绘图"面板中的"直线"按钮 ⁄，绘制坐标为（250,150）、（@10<90）、（@15<180）的两条直线。重复"直线"命令，绘制坐标为（235,165）、（235,150）的直线，结果如图3-97所示。

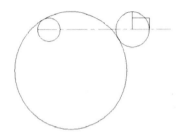

图3-95　绘制直线

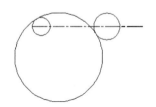

图3-96　绘制圆

5）单击"默认"选项卡"修改"面板中的"修剪"按钮 ✂，进行修剪处理，结果如图3-98所示。

图3-97　绘制直线

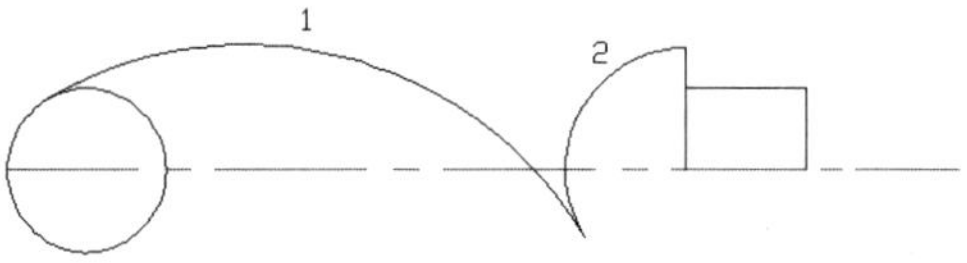

图3-98　修剪处理

6）单击"默认"选项卡"绘图"面板中的"圆"按钮 ⊙，绘制与圆弧1和圆弧2相切的圆，设置半径为12mm，结果如图3-99所示。

7）单击"默认"选项卡"修改"面板中的"修剪"按钮 ✂，将多余的圆弧进行修剪，结果如图3-100所示。

图3-99　绘制圆

图3-100　修剪处理

8）单击"默认"选项卡"修改"面板中的"镜像"按钮 ⚖，对图形进行镜像处理，镜像线的两点坐标分别为（150,150）、（250,150），结果如图3-101所示。

图3-101　镜像处理

9）单击"默认"选项卡"修改"面板中的"修剪"按钮 ✂，进行修剪处理，结果如图3-102所示。

10）将"中心线"图层设置为当前图层。单击"默认"选项卡"绘图"面板中的"直线"按钮 ⁄，在把手接头处中间位置绘制适当长度的竖直线段，作为销孔定位中心线，如图3-103所示。

图3-102 修剪处理

图3-103 绘制销孔中心线

11）将"轮廓线"图层设置为当前图层。单击"默认"选项卡"绘图"面板中的"圆"
按钮⊙，以中心线交点为圆心，绘制一个适当半径的圆作为销孔，如图3-104所示。

12）单击"默认"选项卡"修改"面板中的"拉伸"按钮▢，拉伸接头长度。指定的拉
伸对象如图3-105所示。命令行操作与提示如下：

```
命令：_stretch
以交叉窗口或交叉多边形选择要拉伸的对象…
选择对象：（选择接头）
指定基点或［位移(D)］〈位移〉：（在屏幕中适当指定）
指定第二个点或〈使用第一个点作为位移〉：
```

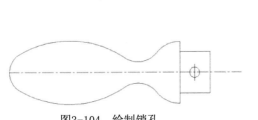

图3-104 绘制销孔

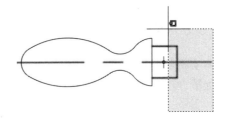

图3-105 指定拉伸对象

📖 3.5.7 "拉长"命令

◆执行方式

命令行：LENGTHEN。

菜单：修改→拉长。

功能区：单击"默认"选项卡"修改"面板中的"拉长"按钮⟋ （见图3-106）。

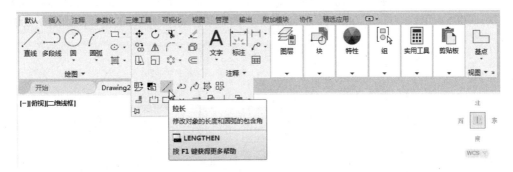

图3-106 "修改"面板

◆操作步骤

命令：LENGTHEN✓

选择对象或［增量(DE)/百分数(P)/全部(T)/动态(DY)］：（选定对象）

当前长度：30.5001（给出选定对象的长度，如果选择圆弧则还要给出圆弧的包含角）

选择对象或［增量(DE)/百分数(P)/全部(T)/动态(DY)］：DE✓（选择拉长或缩短的方式，如选择"增量（DE）"方式）

输入长度增量或［角度(A)]<0.0000>：10✓（输入长度增量数值。如果选择圆弧段，则可输入"A"给定角度增量）

选择要修改的对象或［放弃(U)］：（选定要修改的对象，进行拉长操作）

选择要修改的对象或［放弃(U)］：（继续选择，按 Enter 键结束命令）

◆选项说明

（1）增量(DE)　用指定增加量的方法来改变对象的长度或角度。

（2）百分数(P)　用指定要修改对象的长度占总长度的百分比的方法来改变圆弧或直线段的长度。

（3）全部(T)　用指定新的总长度或总角度值的方法来改变对象的长度或角度。

（4）动态(DY)　在这种模式下，可以使用拖拉鼠标的方法来动态地改变对象的长度或角度。

3.5.8　实例——挂钟

本实例将利用"圆""直线"命令绘制轮廓及指针，再利用"拉长"命令进行细化处理，完成如图 3-107 所示挂钟的绘制。

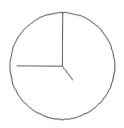

图3-107　挂钟

1）单击"默认"选项卡"绘图"面板中的"圆"按钮⊙，绘制圆心为（100,100）、半径为 20mm 的圆形作为挂钟的外轮廓线，如图 3-108 所示。

2）单击"默认"选项卡"绘图"面板中的"直线"按钮╱，绘制坐标为（100,100）、（100,117）、（100,100）、（83,100），（100,100）、（105,94）的 3 条直线作为挂钟的指针，如图 3-109 所示。

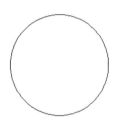

图3-108　绘制圆形

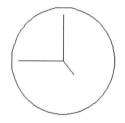

图3-109　绘制指针

3）单击"默认"选项卡"修改"面板中的"拉长"按钮╱，将秒针拉长至圆的边，完成挂钟的绘制，结果如图 3-107 所示。

命令：LENGTHEN
选择要测量的对象或 [增量(DE)/百分比(P)/总计(T)/动态(DY)] 〈增量(DE)〉：DE↙
输入长度增量或 [角度(A)] 〈461.9967〉：(选择竖直直线的端点作为起点，圆的边界作为端点)
选择要修改的对象或 [放弃(U)]：(选择竖直直线)

3.5.9 "圆角"命令

圆角是指用指定半径决定的一段平滑的圆弧连接两个对象。系统规定可以圆角连接一对直线段、非圆弧的多段线（可以在任何时刻圆角连接非圆弧多段线的每个节点）、样条曲线、双向无限长线、射线、圆、圆弧和椭圆。

◆执行方式

命令行：FILLET。

菜单：修改→圆角。

工具栏：修改→圆角 。

功能区：单击"默认"选项卡"修改"面板中的"圆角"按钮 （见图 3-110）。

图3-110 "修改"面板

◆操作步骤

命令：FILLET↙
当前设置：模式 = 修剪，半径 = 0.0000
选择第一个对象或 [放弃(U)/多段线(P)/半径(R)/修剪(T)/多个(M)]：(选择第一个对象或其他选项)
选择第二个对象，或按住 Shift 键选择要应用角点或 [半径(R)]：(选择第二个对象)

◆选项说明

（1）多段线(P) 在一条二维多段线的两段直线段的节点处插入圆滑的弧。选择多段线后，系统会根据指定的圆弧的半径把多段线各顶点用圆滑的弧连接起来。

（2）修剪(T) 该选项用于设置圆角连接两条边时是否修剪这两条边，如图 3-111 所示。

a）修剪方式   b）不修剪方式

图3-111 圆角连接

（3）多个(M) 可以同时对多个对象进行圆角编辑，而不必重新启用命令。

（4）按住 Shift 键选择要应用角点的对象 按住 Shift 键的同时选择两条直线，可以快速创建零距离倒角或零半径圆角。

📖3.5.10 实例——坐便器

本实例将利用"直线""圆弧"等命令绘制轮廓，再利用"偏移"命令向内偏移轮廓线，最后对轮廓进行圆角处理，完成如图 3-112 所示坐便器的绘制。

图3-112 坐便器

1）单击"默认"选项卡"绘图"面板中的"直线"按钮 ⁄，绘制两条垂直的直线并移动到合适的位置，作为绘图的辅助线，如图 3-113 所示。

2）单击"默认"选项卡"绘图"面板中的"直线"按钮 ⁄，单击水平直线的左端点，然后输入坐标点（@6,-60），结果如图 3-114 所示。

3）单击"默认"选项卡"修改"面板中的"镜像"按钮 ⚠，选择刚刚绘制的斜向直线，按 Enter 键，再分别单击垂直直线的两个端点，镜像到另外一侧，结果如图 3-115 所示。

图3-113 绘制辅助线   图3-114 绘制直线   图3-115 镜像图形

4）单击"默认"选项卡"绘图"面板中的"圆弧"按钮 ⌒，然后选择斜线下端的端点（见图 3-116），再选择垂直辅助线上的一点，然后选择右侧斜线的端点，绘制一条弧线，如图 3-117 所示。

5）在图中选择水平直线，然后单击"默认"选项卡"修改"面板中的"复制"按钮 ⛶，选择其与垂直直线的交点为基点，接着输入端点坐标（@0,-20）、（@0,-25）复制一条水平直线，如图 3-118 所示。

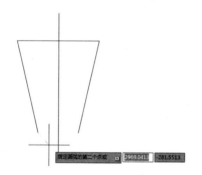

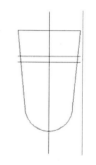

图3-116 选择斜线下端的端点   图3-117 绘制弧线   图3-118 复制水平直线

6）单击"默认"选项卡"修改"面板中的"偏移"按钮⬳，在命令行提示下输入"2"，作为偏移距离，然后选择右侧斜向直线，在其左侧单击鼠标，将其复制到左侧，如图 3-119 所示。

7）按空格键重复"偏移"命令，单击圆弧和左侧直线，将其复制到内侧，如图 3-120 所示。

8）单击"默认"选项卡"绘图"面板中的"直线"按钮╱，将中间的水平线与内侧斜线的交点和外侧斜线的下端点连接起来，如图 3-121 所示。

图3-119　偏移直线　　　　图3-120　偏移其他图形　　　　图3-121　连接直线

9）单击"默认"选项卡"修改"面板中的"圆角"按钮⌒，指定圆角半径为 10mm，依次选择最下面的水平线和左半部分内侧的斜向直线，对其交点进行圆角处理，如图 3-122 所示。使用同样的方法，对右侧的交点进行圆角处理，指定圆角半径也为 10mm，如图 3-123 所示。命令行提示与操作如下；

```
命令:_FILLET
当前设置: 模式 = 修剪, 半径 = 0.0000
选择第一个对象或 [放弃(U)/多段线(P)/半径(R)/修剪(T)/多个(M)]: R(输入 R 指定半径) ✓
指定圆角半径 〈0.0000〉: 10（设置半径数值）✓
选择第一个对象或 [放弃(U)/多段线(P)/半径(R)/修剪(T)/多个(M)]:（选择左侧第三条竖向直线）
选择第二个对象,或按住 Shift 键选择对象以应用角点或 [半径(R)]:（选择下侧第一条水平直线）
```

图3-122　圆角处理　　　　　　　图3-123　对另外一侧进行圆角处理

10）按空格键重复"偏移"命令，将椭圆部分偏移到内侧，设置偏移距离为 1mm，如图 3-124 所示。

11）在上侧添加弧线和斜向直线，再在左侧添加冲水按钮，即完成了坐便器的绘制，结果如图 3-125 所示。

图3-124　偏移内侧椭圆　　　　　　图3-125　完成坐便器的绘制

📖 3.5.11 "倒角"命令

倒角是指用斜线连接两个不平行的线型对象。可以用斜线连接直线段、双向无限长线、射线和多段线。

◆执行方式

命令行：CHAMFER。

菜单：修改→倒角。

工具栏：修改→倒角🖊。

功能区：单击"默认"选项卡"修改"面板中的"倒角"按钮🖊（见图3-126）。

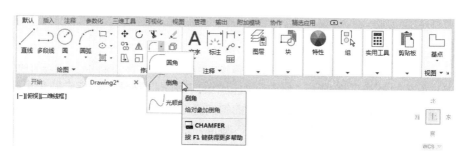

图3-126 "修改"面板

◆操作步骤

命令：CHAMFER↙
（"不修剪"模式）当前倒角距离 1 = 0.0000，距离 2 = 0.0000
选择第一条直线或 [放弃(U)/多段线(P)/距离(D)/角度(A)/修剪(T)/方式(E)/多个(M)]:(选择第一条直线或其他选项)
选择第二条直线，或按住 Shift 键选择要应用角点或 [距离(D)/角度(A)/方法(M)]:(选择第二条直线)

◆选项说明

（1）距离(D) 选择倒角的两个斜线距离。斜线距离是指从被连接的对象与斜线的交点到被连接的两个对象可能的交点之间的距离，如图 3-127 所示。这两个斜线距离可以相同，也可以不相同；若二者均为 0，则系统不绘制连接的斜线，而是把两个对象延伸至相交，并修剪超出的部分。

（2）角度(A) 选择第一条直线的斜线距离和角度。采用这种方法斜线连接对象时，需要输入两个参数，即斜线与一个对象的斜线距离和斜线与该对象的夹角，如图 3-128 所示。

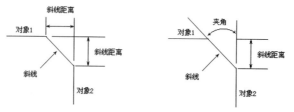

图3-127 斜线距离　　　图3-128 斜线距离与夹角

（3）多段线(P) 对多段线的各个交叉点进行倒角编辑。为了得到最好的连接效果，一般设置斜线距离为相等的值。系统根据指定的斜线距离把多段线的每个交叉点都做斜线连接，连接的斜线成为多段线新添加的构成部分，如图 3-129 所示。

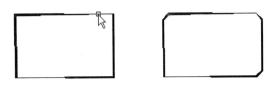

a）选择多段线　　　　b）倒角结果

图3-129　斜线连接多段线

（4）修剪(T)　与圆角连接命令 FILLET 相同，该选项决定连接对象后，是否剪切源对象。

（5）方式(E)　决定采用"距离"方式还是"角度"方式来倒角。

（6）多个(M)　同时对多个对象进行倒角编辑。

说明

在执行"圆角"和"倒角"命令时，有时会发现命令不执行或执行后没什么变化，那是因为系统默认圆角半径和斜线距离均为0，如果不事先设定圆角半径或斜线距离，系统就以默认值执行命令，所以看起来好像没有执行命令。

3.5.12　实例——洗菜盆

本实例将利用"直线"命令绘制初步轮廓，再利用"圆""复制""修剪"命令绘制旋钮和出水口，最后利用倒角命令进行倒角处理，完成如图 3-130 所示洗菜盆的绘制。

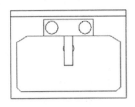

图3-130　洗菜盆

1）单击"默认"选项卡"绘图"面板中的"直线"按钮，绘制出洗菜盆初步轮廓图，大致尺寸如图 3-131 所示。

2）单击"默认"选项卡"绘图"面板中的"圆"按钮，绘制一个圆心在图 3-131 中长 240mm、宽 80mm 矩形的大约左中位置处，半径为 35mm 的圆。单击"默认"选项卡"修改"面板中的"复制"按钮，选择刚绘制的圆，复制到右边合适的位置，完成旋钮的绘制，如图 3-132 所示。

3）单击"默认"选项卡"绘图"面板中的"圆"按钮，绘制一个圆心在图 3-130 中长 139mm、宽 40mm 的矩形大约正中位置，半径为 25mm 的圆，作为出水口。单击"默认"选项卡"修改"面板中的"修剪"按钮，将绘制的出水口圆修剪成如图 3-133 所示的形状。

4）单击"默认"选项卡"修改"面板中的"倒角"按钮，绘制水盆 4 角。命令行提示与操作如下：

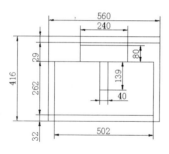

图3-131　初步轮廓图

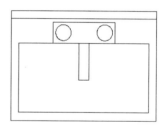

图3-132　绘制旋钮

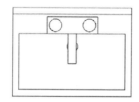

图3-133　绘制出水口

命令：_CHAMFER
（"修剪"模式）当前倒角距离 1 = 0.0000，距离 2 = 0.0000
选择第一条直线或［放弃(U)/多段线(P)/距离(D)/角度(A)/修剪(T)/方式(E)/多个(M)]:D✓
指定第一个倒角距离 <0.0000>: 50✓
指定第二个倒角距离 <50.0000>: 30✓
选择第一条直线或［放弃(U)/多段线(P)/距离(D)/角度(A)/修剪(T)/方式(E)/多个(M)]:（选择左上角横线段）
选择第二条直线，或按住 Shift 键选择要应用角点或［距离(D)/角度(A)/方法(M)]:（选择左上角竖线段）
选择第一条直线或［放弃(U)/多段线(P)/距离(D)/角度(A)/修剪(T)/方式(E)/多个(M)]:（选择右上角横线段）
选择第二条直线，或按住 Shift 键选择要应用角点或［距离(D)/角度(A)/方法(M)]:（选择右上角竖线段）
命令：CHAMFER✓
（"修剪"模式）当前倒角距离 1 = 50.0000，距离 2 = 30.0000
选择第一条直线或［放弃(U)/多段线(P)/距离(D)/角度(A)/修剪(T)/方式(E)/多个(M)]:A✓
指定第一条直线的倒角长度 <20.0000>: ✓
指定第一条直线的倒角角度 <0>: 45✓
选择第一条直线或［放弃(U)/多段线(P)/距离(D)/角度(A)/修剪(T)/方式(E)/多个(M)]:（选择左下角横线段）
选择第二条直线，或按住 Shift 键选择要应用角点或［距离(D)/角度(A)/方法(M)]:（选择左下角竖线段）
选择第一条直线或［放弃(U)/多段线(P)/距离(D)/角度(A)/修剪(T)/方式(E)/多个(M)]:（选择右下角横线段）
选择第二条直线，或按住 Shift 键选择要应用角点或［距离(D)/角度(A)/方法(M)]:（选择右下角竖线段）

洗菜盆绘制完成，结果如图 3-130 所示。

📖 3.5.13 "打断"命令

◆执行方式

命令行：BREAK。

菜单：修改→打断。

工具栏：修改→打断 。

功能区：单击"默认"选项卡"修改"面板中的"打断"按钮 （见图 3-134）。

图3-134 "修改"面板

◆操作步骤

命令：BREAK↙
选择对象：（选择要打断的对象）
指定第二个打断点或 [第一点(F)]：（指定第二个断开点或输入"F"）

◆选项说明

如果选择"第一点(F)"选项，系统将丢弃前面的第一个选择点，重新提示用户指定两个打断点。

3.5.14 "打断于点"命令

打断于点是指在对象上指定一点，从而把对象在此点拆分成两部分。此命令与打断命令类似。

◆执行方式

工具栏：修改→打断于点 。

功能区：单击"默认"选项卡"修改"面板中的"打断于点"按钮 （见图 3-135）。

图3-135 "修改"面板

◆操作步骤

执行上述命令后，命令行提示与操作如下：

选择对象：（选择要打断的对象）

指定第二个打断点或［第一点(F)］：F（系统自动执行"第一点(F)"选项）
指定第一个打断点：（选择打断点）
指定第二个打断点：@（系统自动忽略此提示）

3.5.15 实例——吸顶灯

本实例将利用"直线""圆"命令绘制图形，然后利用"打断"
命令打断中心线，完成如图 3-136 所示吸顶灯的绘制。

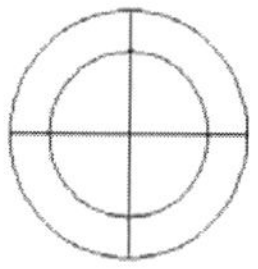

1）新建两个图层：

"1"图层，颜色为蓝色，其余属性默认。

"2"图层，颜色为黑色，其余属性默认。

2）单击"默认"选项卡"绘图"面板中的"直线"按钮，绘
制两条相交的直线，坐标点为｛(50,100)、(100,100)｝、｛(75,75)、
(75,125)｝，如图 3-137 所示。

图3-136 吸顶灯

3）单击"默认"选项卡"绘图"面板中的"圆"按钮，以 (75,100) 为圆心、15mm
和 10mm 为半径，绘制两个同心圆，如图 3-138 所示。

图3-137 绘制相交直线

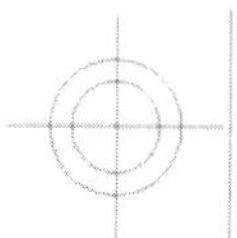

图3-138 绘制同心圆

4）单击"默认"选项卡"修改"面板中的"打断于点"按钮，将超出圆外的直线修
剪掉。命令行提示与操作如下：

命令：_BREAK
选择对象：（选择竖直直线）
指定第二个打断点 或［第一点(F)］：_F
指定第一个打断点：（选择竖直直线与大圆上面的相交点）
指定第二个打断点：@

将打断的直线删除，用同样的方法将其他 3 段超出圆外的直线修剪掉，结果如图 3-136
所示。

3.5.16 "分解"命令

◆执行方式

命令行：EXPLODE。

菜单：修改→分解。

工具栏：修改→分解。

功能区：单击"默认"选项卡"修改"面板中的"分解"按钮 （见图 3-139）。

◆操作步骤

命令：EXPLODE↙
选择对象：（选择要分解的对象）

选择一个对象后，该对象就会被分解。系统将继续提示该行信息，允许分解多个对象。

图3-139　"修改"面板

📖3.5.17　"合并"命令

使用"合并"命令，可以将直线、圆弧、椭圆弧和样条曲线等独立的对象合并为一个对象，如图 3-140 所示。

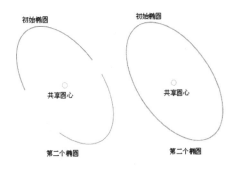

图3-140　合并对象

◆执行方式

命令行：JOIN。

菜单：修改→合并。

工具栏：修改→合并 ➤ 。

功能区：单击"默认"选项卡"修改"面板中的"合并"按钮 ➤ （见图 3-141）。

图3-141　"修改"面板

◆操作步骤

命令：JOIN↙

选择源对象：（选择一个对象）

选择要合并到源的对象：（选择另一个对象）

3.6 对象编辑

在对图形进行编辑时，还可以对图形对象本身的某些特性进行编辑，从而方便地进行图形绘制。

3.6.1 钳夹功能

利用钳夹功能可以快速、方便地编辑对象。AutoCAD 在图形对象上定义了一些特殊点，称为夹点，如图 3-142 所示。利用夹点可以灵活地控制对象。

要使用钳夹功能编辑对象，必须先打开钳夹功能。其方法是：

1）选择"工具"→"选项"→"选择集"命令，在弹出的"选项"对话框中选择"选择集"选项卡，选中"启用夹点"复选框。在该选项卡中，还可以设置代表夹点的小方格的尺寸和颜色。

2）通过 GRIPS 系统变量来控制是否打开钳夹功能，1 代表打开，0 代表关闭。

打开钳夹功能后，应该在编辑对象之前选择对象。夹点表示对象的控制位置。

使用夹点编辑对象时，要先选择一个夹点作为基点（称为基准夹点），然后选择一种编辑操作（如镜像、移动、旋转、拉伸和缩放）。可以用空格键、Enter 键或快捷键循环选择这些功能。

下面仅以拉伸对象操作为例进行介绍。

在图形上拾取一个夹点，改变该夹点颜色，将其作为编辑对象的基准夹点。这时系统提示：

** 拉伸 **
指定拉伸点或 [基点(B)/复制(C)/放弃(U)/退出(X)]：

在上述拉伸编辑提示下，输入"MIRROR"命令或右击，在弹出的快捷菜单中选择"缩放"命令，如图 3-143 所示。

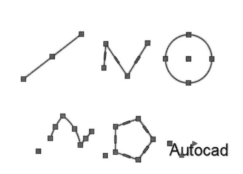

图3-142　夹点

图3-143　在快捷菜单中选择"缩放"命令

系统就会转换为"缩放"操作。其他操作类似。

3.6.2 修改对象属性

◆执行方式

命令行：DDMODIFY 或 PROPERTIES。

菜单：修改→特性或工具→选项板→特性。

工具栏：标准→特性。

功能区：单击"默认"选项卡"特性"面板中的"对话框启动器"按钮（见图 3-144）。

◆操作步骤

命令：DDMODIFY✓

执行上述命令后，弹出"特性"对话框，从中可以方便地设置或修改对象的各种属性，如图 3-145 所示。

图3-144　"特性"面板　　　　　　图3-145　"特性"对话框

不同对象的属性种类和值不同，修改属性值，对象的属性即可改变。

3.6.3 特性匹配

特性匹配是指将目标对象的属性与源对象的属性进行匹配，使目标对象的属性与源对象的属性相同。利用特性匹配功能可以方便、快捷地修改对象属性，并保持不同对象的属性相同。

◆执行方式

命令行：MATCHPROP。

菜单：修改→特性匹配。

功能区：单击"默认"选项卡"特性"面板中的"特性匹配"按钮⬚（见图3-146）。

图3-146　"特性"面板

◆操作步骤

命令：MATCHPROP✓
选择源对象：（选择源对象）
当前活动设置：　颜色 图层 线型 线型比例 线宽 透明度 厚度 打印样式 标注 文字 图案填充 多段线 视口 表格材质 阴影显示 多重引线
选择目标对象或［设置(S)］：（选择目标对象）

图 3-147a 所示为两个属性不同的对象，以左边的圆为源对象，对右边的矩形进行特性匹配，结果如图 3-147b 所示。

a）原图　　　　　　　　　　　　　b）特性匹配结果

图3-147　特性匹配

3.7　综合实例——单人床

在住宅建筑的室内布置图中，床是必不可少的。床一般分为单人床和双人床。一般的住宅建筑中，卧室的位置以及床的摆放均需要进行精心的设计，以方便房主居住生活，同时还要考虑舒适、采光、美观等因素。本实例绘制的单人床如图 3-148 所示。

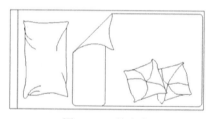

图3-148　单人床

1)绘制床轮廓。

①单击"默认"选项卡"绘图"面板中的"矩形"按钮 ▢ ，绘制长为300mm、宽为150mm

的矩形，作为床的外轮廓，如图 3-149 所示。

②单击"默认"选项卡"绘图"面板中的"直线"按钮 ╱，在床左侧绘制一条垂直的直线作为床头，如图 3-150 所示。

③单击"默认"选项卡"绘图"面板中的"矩形"按钮 ▭，绘制一个长为 200mm、宽为 140mm 的矩形，然后单击"默认"选项卡"修改"面板中的"移动"按钮 ✛，将其移动到床的右侧（注意两边的间距要尽量相等，右侧距床轮廓的边缘稍稍近一些），作为被子的轮廓，如图 3-151 所示。

图3-149 绘制床的外轮廓 　　图3-150 绘制床头 　　图3-151 绘制被子轮廓

④单击"默认"选项卡"绘图"面板中的"矩形"按钮 ▭，在被子左顶端绘制一水平方向为 30、垂直方向为 140 的矩形，如图 3-152 所示。然后，单击"倒圆角"按钮，修改矩形的角部，如图 3-153 所示。

图3-152 绘制矩形 　　　　　　　图3-153 对矩形角部进行倒圆角处理

2）在被子轮廓的左上角绘制一条 45°的斜线。绘制方法为：单击"默认"选项卡"绘图"面板中的"直线"按钮 ╱，绘制一条水平直线；然后单击"默认"选项卡"修改"面板中的"旋转"按钮 ↻，选择线段的一端为旋转基点，在角度提示行后面输入"45"，按 Enter 键，旋转直线，如图 3-154 所示；再将其移动到适当的位置，单击"默认"选项卡"修改"面板中的"修剪"按钮 ✂，将多余线段删除，如图 3-155 所示。

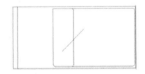 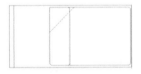

图3-154 绘制45°直线 　　　　　　图3-155 移动并修剪多余线段

3）单击"默认"选项卡"修改"面板中的"删除"按钮 ✎，删除直线左上侧的多余部分，如图 3-156 所示。

4）单击"默认"选项卡"绘图"面板中的"样条曲线拟合"按钮 ∿，然后单击刚刚绘制的 45°斜线的端点，再依次单击点 A、B、C，按 Enter 键或空格键确认；再单击点 D，设置起点的切线方向；单击点 E，设置端点的切线方向，结果如图 3-157 所示。

5）同理，依次单击点 A、B、C，然后按 Enter 键，以点 E 为终点的切线方向，绘制另外一侧的样条曲线，如图 3-158 所示。

6）单击"默认"选项卡"绘图"面板中的"样条曲线拟合"按钮 ∿，绘制样条曲线。

命令行提示与操作如下：

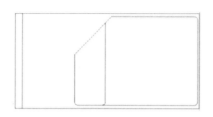

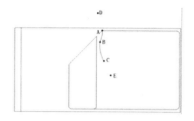

图3-156　删除多余线段　　　　　　　　图3-157　绘制样条曲线1

命令：_SPLINE
当前设置：方式=拟合　节点=弦
指定第一个点或 [方式(M)/节点(K)/对象(O)]：〈对象捕捉追踪 开〉〈对象捕捉 开〉〈对象捕捉
追踪 关〉（选择点A）
输入下一个点或 [起点切向(T)/公差(L)]：（选择点B）
输入下一个点或 [端点相切(T)/公差(L)/放弃(U)]：（选择点C）
输入下一个点或 [端点相切(T)/公差(L)/放弃(U)/闭合(C)]：T✓
指定端点切向：（选择点E）

此为被子的掀开角。绘制完成后删除角内的多余直线，如图3-159所示。

7）单击"默认"选项卡"绘图"面板中的"样条曲线拟合"按钮，绘制枕头和垫子的图形，结果如图3-148所示。绘制完成后保存为单人床模块。

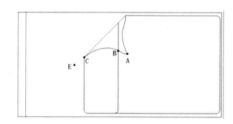

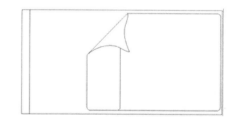

图3-158　绘制样条曲线2　　　　　　　　图3-159　绘制掀开角

第 **4** 章

辅助工具

在进行各种设计时，通常不仅要绘出图形，还要在图形中标注一些文字。图表在 AutoCAD 图形中也有大量的应用，如明细栏、参数表和标题栏等。尺寸标注是绘图设计过程中相当重要的一个环节。

同样，图块的应用也为绘图工作提供了很大的帮助。在绘图设计过程中，经常会遇到一些重复出现的图形（如建筑设计中的桌椅、门窗等），如果每次都重新绘制这些图形，不仅会造成大量的重复工作，而且存储这些图形及其信息也会占据相当大的磁盘空间。有了图块，这些问题将迎刃而解。

此外，AutoCAD 还提供了贴心、实用的查询工具、设计中心与工具选项板等多种辅助工具。

熟练掌握并灵活运用这些工具，可以为绘图提供极大的便利，显著提高绘图效率。

 学 习 要 点

- 文字标注、表格、尺寸标注
- 查询工具、图块及其属性
- 设计中心与工具选项板

4.1 文字标注

文字注释是建筑图形的基本组成部分，在会签栏、说明、图纸目录等地方都要用到文字注释。本节将详细讲述文字标注的基本方法。

4.1.1 设置文字样式

◆执行方式

命令行：STYLE 或 DDSTYLE。

菜单：格式→文字样式。

工具栏：文字→文字样式 A。

功能区：单击"默认"选项卡"注释"面板中的"文字样式"按钮 A（见图 4-1）。

图4-1　"注释"面板

◆操作步骤

执行上述命令，弹出"文字样式"对话框，如图 4-2 所示。在该对话框中，可以新建文字样式或修改当前文字样式。图 4-3～图 4-5 所示分别为几种不同的文字样式。

图 4-2　"文字样式"对话框

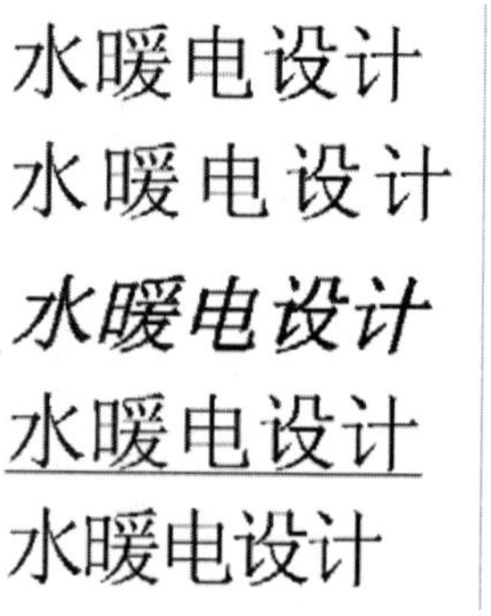

图 4-3　同一字体的不同样式

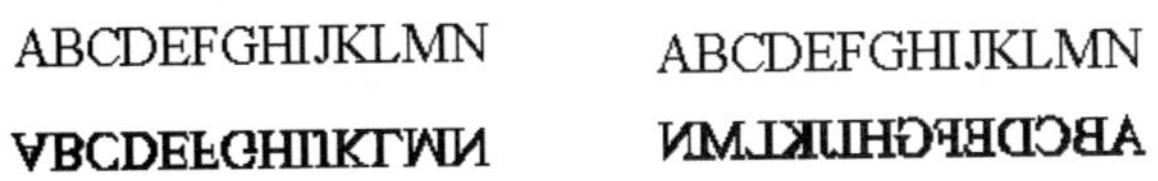

ABCDEFGHIJKLMN　　　　ABCDEFGHIJKLMN

ABCDEFGHIJKLMN　　　　ABCDEFGHIJKLMN

a)　　　　　　　　　b)

图4-4　文字倒置标注与反向标注　　　　　　图4-5　垂直标注文字

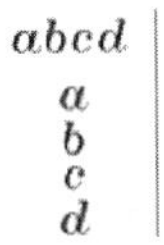

4.1.2 单行文字标注

◆执行方式

命令行：TEXT 或 DTEXT。

菜单：绘图→文字→单行文字。

工具栏：文字→单行文字 A 。

功能区：单击"默认"选项卡"注释"面板中的"单行文字"按钮 A 或单击"注释"选项卡"文字"面板中的"单行文字"按钮 A （见图 4-6）。

图4-6　"注释"面板

◆操作步骤

命令：TEXT✓
当前文字样式："Standard"当前文字高度:2.5000　注释性：否　对正：左
指定文字的起点或［对正(J)/样式(S)］:

◆选项说明

（1）指定文字的起点　在此提示下直接在作图屏幕上点取一点作为文本的起始点，命令行提示与操作如下。

指定高度〈0.2000〉:（确定字符的高度）
指定文字的旋转角度〈0〉:（确定文本行的倾斜角度）
输入文字:（输入文本）
输入文字:（输入文本或按 Enter 键）

（2）对正(J)　在命令行提示下输入"J"，确定文本的对齐方式（对齐方式决定文本的哪一部分与所选的插入点对齐）。执行此选项，AutoCAD 提示：

输入选项[左(L)/居中(C)/右(R)/对齐(A)/中间(M)/布满(F)/左上(TL)/中上(TC)/右上(TR)/左中(ML)/正中(MC)/右中(MR)/左下(BL)/中下(BC)/右下(BR)]:

在此提示下选择一个选项作为文本的对齐方式。当文本串水平排列时，AutoCAD 为标注文本串定义了如图 4-7 所示的顶线、中线、基线和底线，各种对齐方式如图 4-8 所示（图中大写字母对应上述提示中各命令）。

实际绘图时，有时需要标注一些特殊字符，如直径符号、上划线或下划线、温度符号等。由于这些符号不能直接从键盘上输入，AutoCAD 为此提供了一些控制码，用来实现这些要求。AutoCAD 常用的控制码见表 4-1。

图4-7　文本行的底线、基线、中线和顶线

图4-8　文本的对齐方式

表4-1　AutoCAD常用控制码

符　　号	功　　能
%%O	上划线
%%U	下划线
%%D	"度"符号
%%P	正负符号
%%C	直径符号
%%%	百分号
\u+2248	几乎相等
\u+2220	角度
\u+E100	边界线
\u+2104	中心线
\u+0394	差值
\u+0278	电相位
\u+E101	流线
\u+2261	标识
\u+E102	界碑线
\u+2260	不相等
\u+2126	欧姆
\u+03A9	欧米加
\u+214A	低界线
\u+2082	下标2
\u+00B2	上标2

4.1.3　多行文字标注

◆执行方式

命令行：MTEXT。

菜单：绘图→文字→多行文字。

工具栏：绘图→多行文字 A 或文字→多行文字 A。

功能区：单击"默认"选项卡"注释"面板中的"多行文字"按钮 A 或单击"注释"选项卡"文字"面板中的"多行文字"按钮 A（见图 4-9）。

◆操作步骤

命令：MTEXT↙
当前文字样式:"Standard"　当前文字高度: 2.5
指定第一角点:（指定矩形框的第一个角点）
指定对角点或 [高度(H)/对正(J)/行距(L)/旋转(R)/样式(S)/宽度(W)/栏(C)]:

图4-9　"注释"面板

◆选项说明

指定对角点后，直接在屏幕上选取一个点作为矩形框的第二个角点，AutoCAD 将以这两个点为对角点形成一个矩形区域，其宽度作为将来要标注的多行文本的宽度，而且第一个点作为第一行文本顶线的起点。在屏幕上指定第二个点后，AutoCAD 弹出如图 4-10 所示的"文字编辑器"选项卡，可利用此编辑器输入多行文本并对其格式进行设置。关于对话框中各项的含义与编辑器功能，将在后面的文中详细介绍。

图4-10　"文字编辑器"选项卡

在多行文字绘制区域单击鼠标右键，弹出如图 4-11 所示的快捷菜单，其中提供了多种标准编辑命令以及一些多行文字特有的编辑命令。下面重点介绍与多行文字编辑有关的特有命令。

（1）插入字段　选择该命令，在弹出的"字段"对话框（见图 4-12）中可以选择要插入到文字中的字段。关闭该对话框后，字段的当前值将显示在文字中。

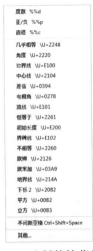

图4-11　右键快捷菜单

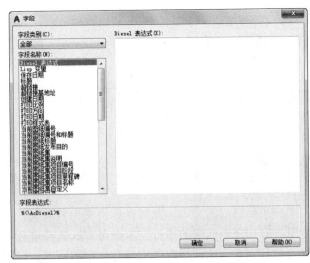

图4-12　"字段"对话框

（2）符号　在光标位置插入符号或不间断空格。也可以手动插入符号。

（3）输入文字　选择该命令，在弹出的"选择文件"对话框（标准文件选择对话框）中可以选择任意 ASCII 或 RTF 格式的文件。

（4）段落对齐　设置多行文字对象的对正和对齐方式。默认设置为"左上"。文字根据其左右边界进行置中对正、左对正或右对正。在一行的末尾输入的空格也是文字的一部分，并会影响该行文字的对正。文字根据其上下边界进行中央对齐、顶对齐或底对齐。各种对齐方式与前面所述类似，在此不再赘述。

（5）段落　为段落和段落的第一行设置缩进（指定制表位和缩进），控制段落对齐方式、段落间距和段落行距。

（6）项目符号和列表　在其子菜单中提供了用于编号列表的多个选项。

（7）分栏　为当前多行文字对象指定"分栏"。

（8）改变大小写　改变选定文字的大小写。可以选择"大写"或"小写"。

（9）全部大写　将所有新输入的文字转换成大写。执行全部大写命令不影响已有的文字。要改变已有文字的大小写，可在选择文字后单击鼠标右键，在弹出的快捷菜单中选择"改变大小写"命令。

（10）字符集　在其子菜单中可以选择一个代码页并将其应用到选定的文字。

（11）合并段落　将选定的段落合并为一段并用空格替换每段的回车。

（12）背景遮罩　用设定的背景对标注的文字进行遮罩。选择该命令，在弹出的"背景遮罩"对话框（见图 4-13）中可以进行相应的设置。

（13）删除格式　清除选定文字的粗体、斜体或下划线格式。

图4-13　"背景遮罩"对话框

（14）编辑器设置　显示"文字格式"工具栏的选项列表。有关详细信息，可参见编辑器设置。

📖4.1.4　多行文字编辑

◆执行方式

命令行：DDEDIT。

菜单：修改→对象→文字→编辑。

工具栏：文字→编辑 🔠 。

◆操作步骤

命令：DDEDIT✓

选择注释对象或 [放弃(U)]：

首先选择想要修改的文本，此时光标将变为拾取框，用拾取框单击对象即可。如果选择的文本是用 TEXT 命令创建的单行文本，可对其直接进行修改；如果选择的文本是用 MTEXT 命令创建的多行文本，选择后将弹出多行文字编辑器，可根据前面的介绍对各项设置或内容进行修改。

📖4.1.5 实例——可变衰减器

本实例将利用"矩形"命令与"直线"命令绘制轮廓，再利用"多行文字"命令输入文字，然后利用"多段线"命令绘制箭头，最后利用"移动"命令调整箭头位置，完成如图4-14所示可变衰减器的绘制。

图4-14　可变衰减器

1）单击"默认"选项卡"绘图"面板中的"矩形"按钮 □，绘制尺寸为 100mm×100mm 的矩形，然后通过单击取中点的方法，绘制两边的引线，如图 4-15 所示。

2）单击"默认"选项卡"注释"面板中的"多行文字"按钮 A，指定文字高度为 50，输入文字，如图 4-16 所示。

3）单击"默认"选项卡"绘图"面板中的"多段线"按钮 ⌐◞，绘制箭头。命令行提示与操作如下：

```
命令: _pline
指定起点:
当前线宽为 0.0000
指定下一点或 [圆弧(A)/半宽(H)/长度(L)/放弃(U)/宽度(W)]: w↙
指定起点宽度 <0.0000>: 0↙
指定端点宽度 <0.0000>: 0↙
指定下一点或 [圆弧(A)/半宽(H)/长度(L)/放弃(U)/宽度(W)]: @60,60↙
指定下一点或 [圆弧(A)/闭合(C)/半宽(H)/长度(L)/放弃(U)/宽度(W)]: w↙
指定起点宽度 <0.0000>:10
指定端点宽度 <0.0000>: 0↙
指定下一点或 [圆弧(A)/闭合(C)/半宽(H)/长度(L)/放弃(U)/宽度(W)]@20,20↙
指定下一点或 [圆弧(A)/闭合(C)/半宽(H)/长度(L)/放弃(U)/宽度(W)]:
```

绘制结果如图 4-17 所示。

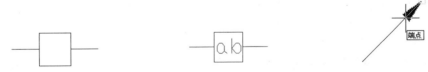

图4-15　绘制衰减器箱体　　　　图4-16　添加文字　　　　图4-17　绘制箭头

4．单击"默认"选项卡"修改"面板中的"移动"按钮 ✛，将箭头移动到矩形的左上角，完成可变衰减器的绘制，结果如图 4-14 所示。

4.2 表格

在之前的版本中，要绘制表格必须采用绘制图线或者图线结合"偏移"或"复制"等编辑命令的方法来完成，繁琐而复杂，绘图效率低下。从 AutoCAD 2005 开始，AutoCAD 新增了一项绘图功能，即表格。有了该功能，创建表格就变得非常容易，用户可以直接插入设置好样式的表格，而不用绘制由单独的图线组成的栅格。

📖4.2.1 设置表格样式

◆执行方式

命令行：TABLESTYLE。

菜单：格式→表格样式。

工具栏：样式→表格样式管理器 📇。

功能区：单击"默认"选项卡"注释"面板中的"表格样式"按钮（见图4-18）。

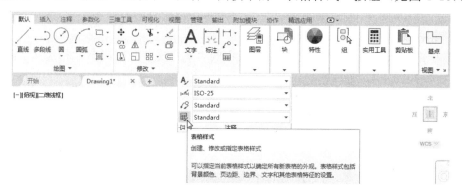

图4-18 "注释"面板

◆操作步骤

命令：TABLESTYLE✓

执行上述命令后，弹出"表格样式"对话框，如图4-19所示。

◆选项说明

（1）"新建"按钮 单击该按钮，弹出"创建新的表格样式"对话框，如图4-20所示。输入新的表格样式名后，单击"继续"按钮，弹出"新建表格样式"对话框，如图 4-21 所示。在该对话框中，用户可以分别控制表格中数据、表头和标题的有关参数，定义新的表格样式，如图4-22所示。

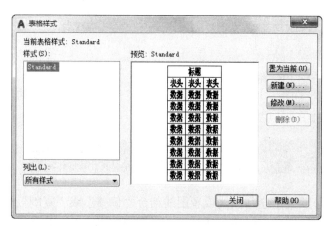

图4-19 "表格样式"对话框　　　　　图4-20 "创建新的表格样式"对话框

例如，设置表格中的数据文字样式为"Standard"、文字高度为4.5、文字颜色为"红色"、填充颜色为"黄色"、对齐方式为"右下"，设置标题文字样式为Standard、文字高度为6、文字颜色为"蓝色"、填充颜色为"无"、对齐方式为"正中"，设置表格方向为"上"、水平单元边距和垂直单元边距都为 1.5，效果如图 4-23 所示。

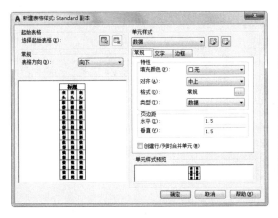
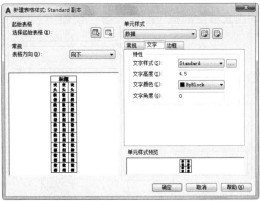

图4-21　"新建表格样式"对话框

图4-22　表格样式　　　　　　　图4-23　表格示例

（2）"修改"按钮　该按钮用于对当前表格样式进行修改，其方法与新建表格样式类似。

📖 4.2.2　创建表格

◆执行方式

命令行：TABLE。

菜单：绘图→表格。

工具栏：绘图→表格▦。

功能区：单击"默认"选项卡"注释"面板中的"表格"按钮▦（或单击"注释"选项卡"表格"面板中的"表格"按钮▦）（见图4-24）。

图4-24　"注释"面板

◆操作步骤

命令：TABLE✓

执行上述命令后，系统弹出"插入表格"对话框，如图4-25所示。

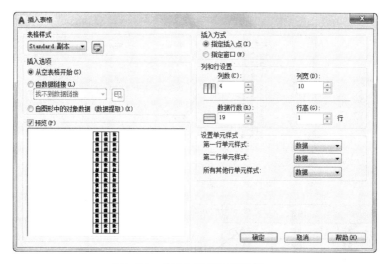

图4-25　"插入表格"对话框

◆选项说明

（1）表格样式　在该下拉列表框中，用户可以为当前图形选择表格样式。单击右侧的▣按钮，可以创建新的表格样式。

（2）插入选项　该选项组用于指定插入表格的方式。

1）从空表格开始：创建可以手动填充数据的空表格。

2）自数据链接：从外部电子表格中的数据创建表格。

3）自图形中的对象数据（数据提取）：启动"数据提取"向导。

（3）预览　该选项组用于显示当前表格样式的预览效果。

（4）插入方式　该选项组用于指定表格位置。

1）指定插入点：指定表格左上角的位置。可以使用定点设备，也可以在命令行提示下输入坐标值。如果表格样式将表格的方向设置为由下而上读取，则插入点位于表格的左下角。

2）指定窗口：指定表格的大小和位置。可以使用定点设备，也可以在命令行提示下输入坐标值。选中该单选按钮时，列数、列宽、数据行数和行高取决于窗口的大小以及列和行设置。

（5）列和行设置　该选项组用于设置列和行的数目和大小。

1）列数：选中"指定窗口"单选按钮并指定列宽时，"自动"选项将被选定，且列数由表格的宽度控制。如果已指定包含起始表格的表格样式，则可以选择要添加到此起始表格的其他列的数量。

2）列宽：指定列的宽度。选中"指定窗口"单选按钮并指定列数时，"自动"选项将被选定，且列宽由表格的宽度控制。最小列宽为一个字符。

3）数据行数：指定行数。选中"指定窗口"单选按钮并指定行高时，"自动"选项将被选定，且行数由表格的高度控制。带有标题行和表头行的表格样式最少应有 3 行。最小行高为一个文字行。如果已指定包含起始表格的表格样式，则可以选择要添加到此起始表格的其他数据行的数量。

4）行高：按照行数指定行高。文字行高基于文字高度和单元边距，这两项均在表格样式中设置。选中"指定窗口"单选按钮并指定行数时，"自动"选项将被选定，且行高由表格的高度控制。

（6）设置单元样式　对于那些不包含起始表格的表格样式，应指定新表格中行的单元格式。

1）第一行单元样式：指定表格中第一行的单元样式。默认情况下，使用标题单元样式。
2）第二行单元样式：指定表格中第二行的单元样式。默认情况下，使用表头单元样式。
3）所有其他行单元样式：指定表格中所有其他行的单元样式。默认情况下，使用数据单元样式。

在"插入表格"对话框中进行相应设置后，单击"确定"按钮，系统就会在指定的插入点或绘图窗口中自动插入一个空表格，用户可以逐行逐列输入相应的文字或数据，如图 4-26 所示。

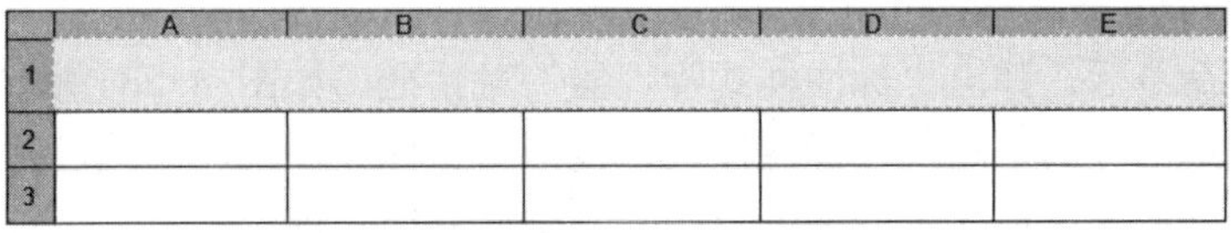

图4-26　插入表格

4.2.3　编辑表格文字

◆执行方式
命令行：TABLEDIT。
定点设备：表格内双击。
快捷菜单：编辑文字。
◆操作步骤

命令：TABLEDIT↙
拾取表格单元：（选择任意一个单元格）

用户可以对指定表格单元的文字进行编辑。

执行上述命令后，系统弹出如图 4-10 所示的"文字编辑器"选项卡，用户可以对指定表格单元的文字进行编辑。

4.3 尺寸标注

尺寸标注相关命令的菜单执行方式集中在"标注"菜单中，工具栏方式集中在"标注"工具栏中。

4.3.1 设置尺寸样式

◆执行方式

命令行：DIMSTYLE。

菜单：格式→标注样式或标注→标注样式。

工具栏：标注→标注样式 。

功能区：单击"默认"选项卡"注释"面板中的"标注样式"按钮 （见图 4-27）。

图4-27 "注释"面板

◆操作步骤

执行上述命令后，弹出"标注样式管理器"对话框，如图 4-28 所示。在此对话框中可以方便、直观地浏览和定制尺寸标注样式，包括新建标注样式、修改已存在的标注样式、设置当前尺寸标注样式、样式重命名以及删除一个已有样式等。

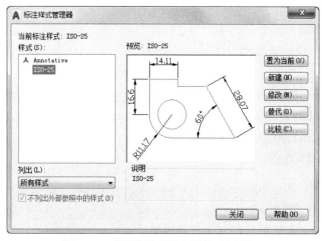

图4-28 "标注样式管理器"对话框

◆选项说明

（1）"置为当前"按钮　单击此按钮，可把在"样式"列表框中选中的样式设置为当前样式。

（2）"新建"按钮　单击此按钮，弹出"创建新标注样式"对话框，如图 4-29 所示。在此对话框进行相应设置后，单击"继续"按钮，弹出"新建标注样式"对话框，如图 4-30 所示。在该对话框中，用户可以根据需要对新标注样式的各项特性进行设置。

图4-29　"创建新标注样式"对话框

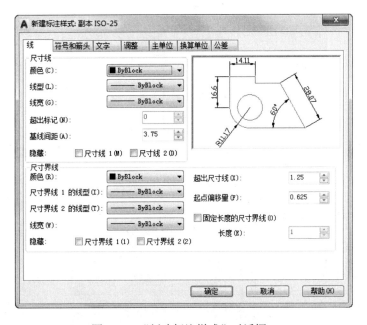

图4-30　"新建标注样式"对话框

1）"线"选项卡：在该选项卡中，用户可以根据需要对"尺寸线"（包括"颜色""线型""线宽""超出标记""基线间距"及"隐藏"）、"尺寸界线"（包括"颜色""尺寸界线 1 的线型""尺寸界线 2 的线型""线宽"及"隐藏""超出尺寸线""起点偏移量""固定长度的尺寸界线"及"长度"）进行设置，如图 4-30 所示。

2）"符号和箭头"选项卡：在该选项卡中，用户可以根据需要对"箭头""圆心标记""折断标注""弧长符号""半径折弯标注"及"线性折弯标注"等进行设置，如图 4-31 所示。

3）"文字"选项卡：在该选项卡中，用户可以根据需要对"文字外观""文字位置"及"文字对齐"等参数进行设置，如图 4-32 所示。图 4-33 所示为尺寸文本在垂直方向上放置的 4 种不同情形，图 4-34 所示为尺寸文本在水平方向上放置的 5 种不同情形。

图4-31　"符号和箭头"选项卡

图4-32　"文字"选项卡

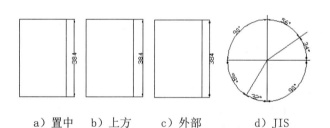

　　a）置中　　b）上方　　c）外部　　　d）JIS

图4-33　尺寸文本在垂直方向上的放置

　　4）"调整"选项卡：该选项卡用于对"调整选项""文字位置""标注特征比例"及"优化"等参数进行设置，如图 4-35 所示。图 4-36 所示为尺寸文本不在默认位置放置的 3 种不同情形。

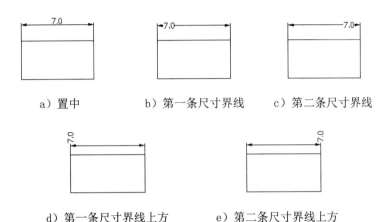

a）置中   b）第一条尺寸界线   c）第二条尺寸界线

d）第一条尺寸界线上方   e）第二条尺寸界线上方

图4-34　尺寸文本在水平方向上的放置

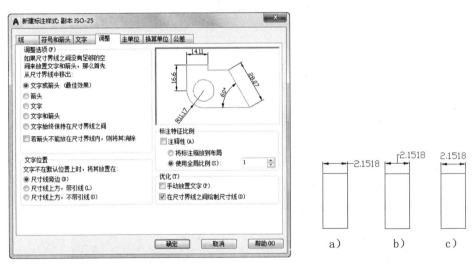

图4-35　"调整"选项卡   图4-36　尺寸文本不在默认位置的放置

5）"主单位"选项卡：该选项卡用来设置尺寸标注的主单位和精度，以及给尺寸文本添加固定的前缀或后缀。其中包含两个选项组，分别用于对线型标注和角度标注进行设置，如图 4-37 所示。

6）"换算单位"选项卡：该选项卡用于对换算单位进行设置，如图 4-38 所示。

7）公差：该选项卡用于对尺寸公差进行设置，如图 4-39 所示。"方式"下拉列表框中列出了 AutoCAD 提供的 5 种标注公差的方式，即"无""对称""极限偏差""极限尺寸"和"基本尺寸"，用户可根据需要从中选用。其中，"无"表示不标注公差，其余 4 种标注情况如图 4-40 所示。要设置"精度""上偏差""下偏差""高度比例"和"垂直位置"等，在相应的数值框、下拉列表框中输入或选择相应的数值即可。

注意

系统自动在上偏差数值前加一个"+"号，在下偏差数值前加一个"-"号。如果上偏差是负值或下偏差是正值，都需要在输入的偏差值前加负号。例如，下偏差是+0.005，则需要在"下偏差"数值框中输入"-0.005"。

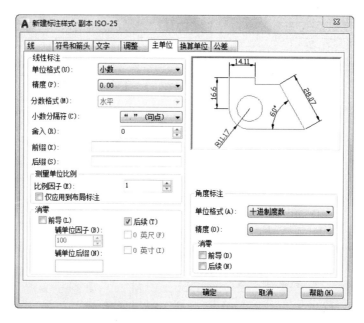

图4-37 "主单位"选项卡

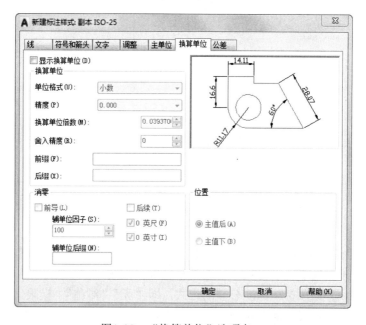

图4-38 "换算单位"选项卡

（3）"修改"按钮 单击此按钮，弹出"修改标注样式"对话框。其各选项与"新建标注样式"对话框完全相同，主要用于对已有标注样式进行修改。

（4）"替代"按钮 单击此按钮，弹出"替代当前样式"对话框。其中各选项与"新建标注样式"对话框完全相同，用户可改变其设置覆盖原来的设置，但这种修改只对指定的尺寸标注起作用，而不影响当前尺寸变量的设置。

图4-39　"公差"选项卡

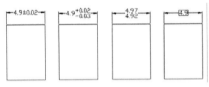

对称　极限偏差　极限尺寸　基本尺寸

图4-40　公差标注的方式

（5）"比较"按钮　单击此按钮，弹出"比较标注样式"对话框，如图 4-41 所示。通过对该对话框的设置，可以比较两个尺寸标注样式在参数上的区别或浏览一个尺寸标注样式的参数设置。可以把比较结果复制到剪贴板上，然后再粘贴到其他的 Windows 应用软件中。

4.3.2　尺寸标注方法

1. 线性标注

◆执行方式

命令行：DIMLINEAR。

菜单：标注→线性。

工具栏：标注→线性标注 。

功能区：单击"默认"选项卡"注释"面板中的"线性"按钮（见图 4-42）。

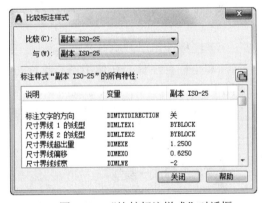

图4-41　"比较标注样式"对话框

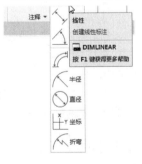

图4-42　"注释"面板

◆操作步骤

命令：DIMLINEAR↙

指定第一条尺寸界线原点或〈选择对象〉：

在此提示下有两种选择，直接按 Enter 键选择要标注的对象或确定尺寸界线的起始点。按 Enter 键并选择要标注的对象或指定两条尺寸界线的起始点后，系统继续提示：

指定尺寸线位置或[多行文字(M)/文字(T)/角度(A)/水平(H)/垂直(V)/旋转(R)]：

◆选项说明

（1）指定尺寸线位置　确定尺寸线的位置。用户可移动鼠标选择合适的尺寸线位置，然后按 Enter 键或单击，AutoCAD 将自动测量所标注线段的长度并标注出相应的尺寸。

（2）多行文字(M)　通过多行文本编辑器确定尺寸文本。

（3）文字(T)　在命令行提示下输入或编辑尺寸文本。选择此选项后，AutoCAD 提示：

输入标注文字〈默认值〉:

其中的默认值是 AutoCAD 自动测量得到的被标注线段的长度，直接按 Enter 键即可采用此长度值，也可输入其他数值代替默认值。当尺寸文本中包含默认值时，可使用尖括号"〈〉"表示默认值。

（4）角度(A)　确定尺寸文本的倾斜角度。

（5）水平(H)　水平标注尺寸，不论标注什么方向的线段，尺寸线均水平放置。

（6）垂直(V)　垂直标注尺寸，不论被标注线段沿什么方向，尺寸线总保持垂直。

（7）旋转(R)　输入尺寸线旋转的角度值，旋转标注尺寸。

说明

对齐标注的尺寸线与所标注的轮廓线平行；坐标标注标注点的纵坐标或横坐标；角度标注标注两个对象之间的角度；直径或半径标注标注圆或圆弧的直径或半径；圆心标注则标注圆或圆弧的中心或中心线，具体由"新建（修改）标注样式"对话框中"符号与箭头"选项卡中的"圆心标记"选项组决定。上述这几种尺寸标注与线性标注类似，不再赘述。

2．基线标注

基线标注用于产生一系列基于同一条尺寸界线的尺寸标注，适用于长度尺寸标注、角度标注和坐标标注等。在使用基线标注方式之前，应该先标注出一个相关的尺寸，如图 4-43 所示。基线标注两平行尺寸线间距由"新建（修改）标注样式"对话框中"线"选项卡内"尺寸线"选项组中的"基线间距"文本框中的值决定。

◆执行方式

命令行：DIMBASELINE。

菜单：标注→基线。

工具栏：标注→基线标注╠。

◆操作步骤

命令: DIMBASELINE✓
指定第二条尺寸界线原点或〔选择(S) /放弃(U)〕〈选择〉:

直接确定另一个尺寸的第二条尺寸界线的起点，AutoCAD 将以上次标注的尺寸为基准，标注出相应尺寸。

直接按 Enter 键，系统提示：

选择基准标注:（选择作为基准的尺寸标注）

说明

连续标注又称尺寸链标注，用于产生一系列连续的尺寸标注，后一个尺寸标注均把前一个标注的第二条尺寸界线作为其第一条尺寸界线。与基线标注一样，在使用连续标注方式之前，应该先标注出一个相关的尺寸。其标注过程与基线标注类似，如图4-44所示。

3．快速标注

快速尺寸标注命令 QDIM 使用户可以交互、动态、自动化地进行尺寸标注。在 QDIM 命令的执行过程中，可以同时选择多个圆或圆弧标注直径或半径，也可同时选择多个对象进行基线标注和连续标注，由于选择一次即可完成多个标注，因此大大节省了时间，提高了工作效率。

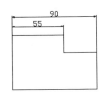

图4-43 基线标注

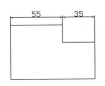

图4-44 连续标注

◆执行方式

命令行：QDIM。

菜单：标注→快速标注。

工具栏：标注→快速标注 ⌐。

◆操作步骤

命令：QDIM↙
关联标注优先级 = 端点
选择要标注的几何图形：（选择要标注尺寸的多个对象后按 Enter 键）
指定尺寸线位置或 ［连续(C)/并列(S)/基线(B)/坐标(O)/半径(R)/直径(D)/基准点(P)/编辑(E)/设置(T)］〈连续〉：

◆选项说明

（1）指定尺寸线位置 直接确定尺寸线的位置，按默认尺寸标注类型标注出相应尺寸。

（2）连续(C) 产生一系列连续标注的尺寸。

（3）并列(S) 产生一系列交错的尺寸标注，如图 4-45 所示。

（4）基线(B) 产生一系列基线标注的尺寸。

（5）坐标(O) 其含义与"基线(B)"类似，产生一系列坐标标注的尺寸。

（6）半径(R) 其含义与"基线(B)"类似，产生一系列半径标注的尺寸。

（7）直径(D) 其含义与"基线(B)"类似，产生一系列直径标注的尺寸。

（8）基准点(P) 为基线标注和连续标注指定一个新的基准点。

（9）编辑(E) 对多个尺寸标注进行编辑。系统允许对已存在的尺寸标注添加或移去尺寸点。选择此选项，AutoCAD 提示：

指定要删除的标注点或 ［添加(A)/退出(X)］〈退出〉：

在此提示下确定要移去的点之后按 Enter 键，AutoCAD 对尺寸标注进行更新，如图 4-46 所示是在图 4-45 中删除中间 4 个标注点后的尺寸标注。

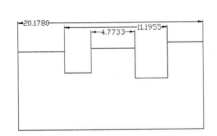

图4-45 交错尺寸标注

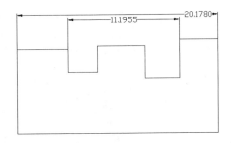

图4-46 删除标注点后的尺寸标注

4．引线标注

◆执行方式

命令行：QLEADER。

◆操作步骤

命令：QLEADER↙
指定第一个引线点或［设置(S)］〈设置〉：
指定下一点：（输入指引线的第二点）
指定下一点：（输入指引线的第三点）
指定文字宽度〈0.0000〉：（输入多行文本的宽度）
输入注释文字的第一行〈多行文字(M)〉：（输入单行文本，或按Enter键，在弹出的多行文字编辑器中输入多行文本）
输入注释文字的下一行：（输入另一行文本）
输入注释文字的下一行：（输入另一行文本或按Enter键）

也可以在上面的操作过程中选择"设置(S)"选项，在弹出的如图4-47所示的"引线设置"对话框中进行相关参数设置。

另外，还有一个名为LEADER的命令行命令也可以进行引线标注，其与QLEADER命令类似，在此不再赘述。

图4-47　"引线设置"对话框

4.3.3　实例——为户型平面图标注尺寸

本实例将利用"线性标注"命令为如图4-48所示的户型平面图标注尺寸。

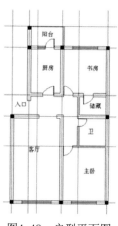

图4-48　户型平面图

1. 打开文件并新建图层

打开"源文件/第4章/户型平面图.dwg"文件,选择菜单栏中的"格式"→"图层"命令,建立"尺寸"图层,其参数设置如图4-49所示,并将其置为当前图层。

✓ 尺寸 | ♡ ☼ ♂ ■绿   Contin... —— 默认   0   ⊖   🖫

图4-49　"尺寸"图层参数

2. 标注样式设置

标注样式的设置应该与绘图比例相匹配。如前面所述,该平面图以实际尺寸绘制,并以1:100的比例输出,故其标注样式设置如下。

1) 单击"默认"选项卡"注释"面板中的"标注样式"按钮📐,在弹出的"标注样式管理器"对话框中单击"新建"按钮,弹出"创建新标注样式"对话框,如图4-50所示。在该对话框中,将新建标注样式命名为"建筑",然后单击"继续"按钮。

图4-50　"创建标注样式"对话框

2) 弹出"新建标注样式:建筑"对话框,按照图4-51所示逐项进行设置,然后单击"确定"按钮,返回"标注样式管理器"对话框,在"样式"列表框中选择"建筑",单击"置为当前"按钮,将其设置为当前标注样式,如图4-52所示。

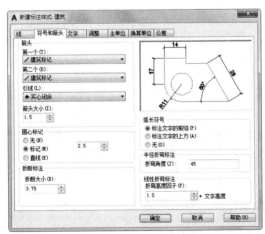

a)"符号和箭头"选项卡

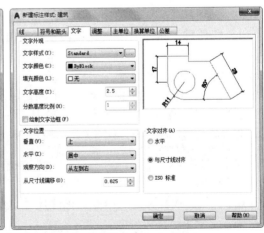

b)"文字"选项卡

图4-51　"新建标注样式:建筑"对话框参数设置

3. 尺寸标注

在此以图4-46所示底部的尺寸标注为例进行介绍。该部分尺寸分为3道,第一道为墙体宽度及门窗宽度,第二道为轴线间距,第三道为总尺寸。

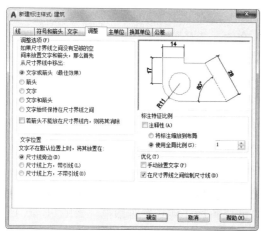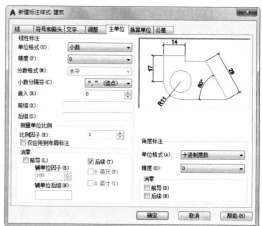

c）"调整"选项卡   d）"主单位"选项卡

图4-51 "新建标注样式：建筑"对话框参数设置（续）

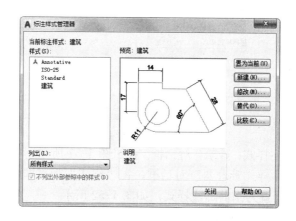

图4-52 将"建筑"设置为当前标注样式

1）在任意工具栏的空白处单击鼠标右键，在弹出的快捷菜单中选择"标注"命令（见图4-53），将"标注"工具栏显示在屏幕上，以便使用。

2）第一道尺寸的绘制。

① 单击"默认"选项卡"注释"面板中的"线性"按钮 ，命令行提示与操作如下：

命令：_dimlinear
指定第一条尺寸线原点或〈选择对象〉：（弹出"对象捕捉"功能，单击图4-54中的A点）
指定第二条尺寸线原点：（捕捉B点）
指定尺寸线位置或[多行文字(M)/文字(T)/角度(A)/水平(H)/垂直(V)/旋转(R)]：@0,-1200↙
结果如图4-55所示。

② 重复"线性标注"命令，标注尺寸。命令行提示与操作如下：

命令：_dimlinear
指定第一条尺寸界线原点或〈选择对象〉：（单击图4-54中的B点）
指定第二条尺寸界线原点：（捕捉C点）
指定尺寸线位置或[多行文字(M)/文字(T)/角度(A)/水平(H)/垂直(V)/旋转(R)]：@0,-1200 （按Enter键；也可以直接捕捉上一道尺寸线位置）
结果如图4-56所示。

③ 采用同样的方法依次绘出第一道尺寸的其他尺寸，结果如图4-57所示。

图4-53　选择"标注"命令

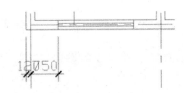

图4-54　捕捉点示意图

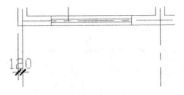

图4-55　尺寸1

图4-56　尺寸2

　　此时发现图 4-56 中的尺寸"120"跟"750"字样出现重叠，需要将其移开。单击"120"，则该尺寸处于选中状态；再用鼠标单击中间的蓝色方块标记，将"120"字样移至外侧适当位置后，单击"确定"按钮。采用同样的办法处理右侧的"120"字样，结果如图 4-58 所示。

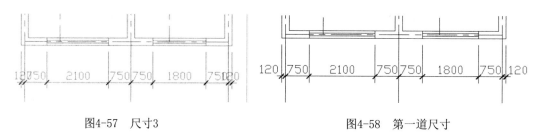

图4-57　尺寸3　　　　　　　　　　　　　图4-58　第一道尺寸

⚠ 说明

处理字样重叠的问题，也可以在标注样式中进行相关设置，这样计算机会自动处理，但处理效果有时不太理想。此外，还可以单击"标注"工具栏中的"编辑标注文字"按钮 ∠ 来调整文字位置，读者可以试一试。

3）第二道尺寸的绘制。

单击"默认"选项卡"注释"面板中的"线性"按钮 ⊢，命令行提示与操作如下：

```
命令：_dimlinear
指定第一条尺寸界线原点或〈选择对象〉：（捕捉图4-59中的A点）
指定第二条尺寸界线原点：（捕捉B点）
指定尺寸线位置或[多行文字(M)/文字(T)/角度(A)/水平(H)/垂直(V)/旋转(R)]：@0,-800
```

结果如图4-60所示。

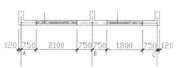

图4-59　捕捉点示意图　　　　　　　　　　图4-60　轴线尺寸

重复上述命令，分别捕捉B、C点，完成第二道尺寸的绘制，结果如图4-61所示。

4）第三道尺寸的绘制。

单击"默认"选项卡"注释"面板中的"线性"按钮 ⊢，命令行提示与操作如下：

```
命令：_dimlinear
指定第一条尺寸界线原点或〈选择对象〉：（捕捉左下角的外墙角点）
指定第二条尺寸界线原点：（捕捉右下角的外墙角点）
指定尺寸线位置或[多行文字(M)/文字(T)/角度(A)/水平(H)/垂直(V)/旋转(R)]：@0,-2800
```

结果如图4-62所示。

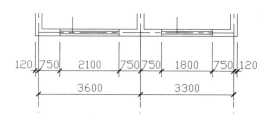
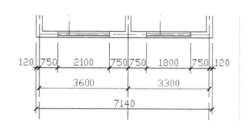

图4-61　第二道尺寸　　　　　　　　　　　图4-62　第三道尺寸

4．轴号标注

根据规范要求，横向轴号一般用阿拉伯数字1、2、3……标注，纵向轴号一般用字母A、

B、C……标注。

1）在轴线端绘制一个直径为800的圆，弹出"文字编辑器"选项卡，如图4-63所示，在其中央标注一个数字"1"，字高为300，如图4-64所示。将该轴号图例复制到其他轴线端，并修改圈内的数字。

2）双击数字，弹出"文字编辑器"选项卡，输入修改的数字，然后单击"关闭"按钮。

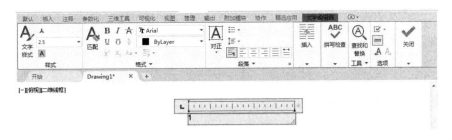

图4-63 "文字编辑器"选项卡

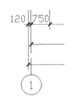

图4-64 轴号1

3）轴号标注结束后，下方尺寸标注结果如图4-65所示。

4）采用上述整套的尺寸标注方法，完成其他方向的尺寸标注，结果如图4-66所示。

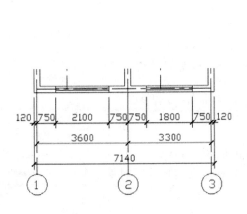

图4-65 下方尺寸标注结果

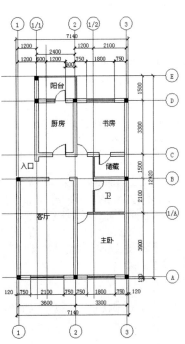

图4-66 尺寸标注结果

4.4 查询工具

为方便用户及时了解图形信息，AutoCAD 提供了很多查询工具，这里简要进行说明。

4.4.1 距离查询

◆执行方式

命令行：MEASUREGEOM。

菜单：工具→查询→距离。

工具栏：查询→距离▤。

功能区：单击"默认"选项卡"实用工具"面板中的"距离"按钮▭▭。

◆操作步骤

命令：MEASUREGEOM
输入选项 [距离(D)/半径(R)/角度(A)/面积(AR)/体积(V)]〈距离〉：（直接按 Enter 键，选择默认选项"距离"）
指定第一点：（指定点）
指定第二点或 [多点]：（指定第二点，或输入"M"表示多个点）
输入选项 [距离(D)/半径(R)/角度(A)/面积(AR)/体积(V)/退出(X)]〈距离〉：（输入"X"，即选择"退出"选项）

◆选项说明

多点：如果选择此项，将基于现有直线段和当前橡皮筋线即时计算总距离。

4.4.2 面积查询

◆执行方式

命令行：MEASUREGEOM。

菜单：工具→查询→面积。

工具栏：查询→面积▱。

功能区：单击"默认"选项卡"实用工具"面板中的"面积"按钮▱（见图 4-67）。

◆操作步骤

命令：MEASUREGEOM
输入选项 [距离(D)/半径(R)/角度(A)/面积(AR)/体积(V)]〈距离〉：（输入"AR"，即选择"面积"选项）
指定第一个角点或 [对象(O)/增加面积(A)/减少面积(S)/退出(X)]〈对象(O)〉：选择选项

◆选项说明

（1）指定角点　计算由指定点所定义的面积和周长。

（2）增加面积(A)　打开"加"模式，并在定义区域时即时保持总面积。

图4-67　"实用工具"面板

（3）减少面积(S)　从总面积中减去指定的面积。

4.5　图块及其属性

　　把一组图形对象组合成图块加以保存，需要的时候将其作为一个整体以任意比例和旋转角度插入到图中任意位置，这样不仅避免了大量的重复工作，提高绘图速度和工作效率，而且可以大大节省磁盘空间。

4.5.1　图块操作

1. 图块定义
◆执行方式
命令行：BLOCK。
菜单：绘图→块→创建命令。
工具栏：绘图→创建块 。
功能区：单击"默认"选项卡"块"面板中的"创建"按钮 （见图4-68）或单击"插入"选项卡"块定义"面板中的"创建块"按钮 。

图4-68　"块"面板

◆操作步骤
　　执行上述命令后，弹出"块定义"对话框，如图 4-69 所示。在该对话框中，用户可以根据需要命名图块，设置"基点""对象""方式""设置"及"说明"等参数。

图4-69　"块定义"对话框

2．图块保存

◆执行方式

命令行：WBLOCK。

◆操作步骤

执行上述命令后，弹出"写块"对话框，如图 4-70 所示。通过在该对话框中进行相应的设置，可把图形对象保存为图块或把图块转换成图形文件。

3．图块插入

◆执行方式

命令行：INSERT。

菜单：插入→块选项板。

工具栏：插入点→插入块 或绘图→插入块 。

功能区：单击"默认"选项卡"块"面板中的"插入"下拉菜单或单击"插入"选项卡"块"面板中的"插入"下拉菜单（见图 4-71）。

图4-70　"写块"对话框

图4-71　"插入"下拉菜单

◆操作步骤

执行上述命令后，在下拉菜单中选择"其他图形中的块"，打开"块"选项板，如图 4-72 所示。在该选项板中可以对插入图块的名称、插入点位置、插入比例以及旋转角度等进行相应的设置，从而指定要插入的图块及插入位置。

图4-72　"块"选项板

4.5.2 图块的属性

1. 属性定义

◆执行方式

命令行：ATTDEF。

菜单：绘图→块→定义属性。

功能区：单击"默认"选项卡"块"面板中的"定义属性"按钮✎（见图 4-73）或单击"插入"选项卡"块定义"面板中的"定义属性"按钮✎。

图4-73 "块"面板

◆操作步骤

执行上述命令后，弹出"属性定义"对话框，如图 4-74 所示。

图4-74 "属性定义"对话框

◆选项说明

（1）"模式"选项组

1）"不可见"复选框：选中此复选框时，属性将不可见，即插入图块并输入属性值后，属性值在图中并不显示出来。

2）"固定"复选框：选中此复选框时，属性值为常量，即属性值在属性定义时给定，在插入图块时 AutoCAD 不再提示输入属性值。

3)"验证"复选框：选中此复选框，当插入图块时 AutoCAD 将重新显示属性值让用户验证该值是否正确。

4)"预设"复选框：选中此复选框，当插入图块时 AutoCAD 将自动把事先设置好的默认值赋予属性，而不再提示输入属性值。

5)"锁定位置"复选框：选中此复选框，当插入图块时 AutoCAD 将锁定块参照中属性的位置。解锁后，属性可以相对于使用夹点编辑的图块的其他部分移动，并且可以调整多行属性的大小。

6)"多行"复选框：指定属性值可以包含多行文字。

（2）"属性"选项组

1)"标记"文本框：输入属性标签。属性标签可由除空格和感叹号以外的其他所有字符组成，AutoCAD 将自动把小写字母改为大写字母。

2)"提示"文本框：输入属性提示。属性提示是指插入图块时 AutoCAD 要求输入属性值的提示。如果不在此文本框内输入文本，则以属性标签作为提示。如果在"模式"选项组选中"固定"复选框，即设置属性为常量，则不需设置属性提示。

3)"默认"文本框：设置默认的属性值。可把使用次数较多的属性值作为默认值，也可不设默认值。

其他的选项组比较简单，在此不再赘述。

2. 修改属性定义

◆执行方式

命令行：DDEDIT。

菜单：修改→对象→文字→编辑。

◆操作步骤

命令：DDEDIT↙
选择注释对象或[放弃(U)]:

在此提示下选择要修改的属性定义，在弹出的"属性定义"对话框（见图 4-75）中修改属性定义即可。

图 4-75　"属性定义"对话框

3. 图块属性编辑

◆执行方式

命令行：EATTEDIT。

菜单：修改→对象→属性→单个。

工具栏：修改 II→编辑属性 。

功能区：单击"默认"选项卡"块"面板中的"编辑属性"按钮 （见图 4-76）。

图 4-76 "块"面板

◆操作步骤

命令：EATTEDIT↙

选择块：

选择块后，弹出"增强属性编辑器"对话框，如图 4-77 所示。在该对话框中，不仅可以编辑属性值，还可以编辑属性的文字选项、图层、线型、颜色等特性值。

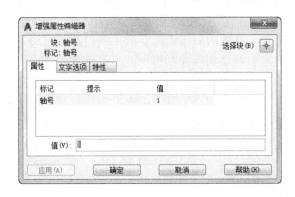

图4-77 "增强属性编辑器"对话框

4.5.3 实例——定义微波炉图块

本实例将利用"矩形"命令绘制图块，再利用"写块"命令定义微波炉图块，如图 4-78 所示。

1）单击"默认"选项卡"绘图"面板中的"矩形"按钮 ▢，分别以 $\{(0,0),(80,42)\}$、$\{(2,2),(78,40)\}$、$\{(32.7,4),(76,38)\}$ 和 $\{(5,4.66),(29,7)\}$ 为角点绘制矩形，结果如图 4-79 所示。

2）单击"默认"选项卡"绘图"面板中的"圆"按钮 ⊘，以 $(55.4,21.5)$ 为圆心，绘制半径为 2mm 的圆。单击"默认"选项卡"修改"面板中的"圆角"按钮 ，将矩形进行圆角处理，设置 3 个大矩形的圆角半径均为 2mm，余下 1 个小矩形的圆角半径为 1mm，结果如图 4-80 所示。

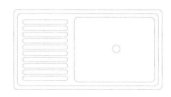

图4-78　定义微波炉图块

图4-79　绘制矩形　　　　　　　　　　　图4-80　圆角处理

3）阵列处理。单击"默认"选项卡"修改"面板中的"矩形阵列"按钮 ，选择小矩形为阵列对象，设置行数为 10、列数为 1、行间距为 3.3mm。完成微波炉的绘制。

4）定义图块。在命令行中输入"WBLOCK"，弹出"写块"对话框，拾取图形下尖点为基点，以上步绘制的图形为对象，输入图块名称并指定路径，单击"确定"按钮退出。

4.6　设计中心与工具选项板

设计中心是一种直观、高效的图形资源管理工具，通过它用户可以很容易地浏览、查找及组织设计内容，并把它们拖动到当前图形中。工具选项板是 AutoCAD 提供的另一种用来组织、共享图块及填充图案的强有力工具，其中以选项卡的形式放置了许多图块、填充图案，以及由第三方开发人员提供的自定义工具，用户只需进行简单的拖放操作就能将其插入到当前图形中。工具选项板的内容可以被修改，也可根据需要创建新的工具选项板。设计中心与工具选项板的使用大大方便了绘图，可以显著提高绘图效率。

4.6.1　设计中心

1．启动设计中心

◆执行方式

命令行：ADCENTER。

菜单：工具→选项板→设计中心。

工具栏：标准→设计中心 。

快捷键：Ctrl+2。

功能区：单击"视图"选项卡"选项板"面板中的"设计中心"按钮 （见图 4-81）。

执行上述命令后，系统弹出设计中心。第一次启动设计中心时，将默认弹出"文件夹"选项卡。其中，左侧的"文件夹列表"采用 Tree View 方式显示系统的树形结构，从中选择某项后，内容显示区将显示所浏览资源的有关细目或内容，如图 4-82 所示。在设计中心中也可以搜索资源，方法与 Windows 资源管理器类似。

图 4-81　"选项板"面板

2. 通过设计中心插入图形

设计中心一个最大的优点是可以将系统文件夹中的 DWG 图形当成图块插入到当前图形中。具体操作步骤如下：

1）从查找结果列表框中选择要插入的对象，双击对象。

2）弹出"插入"对话框，如图 4-83 所示。

3）在该对话框中对插入点、比例和旋转角度等进行设置后，单击"确定"按钮，被选择的对象即根据指定的参数插入到当前图形中。

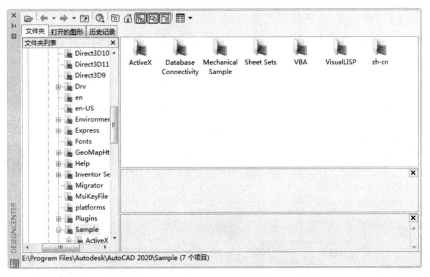

图4-82　AutoCAD 2020设计中心的资源管理器和内容显示区

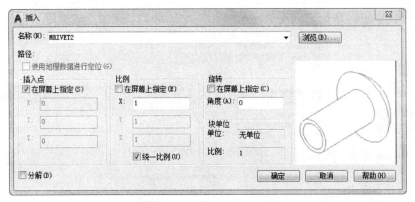

图4-83　"插入"对话框

📖 4.6.2 工具选项板

1. 打开工具选项板

◆执行方式

命令行：TOOLPALETTES。

菜单：工具→选项板→工具选项板。

工具栏：标准→工具选项板窗口 ▦ 。

快捷键：Ctrl+3。

功能区：单击"视图"选项卡"选项板"面板中的"工具选项板"按钮 ▦ 。

执行上述命令后，系统自动弹出工具选项板，如图 4-84 所示。移动鼠标到标题处右击，弹出右键菜单，从中可以调出"样例"选项板和"所有选项板"，也可以单击"新建选项板"来新建选项板。不需要的选项板，可以移动鼠标到选项卡名上，从右键菜单中单击删除。选项板中的内容被称为"工具"，可以是几何图形、标注、块、图案填充、实体填充、渐变填充、光栅图像和外部参照等内容。使用时，单击选项板上的内容，拖动到绘图区，这时注意配合命令行提示进行操作，即可实现几何图形绘制、块插入或图案填充等。

2. 将设计中心内容添加到工具选项板

在 Designcenter 文件夹上单击鼠标右键，在弹出的快捷菜单中选择"创建块的工具选项板"命令（见图 4-85），设计中心中存储的图元就会出现在工具选项板中新建的 Designcenter 选项卡上，如图 4-86 所示。这样就可以将设计中心与工具选项板结合起来，新建一个快捷、方便的工具选项板。

3. 利用工具选项板绘图

只要将工具选项板中的图形单元拖动到当前图形，该图形单元就会以图块的形式插入到当前图形中。例如，将工具选项板中"建筑"选项卡中的"床-双人床"图形单元拖到当前图形的效果如图 4-87 所示。

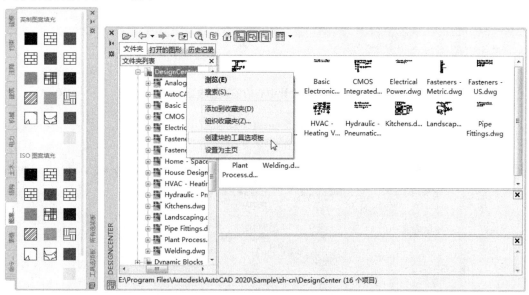

图4-84　工具选项板　　　　　　　　　　　　图4-85　快捷菜单

图4-86 创建工具选项板

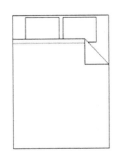

图4-87 双人床

4.6.3 实例——调入 AutoCAD 自带的室内设施图块

为了建立自己的图块库，需要从 AutoCAD 中调入自带的图块，然后将其修改后保存为自己的图块。这一工作需要 3 个过程：调入、修改、保存。

从 AutoCAD 2000 开始，AutoCAD 提供了一项新增功能，即设计中心。可以将其看成是一个中心仓库，通过它可以实现浏览文件，块、层的定义，插入、添加、复制图形，图形的渲染，连接 Internet，进行浏览和下载等。在此需要从中选择需要的图块，然后修改并保存，从而建立自己的图块库。

本实例将利用"设计中心"命令添加图块，然后利用"移动""缩放"等命令布置图块，如图 4-88 所示。

图4-88 AutoCAD自带的室内设施图块

1）执行"设计中心"命令，弹出"设计中心"，如图 4-89 所示。在左侧"文件夹列表"中选择"House Designer"文件夹，在右侧的内容显示区中双击"块"图标，即可将该文件夹中的图块库弹出，如图 4-90 所示。

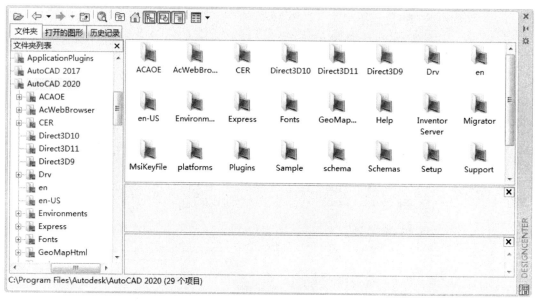

图4-89　设计中心

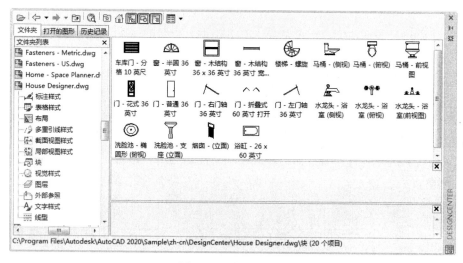

图4-90　系统图块库

注意

当单击某个图块时，在设计中心右下方的窗口内将生成该图块的预览。另外，在绘图过程中，在图块库中单击鼠标右键，在弹出的快捷菜单中选择"创建工具选项板"命令（见图4-91），然后用鼠标将常用的图块拖到新建的工具选项板中（见图4-92），在应用时直接将工具选项板中的图块拖到图框中即可，十分方便。AutoCAD自带的工具选项板有"命令工具""ISO图案填充""英制图案填充""办公室项目样例"等。

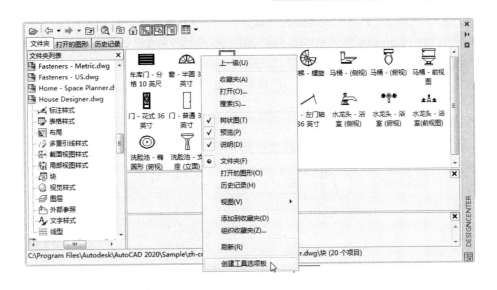

图 4-91　选择"创建工具选项板"命令

图4-92　工具选项板

　　右击"马桶-（俯视）"图标，在弹出的快捷菜单中选择"插入块"命令，在弹出的如图 4-93 所示的"插入"对话框中输入"比例"和"角度"数值，再选择插入基点，单击"确定"按钮，即可把这个图块插入到绘制的图形中。

　　2）用同样的方法，分别插入"浴缸-26×60 英寸""洗脸池-椭圆形（俯视）""水龙头-浴室（俯视）"图块。接下来，在左侧"文件夹列表"中选择"Home-Space Planner"文件夹，用同样的方法将其中的"餐桌椅-36×72 英寸""床-双人""灯-桌子""电话-书桌""钢琴-小型卧式钢琴""柜-19×72 英寸""沙发-背拱式 7 英寸""沙发-背拱式 5 英寸""书桌

-30×60英寸""椅子-书桌""设施-橡树或喜林芋""方形桌子"块插入到图形中。重复同样的步骤，插入 Kitchen 文件夹中的"壁柜-18×36英寸""冰箱-2门-36英寸""抽油烟机""洗碗机""烤箱-30英寸（俯视图）""洗涤槽-双槽-36英寸"图块和"Landscaping"文件夹中的"树-落叶树"和"树丛和灌木"图块，如图4-94所示。

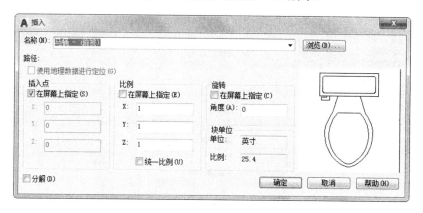

图4-93　"插入"对话框

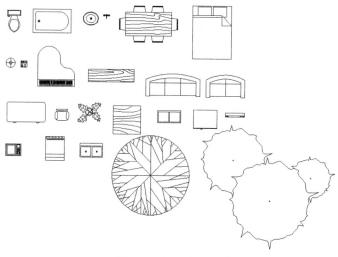

图4-94　插入自带图块

3）仔细观察各个图块，可以看到其大小各异、位置杂乱。用户可以根据自己的需要调整比例，并重新布局摆放位置。这一过程可以用"scale"和"move"命令来完成。例如，缩放"浴缸"，命令行提示与操作如下：

命令：scale↙
选择实体：（选择"浴缸"，如图4-95所示）
选择实体：↙
选择基点：（选择图块中或边缘一点，这里选择中点）
指定比例因子或［复制(C)/参照(R)］：0.25↙

注意

可以对图块进行组合，如"水龙头"图块和"洗涤槽"图块可以组合成一个洗涤槽。选择"水龙头"，单击"默认"选项卡"修改"面板中的"移动"按钮✛或用鼠标拖动到洗涤槽的上边沿，单击辅助线将"水龙头"摆正，结果如图4-96所示。

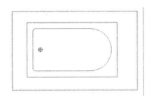

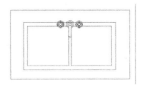

图4-95 浴缸　　　　　　　　　　图4-96 图块组合

4）调整各个图块的位置和大小，经过组合后的图块库如图4-97所示。

现在有了需要的图块，但是还没有成为我们自己的图块，需要对它们进行进一步处理，重新命名。这个过程需要3步：分解、删除、重新制作。

5）分解图块。选择所有的图块，单击"默认"选项卡"修改"面板中的"分解"按钮 ，选择所有的模块，按Enter键，图块即被分解，如图4-98所示。

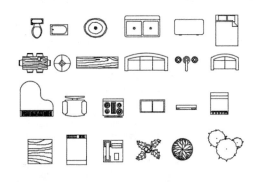

图4-97 经过修改和调整后的图块库

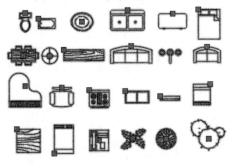

图4-98 分解图块

6）删除图块。在命令行中输入"purge"命令，在弹出的"清理"对话框中单击"全部清理"按钮，在弹出的确认对话框中选择"清理所有项目"，图块即被全部删除（但各个图形仍然保存在图中）。然后，单击"关闭"按钮退出对话框。

7）重新制作图块。可以利用"block"命令将图形生成为图块。

在此以"洗涤槽"为例进行说明。

1）在命令行中输入"block"命令，弹出"块定义"对话框，如图4-99所示。单击"拾取点"按钮，拾取图形中"水龙头"的中心点，如图4-100所示。

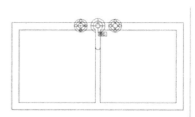

图4-99 "块定义"对话框 图4-100 选择"水龙头"的中心点

2）返回"块定义"对话框，单击"选择对象"按钮，拾取"洗涤槽"和"水龙头"对象，如图 4-101 所示。按 Enter 键，返回"块定义"对话框。在"名称"文本框中输入"带龙头的洗涤槽"（见图 4-102），单击"确定"按钮，这样就生成了"带龙头的洗涤槽"图块。使用同样的方法生成其他的图块（见图 4-103），然后保存文件。

图4-101 选择对象 图4-102 完成块定义

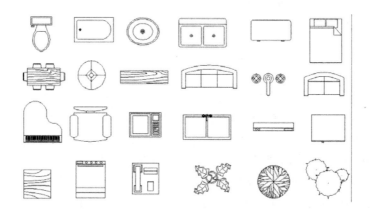

图4-103 完成图块的创建

4.7 综合实例——绘制 A3 样板图

本节讲解样板图的创建，就是将绘图通用的一些基本内容和参数事先定下来，以 .dwt 的格式保存起来。

本实例先利用"矩形"命令绘制图框，再利用"多行文字"命令输入标题，绘制建筑制图 A3 样板图，如图 4-104 所示。

1. 设置单位和图形边界

1）启动 AutoCAD 2020，系统自动建立新图形　文件。

2）设置单位。选择菜单栏中的"格式"→"单位"命令，弹出"图形单位"对话框，如图 4-105 所示。设置"长度"的类型为"小数"、"精度"为 0，设置"角度"的类型为"十进制度数"、"精度"为 0，系统默认逆时针方向为正，然后单击"确定"按钮。

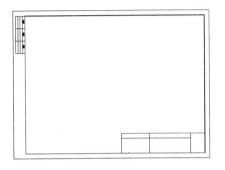

图4-104　A3样板图

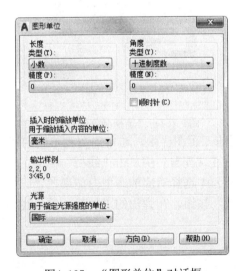

图4-105　"图形单位"对话框

3）设置图形边界。国标对图纸的幅面大小做了严格规定，在此按国标 A3 图纸幅面（420mm×297mm）设置图形边界。命令行提示如下：

```
命令: LIMITS✓
重新设置模型空间界限:
指定左下角点或 [开(ON)/关(OFF)] <0.0000,0.0000>: ✓
指定右上角点 <12.0000,9.0000>: 420,297✓
```

2. 设置图层

1）设置层名。单击"默认"选项卡"图层"面板中的"图层特性"按钮，弹出"图层特性管理器"对话框，如图 4-106 所示。在该对话框中单击"新建"按钮，建立不同层名的新图层，这些不同的图层分别存放不同的图线或图形的不同部分。

2）设置图层颜色。为了区分不同图层上的图线，提高图形不同部分的对比性，可以在

"图层特性管理器"对话框中单击相应图层"颜色"标签下的颜色色块，在弹出的"选择颜色"对话框中选择需要的颜色，如图 4-107 所示。

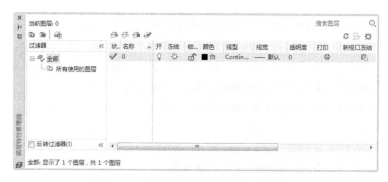

图4-106　"图层特性管理器"对话框

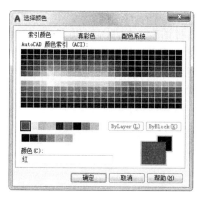

图4-107　"选择颜色"对话框

3）设置线型。在常用的工程图样中，通常要用到不同的线型，这是因为不同的线型表示不同的含义。在"图层特性管理器"中单击"线型"标签下的线型选项，在弹出的"选择线型"对话框（见图 4-108）中选择对应的线型。如果在"已加载的线型"列表框中没有需要的线型，可以单击"加载"按钮，在弹出的"加载或重载线型"对话框中加载线型，如图 4-109 所示。

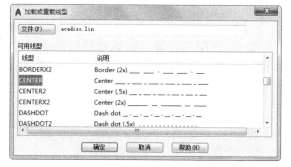

图4-108　"选择线型"对话框　　　　　　图4-109　"加载或重载线型"对话框

4）设置线宽。在工程图纸中，不同的线宽也表示不同的含义，因此也要对不同图层的线宽进行设置。在"图层特性管理器"对话框中单击"线宽"标签下的选项，在弹出的"线宽"对话框（见图 4-110）中选择适当的线宽。需要注意的是，应尽量保持细线与粗线之间的比例大约为1:2。

3．设置文本样式

按照如下约定进行设置：文本高度一般注释7mm、零件名称10mm、标题栏和会签栏中其他文字5mm、尺寸文字5mm，线型比例为1，图纸空间线型比例为1，单位为十进制，小数点后0位，角度小数点后0位。

可以生成4种文字样式，分别用于一般注释、标题块中零件名、标题块注释及尺寸标注。

1）单击"默认"选项卡"注释"面板中的"文字样式"按钮 A，在弹出的"文字样式"对话框中单击"新建"按钮，弹出"新建文字样式"对话框，如图4-111所示。接受默认的"样式1"文字样式名，单击"确定"按钮退出。

图4-110　"线宽"对话框　　　　　　　　图4-111　"新建文字样式"对话框

2）返回"文字样式"对话框，在"字体名"下拉列表框中选择"宋体"选项，在"宽度因子"文本框中输入"0.7"，将"高度"设置为5，如图4-112所示。单击"应用"按钮，再单击"关闭"按钮。其他文字样式的设置与此类似，在此不再赘述。

4．设置尺寸标注样式

1）单击"默认"选项卡"注释"面板中的"标注样式"按钮 ，弹出"标注样式管理器"对话框，在"预览"框中显示出标注样式的预览图形，如图4-113所示。

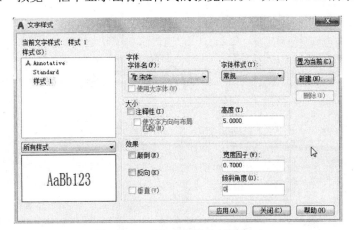

图4-112　"文字样式"对话框

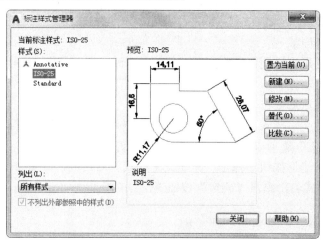

图4-113   "标注样式管理器"对话框

2）单击"修改"按钮，弹出"修改标注样式"对话框，可在其中对标注样式的相关选项按照需要进行修改，如图4-114所示。其中，在"线"选项卡中，设置"颜色"和"线宽"为"ByLayer"，"基线间距"为6，其他保持默认设置不变；在"符号和箭头"选项卡中，设置"箭头大小"为1，其他保持默认设置不变；在"文字"选项卡中，设置"文字颜色"为"ByLayer"，"文字高度"为5，其他保持默认设置不变；在"主单位"选项卡中，设置"精度"为0，其他保持默认设置不变；其他选项卡保持默认设置不变。

5．绘制图框

单击"默认"选项卡"绘图"面板中的"矩形"按钮 □，绘制角点坐标为（25,10）和（410,287）的矩形，如图4-115所示。

ⓘ说明

国家标准规定A3图纸的幅面大小是420mm×297mm，这里留出了带装订边的图框到图纸边界的距离。

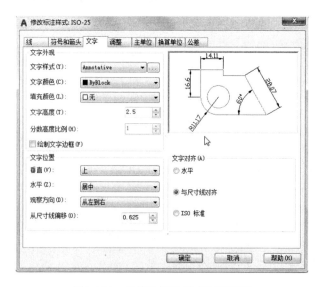

图4-114   "修改标注样式"对话框

图4-115   绘制矩形

6．绘制标题栏

标题栏示意图如图 4-116 所示。由于分隔线并不整齐，所以可以先绘制一个 9×4 的标准表格，然后在此基础上编辑或合并单元格以形成如图 4-116 所示的形式。

1）单击"默认"选项卡"注释"面板中的"表格样式"按钮，弹出"表格样式"对话框，如图 4-117 所示。

图4-116 标题栏示意图

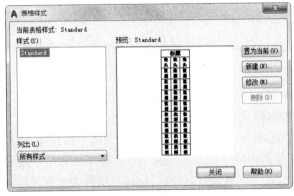

图4-117 "表格样式"对话框

2）单击"修改"按钮，弹出"修改表格样式"对话框，在"单元样式"下拉列表框中选择"数据"选项，在下面的"文字"选项卡中将"文字高度"设置为8，如图 4-118 所示。选择"常规"选项卡，将"页边距"选项组中的"水平"和"垂直"都设置成1，如图 4-119 所示。

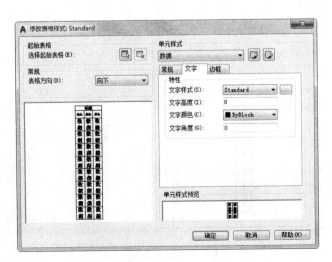

图4-118 "修改表格样式"对话框

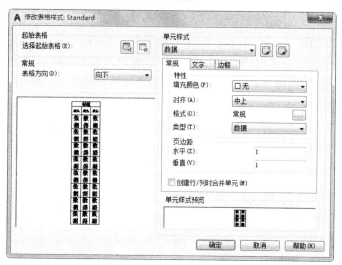

图4-119　设置"常规"选项卡

🄘说明

　　表格的行高=文字高度+2×垂直页边距，此处设置为8+2×1=10。

　　3）系统回到"表格样式"对话框，单击"关闭"按钮退出。

　　4）单击"默认"选项卡"注释"面板中的"表格"按钮▦，弹出"插入表格"对话框。在"列和行设置"选项组中将"列数"设置为9，将"列宽"设置为20，将"数据行数"设置为2（加上标题行和表头行共4行），将"行高"设置为1行（即10）；在"设置单元样式"选项组中，将"第一行单元样式""第二行单元样式"和"所有其他行单元样式"都设置为"数据"，如图4-120所示。

　　5）在图框线右下角附近指定表格位置，系统生成表格，直接按Enter键，不输入文字，生成表格，如图4-121所示。

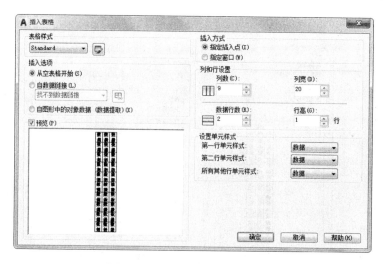

图4-120　"插入表格"对话框

　　7．移动标题栏

　　由于无法准确确定刚生成的标题栏与图框的相对位置，因此需要移动标题栏。单击"默认"选项卡"修改"面板中的"移动"按钮✛，将刚绘制的表格准确放置在图框的右下角，如图 4-122 所示。

8．编辑标题栏表格

1）单击标题栏表格中的单元格 A，然后按住 Shift 键的同时选择 B 和 C 单元格，在"表格单元"选项卡中单击"合并单元"按钮▦（见图 4-123），在弹出的下拉菜单中选择"合并全部"命令。

图4-121　生成表格　　　　　　　　　　　　　　　图4-122　移动表格

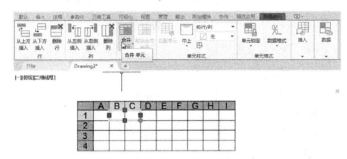

图4-123　合并单元格

2）重复上述方法，对其他单元格进行合并，结果如图 4-124 所示。

9．绘制会签栏

会签栏具体大小和样式如图 4-125 所示。用户可以采用和标题栏相同的绘制方法来绘制会签栏。

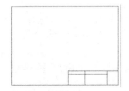

（专业）	（姓名）	（日期）

　25　　　25　　　25

图4-124　完成标题栏单元格编辑　　　　　　图4-125　会签栏示意图

1）在"修改表格样式"对话框中的"文字"选项卡中，将"文字高度"设置为4，如图 4-126 所示；然后选择"常规"选项卡，将"页边距"选项组中的"水平"和"垂直"都设置为0.5。

2）选择菜单栏中的"绘图"→"表格"命令，弹出"插入表格"对话框。在"列和行设置"选项组中，将"列数"设置为3，"列宽"设置为25，"数据行数"设置为2，"行高"设置为 1 行；在"设置单元样式"选项组中，将"第一行单元样式""第二行单元样式"和"所有其他行单元样式"都设置为"数据"，如图 4-127 所示。

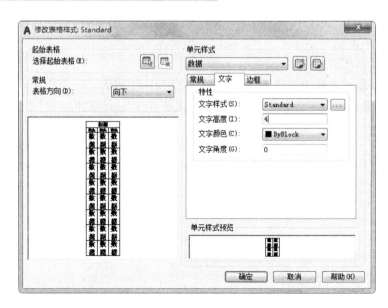

图4-126 修改表格样式

图4-127 设置表格行、列及单元样式

3）在会签栏中输入文字，结果如图 4-128 所示。

10．旋转和移动会签栏

1）单击"默认"选项卡"修改"面板中的"旋转"按钮 ↺，旋转会签栏，如图 4-129 所示。

图4-128 在会签栏中输入文字

图4-129 旋转会签栏

2）使用步骤 7 中的方法将会签栏移动到图框的左上角，完成 A3 样板图的绘制，结果如图 4-130 所示。

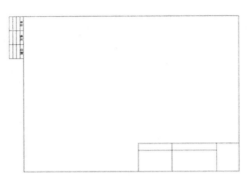

图4-130　完成A3样板图的绘制

11．保存样板图

选择菜单栏中的"文件"→"另存为"命令，弹出"图形另存为"对话框，将图形保存为 DWT 格式的文件即可，如图 4-131 所示。

图4-131　"图形另存为"对话框

第 5 章

给水排水施工图基础

给水排水施工图是建筑工程图的组成部分，按其内容和作用不同，给水排水施工图分为室内给水排水施工图和室外给水排水施工图。

室内给水排水施工图是表示房屋内给水排水管网的布置、用水设备以及附属配件的设置。室外给水排水施工图是表示某一区整个城市的给水排水管网的布置以及各种取水、贮水、净水结构和水处理的设置。其主要图样包括室内给水排水平面图、室内给水排水系统图、室外给水排水平面图及有关详图。

   学 习 要 点

◎ 给水排水施工图的表达特点及一般规定

◎ 给水排水施工图的表达内容及分类

5.1 给水排水施工图的表达特点及一般规定

5.1.1 表达特点

1) 给水排水施工图中的平面图、详图等图样采用正投影法绘制。

2) 给水排水系统图宜按 45° 正面斜轴测投影法绘制。管道系统图的布图方向应与平面图一致，并且按比例绘制，当局部管道按比例不易表示清楚时，可不按比例绘制。

3) 给水排水施工图中管道附件和设备等一般采用统一图例表示。在绘制和阅读给水排水施工图前，应查阅和掌握与图样有关的图例及所代表的内容。

4) 给水及排水管道一般采用单线画法，以粗线绘制，而建筑、结构的图形及有关器材设备均采用中、细实线绘制。

5) 有关管道的连接配件属于规格统一的定型工业产品，在图中均不予画出。

6) 给水排水施工图中，常用 J 作为给水系统和给水管的代号，用 P 作为排水系统和排水管的代号。

7) 给水排水施工图中管道设备的安装应与土建施工图相互配合，尤其在留洞、预埋件、管沟等方面对土建的要求须在图样上注明。

5.1.2 一般规定

给水排水施工图的绘制主要参照国家标准《GB/T 50001-2017 房屋建筑制图统一标准》《GB/T 50106—2010 建筑给水排水制图标准》《GB/T 50114-2010 暖通空调制图标准》，这些标准中对制图的图线、比例、标高、标注方法、管径编号和图例等都做了详细的说明。

5.2 给水排水施工图的表达内容及分类

5.2.1 施工设计说明

给水排水施工设计说明是整个给水排水工程施工中的指导性文件。主要阐述了以下内容：给水排水施工图尺寸单位的说明；系统采用何种管材及其施工安装中的要求和注意事项；消防设备的选型、阀门型号、系统防腐、保温作法、系统试压的要求以及其他未说明的各项施工要求等。

5.2.2 室内给水施工图

1. 室内给水平面图的主要内容

室内给水平面图是室内给水系统平面布置图的简称，主要表示房屋内部给水设备的配置和管道的布置情况。其主要内容包括：

1) 建筑平面图。

2）各用水设备的平面位置、类型。

3）给水管网的各个干管、立管和支管的平面位置、走向、立管编号和管道安装方式（明装或暗装）。

4）管道器材设备（阀门、消火栓、地漏等）的平面位置。

5）管道及设备安装预留洞位置、预埋伸、管沟等方面对土建的要求。

2．室内给水平面的表示方法

（1）建筑平面图　室内给水平面图是在建筑平面图上根据给水设备的配置和管道的布置情况绘制的，因此建筑轮廓应与建筑平面图一致，一般绘制房屋的墙、柱、门窗洞、楼梯等主要构配件（不画建筑材料图例）。房屋的细部、门窗代号等均可省略。建筑平面图的图线均采用细实线绘制。底层平面图中的室内管道需与户外管道相连，必须单独画出完整的平面图。其他各个楼层只需画出与用水设备和管道布置有关的房屋平面图，相邻房间可用折断线予以断开。若各楼层管道等的平面布置相同，则只画出底层平面图和标准层平面图，但在图中须注明各楼层的层次和楼高。

（2）卫生器具平面图　房屋卫生器具中的洗脸盆、坐便器、小便器等都是工业产品，只需表示它们的类型和位置，按规定用图例画出；对盥洗台、便槽等设备，其详图由建筑设计人员绘制，在给水平面图中只需用细实线画出其主要轮廓。

（3）管道的平面布置　管道是室内管网平面图的主要内容。通常以单线条的粗实线表示水平管道（包括引入管和水平横管）并标注管径。以小圆圈表示立管，底层平面图中应画出给水引入管并对其进行系统编号，一般给水管以每一引入管作为一个系统。

（4）图例说明　为使施工人员便于阅读图样，无论是否采用标准图例，最好附上各种管道及卫生设备的图例，并对施工要求和有关材料等用文字说明。

3．室内给水系统图

给水系统图是给水系统轴测图的简称，主要表示给水管道的空间布置和连接情况。给水系统图和排水系统图应分别绘制。

管道系统的轴测图采用正面斜等轴测图绘制，其轴间角和轴向变形系数参见有关规定。

（1）给水系统图的图示方法

1）给水系统图与给水平面图采用相同的比例，如果配水设备较为密集和复杂，也可将轴测图按比例放大绘制，反之，可将比例缩小。

2）按平面图上的编号分别绘制管道图。

3）轴向选择，通常将房屋的高度方向作为 OZ 轴，以房屋的横向作为 OX 轴，房屋的纵向作为 OY 轴。

4）系统图中水平方向的长度尺寸可以直接在平面图中量取，高度方向的尺寸可以根据建筑物的层高和卫生器具的安装高度确定。一般污水池的水龙头安装高度为 1.0m，坐便器的高位水箱高度为 2.4m，其上球形阀高度一般为 2.4m。

5）在给水系统图中，管道用粗实线表示。

6）在给水系统图中出现管道交叉时，要判别可见性，将后面的管道线断开。为了使系统图表达清楚，当各层管网布置相同时，可只画一个有代表性楼层的所有管道，而其他楼层的管道可以省略不画。

（2）给水系统图中的尺寸标注

1）分段标注管道的管径，如 DN40 表示公称管径为 40mm。

2）底层地面与各层楼面采用与建筑图相一致的相对标高。对于给水管道，通常标注引入管、各分支横管及水平管段、阀门及水表、卫生器具的放水龙头及连接支管等部位的标高。所标注的标高数字是指该给水段的中心高程。

5.2.3 室内排水施工图

1．室内排水平面图的主要内容

室内排水平面图主要表示房屋内部的排水设备的配置和管道的布置情况。其主要内容包括：

1）建筑平面图。

2）室内排水横管、排水立管、排出管、通气管的平面布置。

3）卫生器具及管道器材设备的平面位置。

2．室内排水平面图的表达方法

1）建筑平面图、卫生器具与配水设备平面图的表达方法要求与给水管网平面布置图相同。

2）排水管道一般用单线条粗虚线表示。以小圆圈表示排水立管。底层平面图中应画出室外第一个检查井、排出管、横干管、立管、支管及卫生器具、排水泄水口。

3）按系统对各种管道分别予以标志和编号。排水管以第一个检查井承接的每一排出管为一系统。

4）图例及说明与室内给水平面图相似。

3．室内排水系统图

（1）室内排水系统图的图示方法

1）室内排水系统图选用正面斜等轴测图，其图示方法与给水系统图基本一致。

2）排水系统图中的管道用粗线表示。排水管常用排水铸铁管，一般不必画出管道的接头形式。

3）排水系统图只需绘制管路及存水弯。卫生器具及用水设备可以不用画出。

4）排水横管上的坡度，因画图比例小，可忽略，按水平管道画出，立管和排出管之间用弧形弯管连接，为画图方便，可画成直角弯管。

（2）排水系统图中的尺寸标注

1）管径：对各种不同类型的卫生器具的存水弯及连接管均须分别注出其公称管径。不同管径的横支管、立管、排出管均须逐段分别标注。

2）坡度：排水横管都应与立管有一个坡度，坡度可标注在该管段相应管径的后面，也可在坡度数字的下面画箭头以示坡向。

3）标高：在排水系统图中，在各层楼地面及屋面、立管上的通气帽及检查口、主要横管及排出管的起点均须标注标高。

5.2.4 室外管网平面布置图

1．室外管网平面布置图的主要内容

室外管网平面布置图用于表明一个小区（或城市）给水排水管网的布置情况。一般应包括以下内容：

1）小区（或城市）建筑总平面图，图中应标明室外地形标高、道路、桥梁、河道及建筑物底层室内地坪标高等。

2）城市给水排水管网干管位置等。

3）小区内室外给水管网，即城市给水管网干管至房屋引入管之间的给水管网的布置，需注明各给水管道的管径、消火栓位置等。

2．室外管网平面布置图的表达方法

1）给水管道用粗实线表示，房屋引入管处应画出阀门井。一个居住区应有消火栓和水表井等。

2）在排水管的起端、两管相交点和转折点要设置检查井，以便疏通管道。在图上用直径2～3mm的圆圈表示检查井。两检查井之间的管道应是直线。

3）用汉语拼音字头表示管道类别。为了说明管道、检查井的埋设深度，管道坡度、管径大小等情况，对较简单的管网布置可直接在布置图中注上管径、坡度、流向、管底标高等。

第 6 章

卫生间给排水平面图

室内给水排水平面图是在建筑平面图的基础上，根据给水排水工程制图的规定绘制出反映给水排水设备、管网的平面布置的图样，是室内给水排水施工图中最基本最重要的组成部分，是绘制其他室内给水排水施工图的基础。下面通过绘制"卫生间给水排水平面图"来介绍给水排水平面图的绘制思路和绘制方法。

学 习 要 点

- 绘图准备
- 给水排水管道线的绘制

6.1 绘图准备

1. 建立新文件

打开 AutoCAD 2020 应用程序，单击菜单栏"文件"→"打开"选项，打开随书电子资料包第 6 章中的"卫生间平面图"，如图 6-1 所示。将该图形文件存为"卫生间给水管道平面图"。

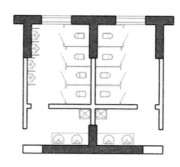

图6-1　卫生间平面图

2. 创建新图层

单击"默认"选项卡"图层"面板中的"图层特性"按钮，或者单击菜单栏中的"格式"→"图层"选项，或者在命令行中输入"Layer"，打开"图层特性管理器"对话框，新建图层"给水管道""排水管道""尺寸标注""文字标注"等。图层参数设置如图 6-2 所示。

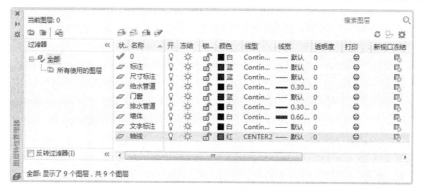

图6-2　图层参数设置

6.2 给水排水管道线的绘制

6.2.1 给水管道平面图的绘制

1. 给水管道绘制

给水管道是将水从室外给水管引入室内的管道，其可在满足用户对水质、水量、水压要求的前提下，把水送至各个配水点，如配水龙头、消防用水设备等。绘制步骤如下：

1）将前面设置的图层"给水管道"置为当前，如图 6-3 所示。

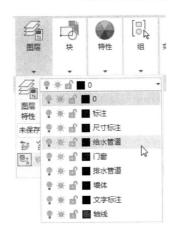

图6-3 图层控制列表

2）按F8键打开"正交"模式。单击"默认"选项卡"绘图"面板中的"直线"按钮，按照图6-4绘制管道线。

3）单击"默认"选项卡"修改"面板中的"修剪"按钮，将多余的线修剪和删除掉，结果如图6-5所示。

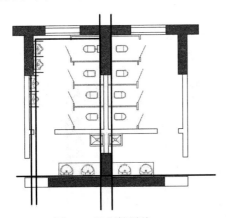

图6-4 绘制管道线

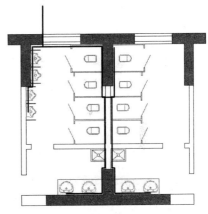

图6-5 修剪管道结果

室内给水排水平面图中的设备、管道等均用规定的图例表示其类型及平面位置。这些图例符号只是表示具体的某个设备，并不完全反映设备的真实形状和大小，在绘制过程中，其大小可以适当地放大或缩小，也可以旋转适当角度来配合整个图样。

2. 绘制蹲便器高位水箱

1）打开"图层特性管理器"对话框，新建图层"设备线"，将颜色设置为"黄色"，其他采用默认设置。将"设备线"图层置为当前，单击"确定"按钮，退出"图层特性管理器"对话框。

2）单击"默认"选项卡"绘图"面板中的"矩形"按钮，绘制一个小矩形。尺寸为275mm×150mm。

3）单击"默认"选项卡"绘图"面板中的"直线"按钮，绘制"L"形线和倒"T"形线。

4）单击"默认"选项卡"绘图"面板中的"圆"按钮，在"L"形线与倒"T"形线相交处绘制一个小圆。这样就完成了蹲便器高位水箱的绘制，结果如图 6-6 所示。

5）将高位水箱复制到蹲便器处，并在中点处用直线连接，得到蹲便器和高位水箱的示意图，如图 6-7 所示。

6）单击"默认"选项卡"修改"面板中的"复制"按钮 ❤️，将高位水箱复制到每个蹲便器的上方，结果如图 6-8 所示。

3．绘制立管

1）单击"默认"选项卡"绘图"面板中的"圆"按钮 ⊙，在水管的左上方处绘制一个小圆作为立管，管径设置为 100mm，结果如图 6-9 所示。

2）单击"默认"选项卡"修改"面板中的"修剪"按钮 ❣️，将圆中多余线条修剪掉，得到立管，结果如图 6-10 所示。

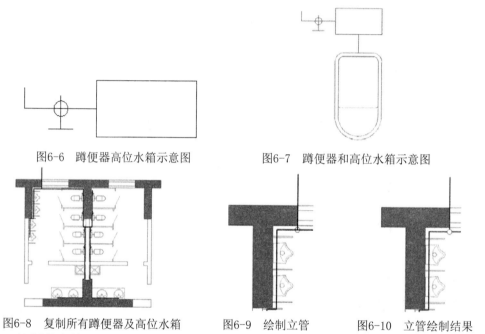

图6-6　蹲便器高位水箱示意图　　　　图6-7　蹲便器和高位水箱示意图

图6-8　复制所有蹲便器及高位水箱　　图6-9　绘制立管　　图6-10　立管绘制结果

4．绘制分水管

1）单击"默认"选项卡"绘图"面板中的"圆"按钮 ⊙，在洗手池和拖把池中绘制出水口，管径设置为 20mm。

2）单击"默认"选项卡"绘图"面板中的"直线"按钮 ╱，绘制出水口和主水管之间的分水管，结果如图 6-11 所示。

3）单击"默认"选项卡"绘图"面板中的"直线"按钮 ╱，在小便池中绘制直线作为多孔水管，然后用直线把多孔水管和主水管连接，结果如图 6-12 所示。

5．绘制地漏

1）单击"默认"选项卡"绘图"面板中的"圆"按钮 ⊙，在拖把池的旁边和小便器的右边绘制地漏，管径设置为 100mm。

2）单击"默认"选项卡"绘图"面板中的"图案填充"按钮 ▨，弹出"图案填充创建"选项卡，如图 6-13 所示，选择"SOLID"图案，单击"拾取点"按钮 ⊞，拾取地漏中间区域，完成地漏填充。

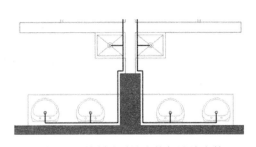

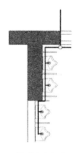

图6-11　绘制洗手池和拖把池给水管　　　　图6-12　绘制小便池给水管

3）单击"默认"选项卡"修改"面板中的"镜像"按钮 ⚐，镜像地漏，完成地漏的绘制，结果如图6-14所示。

图6-13　"图案填充创建"选项卡

6．绘制阀门

1）单击"默认"选项卡"绘图"面板中的"圆"按钮 ⊙，在进水管上绘制圆，直径设置为200mm。

2）单击"默认"选项卡"修改"面板中的"修剪"按钮 ✂，将圆中的线条修剪掉。

3）单击"默认"选项卡"绘图"面板中的"直线"按钮 ╱，在圆中绘制如图6-15所示的图案。

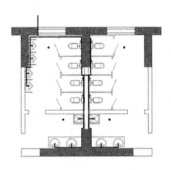

图6-14　地漏绘制结果

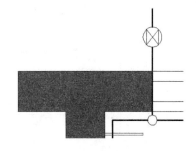

图6-15　阀门绘制结果

6.2.2　给水管道尺寸标注与文字说明

1．尺寸标注

1）将前面设置的图层"尺寸标注"置为当前。

2）单击菜单栏"格式"→"标注样式"选项，新建标注样式"给水排水"，如图 6-16

所示。

图6-16　创建"给水排水"标注样式

3）单击"继续"按钮，弹出"新建标注样式：给水排水"的对话框，选择"文字"选项卡，设置参数如图 6-17 所示。

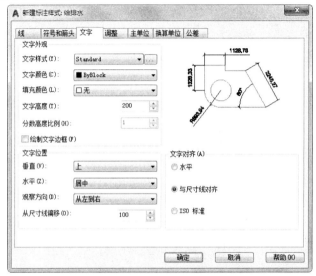

图6-17　"文字"选项卡

4）选择"符号和箭头"选项卡，设置参数如图 6-18 所示。

图6-18　"符号与箭头"选项卡

5）选择"线"选项卡，修改参数如图 6-19 所示。

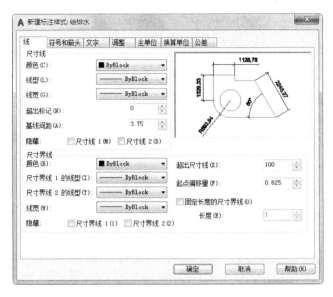

图6-19 "线"选项卡

6）单击"确定"按钮，返回"标注样式管理器"对话框，将"给水排水"标注样式置为当前。

7）单击"关闭"按钮，退出"标注样式管理器"对话框。

这样完成标注样式的新建，下面开始尺寸标注。

8）单击菜单栏"标注"→"线性"选项，标注卫生间的尺寸，结果如图 6-20 所示

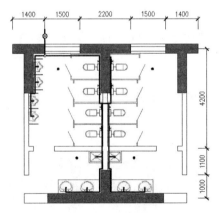

图6-20 标注尺寸

2．文字说明

1）将前面设置的图层"文字标注"置为当前。

2）单击"默认"选项卡"注释"面板中的"文字样式"按钮，新建文字样式"给水排水文字"，如图 6-21 所示。单击"确定"按钮。

3）弹出"文字样式"对话框，设置参数如图 6-22 所示。

4）单击"默认"选项卡"修改"面板中的"复制"按钮，将需要说明的图例复制到平面图的右边。

5）单击"默认"选项卡"注释"面板中的"多行文字"按钮 **A**，在图例的旁边附上文字说明，结果如图6-23所示。

图6-21　新建"给排水文字"样式

图6-22　"给排水文字"样式参数设置　　　　图6-23　绘制图例

至此卫生间给水管道平面图绘制完毕，下面添加图名。

6）单击"默认"选项卡"注释"面板中的"多行文字"按钮 **A**，在平面图下方绘制"卫生间给水管道平面图"。

7）单击"默认"选项卡"绘图"面板中的"多段线"按钮，线宽设置为50mm，在文字下面绘制一条多段线。结果如图6-24所示。

卫生间给水管道平面图

图6-24　绘制图名

卫生间给水管道平面图绘制结果如图6-25所示。

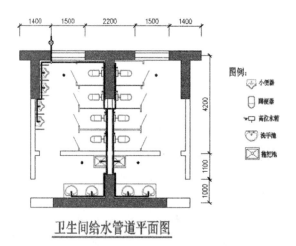

图6-25　卫生间给水管道平面图

6.2.3 排水管道平面图的绘制

1. 排水管道绘制

排水管道线绘制比较简单。排水管道从地漏起，经过各污水收集设备（各卫生器具等）直到室外。排水管道大部分都是掩埋在建筑物内部或是埋在地下，因此需要用虚线来绘制。绘制步骤如下：

1）打开6.2.2节绘制的"卫生间给水管道平面图.dwg"图形文件，删除"给水管道""设备线""尺寸标注""文字说明"。得到原始卫生间平面图和地漏图形，如图6-26所示。

2）将前面设置的"排水管道"图层置为当前，单击"默认"选项卡"绘图"面板中的"直线"按钮╱，从地漏开始，经过各污水收集设备直至室外，绘制排水管道线，结果如图6-27所示。

2. 绘制排水立管

1）将"设备线"图层置为当前，单击"默认"选项卡"绘图"面板中的"圆"按钮⊙，在各污水收集器的下方绘制立管，设置蹲便器和小便器下方的排水管管径为110mm、洗手池和拖把池的排水立管管径为50mm、总的排水立管管径为110mm。

2）单击"默认"选项卡"修改"面板中的"修剪"按钮，将圆中的线条修剪掉，得到立管，结果如图6-28所示。

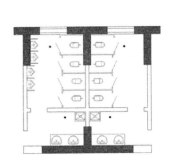 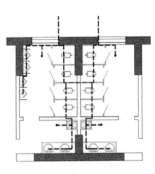 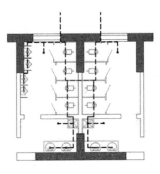

图6-26 修改后得到的平面图　　　图6-27 绘制排水管道　　　图6-28 绘制排水立管

6.2.4 排水管道尺寸标注与文字说明

绘制给水管道平面图时已经设置好标注样式和文字样式，下面直接进行排水管道尺寸标注和文字说明。

1. 尺寸标注

1）将前面设置的图层"尺寸标注"置为当前。

2）单击"默认"选项卡"注释"面板中的"线性"按钮，标注卫生间的尺寸，结果如图6-29所示。

2. 文字说明

1）将前面设置的图层"文字标注"置为当前。

2）单击"默认"选项卡"修改"面板中的"复制"按钮，将需要说明的图例复制到平面图的右边。

3）单击"默认"选项卡"注释"面板中的"多行文字"按钮 **A** ，在图例的旁边附上文字说明，结果如图 6-30 所示。

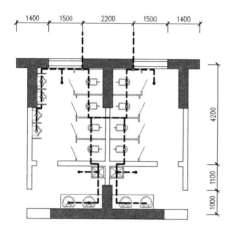

图6-29　标注尺寸

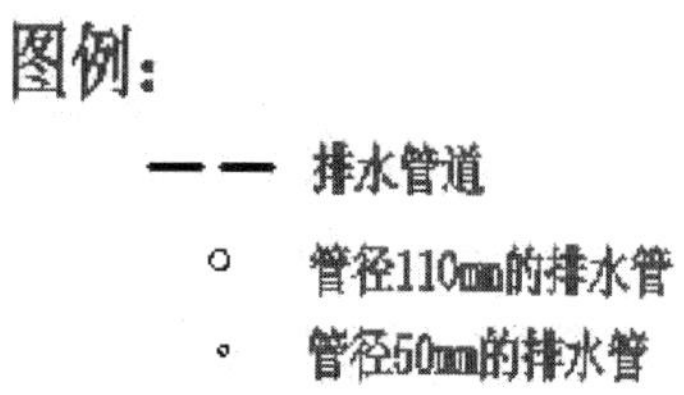

图6-30　绘制图例

至此，卫生间排水管道平面图绘制完毕，下面添加图名。

4）单击"默认"选项卡"注释"面板中的"多行文字"按钮 **A** ，在平面图下方绘制"卫生间排水管道平面图"。

单击"默认"选项卡"绘图"面板中的"多段线"按钮 ，线宽设置为 50mm，在文字下面绘制一条多段线，结果如图 6-31 所示。

卫生间排水管道平面图绘制结果如图 6-32 所示。

卫生间排水管道平面图

图6-31　绘制图名

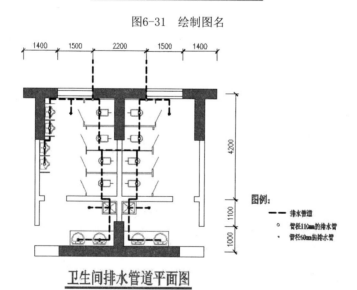

图6-32　卫生间排水管道平面图

第 **7** 章

住宅楼给水排水施工图

给水排水平面图是建筑工程一个很重要的组成部分，因此要求能熟练地绘制给水排水平面图。本章结合实例，详细讲述了绘图环境和图层样式的设置，以及在 CAD 中块和平行线的使用，同时还将介绍了几种重要的二维绘图与技巧。本实例的制作思路：根据本图的对称性，首先绘制住宅楼一半的平面图，包括轴线、墙体以及门窗的绘制，然后运用已绘制好的块进行给水排水管道的绘制，最后对平面图进行镜像，插入会签栏，构成一张完整的施工图。

- 设置图层、绘制轴线、绘制单个套型墙体
- 绘制单个套型的设施、整个套型的给水管道
- 标注平面图的尺寸及各层的标高
- 绘制整个套型的排水管道、绘制给水排水施工图

7.1 设置图层

📖 7.1.1 建立新文件

1. 建立新文件

打开 AutoCAD 2020 应用程序，单击菜单栏"文件"→"新建"命令，弹出"选择样板"对话框，单击"打开"按钮右侧的下拉按钮▼，以"无样板打开－公制"（毫米）方式建立新文件；将新文件命名为"给水.dwg"并保存。

2. 设置图形界限

单击菜单栏"格式"→"图形界限"命令，或在命令行输入"LIMITS"后按 Enter 键，命令行操作与提示如下：

```
命令：LIMITS ✓
指定左下角点或 ［开(ON)/关(OFF)］〈0.0000,0.0000〉：✓
指定右上角点〈420.0000,297.0000〉:420, 297 ✓ （即使用 A3 图样）
```

📖 7.1.2 创建新图层

1）单击菜单栏"格式"→"图层"命令，或者用鼠标单击"图层特性管理器"命令按钮📑，如图 7-1 所示。弹出"图层特性管理器"对话框，如图 7-2 所示。

图7-1 "图层"工具栏   图7-2 "图层特性管理器"对话框

2）根据图样的类型新建不同的图层。单击"新建图层"按钮📑，输入图层的名称，然后进行线型的设置，再单击线型弹出对话框，然后进行线型的加载，如图 7-3 所示。

线型的加载

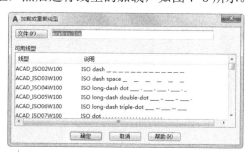

线型的选择

图7-3 设置线型

3）依次设置其他图层的性质，结果如图 7-4 所示。

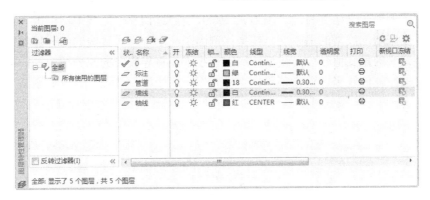

图7-4 设置图层

7.2 绘制轴线

根据绘图常识可知道，在绘图的时候最好把总体的轴线先绘制出来，这样可从整体上把图样的大致框架定下来，然后再细画各个部分。

1）将"轴线"图层设为当前图层，如图 7-5 所示。

2）单击"默认"选项卡"绘图"面板中的"直线"按钮 ✐，在窗口中进行直线的绘制。根据本图的布局，可先绘制两条相互垂直的轴线。首先绘制水平轴线，命令行操作与提示如下：

```
命令：line✓
指定第一个点：✓（在屏幕中指定）
指定下一点或 [放弃(U)]：@9000,0✓ （输入相对坐标）
指定下一点或 [放弃(U)]：
```

采用同样的方法绘制竖直轴线，结果如图 7-6 所示。

①注意

绘制直线时，为避免烦琐的输入@x,y，可打开正交功能，这样在确定一点后把鼠标放在要画直线的方向上，然后在命令行中直接输入直线的长度即可。

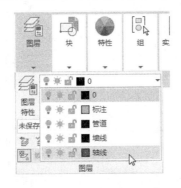

图7-5 设置轴线为当前图层　　　　图7-6 相互垂直的轴线

可能有的读者会发现，有的轴线明明定义的线型为虚线，但是在窗口中运用直线命令做出的直线却是实线，这是由于虚线的线型间距不合适所致。为了改变这种情况，可以通过改变全局线型比例因子来达到目的,因为 AutoCAD 是通过调整全局线型比例因子计算线型每一次重复的长度来增加线型的清晰度。线型比例因子大于 1 将导致线的部分加长——每单位长度内的线型定义的重复值较少,线型比例因子小于 1 将导致线的部分缩短——每单位长度内的线型定义的重复值较多。单击菜单栏"格式"→"线型"选项,弹出如图 7-7 所示的对话框,单击"显示细节"按钮打开具体的细节。在"全局比例因子"中设置适当数值,如图 7-8 所示。

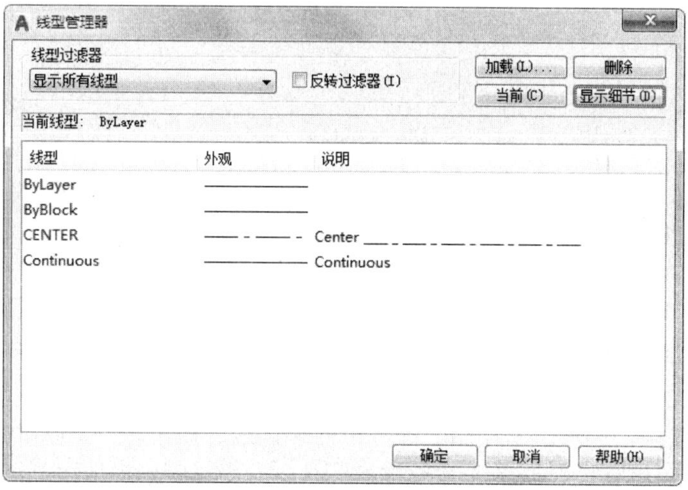

图7-7 "线型管理器"对话框

3)单击"默认"选项卡"修改"面板中的"偏移"按钮 ⊆,偏移轴线。命令行操作与提示如下:

```
命令:_offset✔
当前设置:删除源=否 图层=源 OFFSETGAPTYPE=0
指定偏移距离或 [通过(T)/删除(E)/图层(L)] 〈通过〉:1500✔(输入偏移距离)
选择要偏移的对象,或 [退出(E)/放弃(U)] 〈退出〉:(选择最左侧竖直直线)
指定要偏移的那一侧上的点,或 [退出(E)/多个(M)/放弃(U)] 〈退出〉:(向右偏移)
……
```

结果如图 7-9 所示。

图7-8 设置"全局比例因子"

4)由于有的轴线不是贯通的,所以在墙体布置之前最好要进行修剪,当然也可以放在绘制墙体完毕后进行修剪。

5）单击"默认"选项卡"修改"面板中的"修剪"按钮，选择需要修剪的直线，进行修剪操作，命令行操作与提示如下：

```
命令：trim✓
当前设置:投影=UCS,边=无
选择剪切边...
选择对象或〈全部选择〉：(选择要修剪的直线的剪切边)
选择对象:
选择要修剪的对象，或按住 Shift 键选择要延伸的对象，或[栏选(F)/窗交(C)/投影(P)/边(E)/删
除(R)/放弃(U)]:(选择要修剪的直线)
选择要修剪的对象，或按住 Shift 键选择要延伸的对象，或[栏选(F)/窗交(C)/投影(P)/边(E)/删
除(R)/放弃(U)]:✓
```

结果如图 7-10 所示。

图7-9　偏移轴线

图7-10　修剪轴线

7.3　绘制单个套型墙体

在绘制建筑平面图时，几乎每张图样均会涉及墙体，因此这里着重讲述墙体的绘制方法，即"平行线"的应用。虽然"平行线"命令的用处很多，但对于初学者来说，熟练地运用它却是有点难度。因为"平行线"命令的参数很多，修改也比较麻烦，所以这里就本图所用到的平行线，对其画法要点做简单的介绍。

1）打开图层管理器，把"墙线"图层设为当前图层。

2）单击菜单栏"绘图"→"多线"选项，绘制 240mm 厚的外墙和 100mm 厚的内墙。命令行操作与提示如下：

```
命令：MLINE✓
当前设置：对正 = 上，比例 = 20.00，样式 = STANDARD
指定起点或 [对正(J)/比例(S)/样式(ST)]：j
输入对正类型 [上(T)/无(Z)/下(B)]〈上〉：z
当前设置：对正 = 无，比例 = 20.00，样式 = STANDARD
指定起点或 [对正(J)/比例(S)/样式(ST)]：s
输入多线比例〈20.00〉：240　　(墙体的厚度)
当前设置：对正 = 无，比例 = 240.00，样式 = STANDARD
指定起点或 [对正(J)/比例(S)/样式(ST)]:✓
……
```

3）单击菜单栏"修改"→"对象"→"多线"选项，对墙线进行编辑操作，然后再选中所有的墙体，单击"默认"选项卡"修改"面板中的"分解"按钮和"修剪"按钮，

对多线墙体进行分解和修剪，以便在墙体上绘制窗户。其中"分解"命令行的操作与提示如下：

命令：EXPLODE ✓
选择对象：（选择所有的用多线绘制的墙体）
选择对象：（如果对象选择完毕，则按 Enter 键，或者单击鼠标右键）

然后根据图样要求绘制墙体，结果如图 7-11 所示。

4）由于窗户的表示方法就是在墙体间绘制几道平行的线，因此只需使用绘制直线的命令即可。继续单击"默认"选项卡"修改"面板中的"修剪"按钮，修剪出门窗洞口，如图 7-12 所示。

5）单击"默认"选项卡"绘图"面板中的"圆弧"按钮 "矩形"按钮 ，绘制门。命令行操作与提示如下：

命令：ARC ✓
指定圆弧的起点或[圆心（C）]：（选择要绘制门的一个端点）
指定圆弧的第二个点或[圆心（C）/端点（E）]：（选一中间点来确定圆弧）
指定圆弧的端点：（选择要绘制门的另一个端点）✓

采用相同的方法继续绘制窗户，结果如图 7-13 所示。

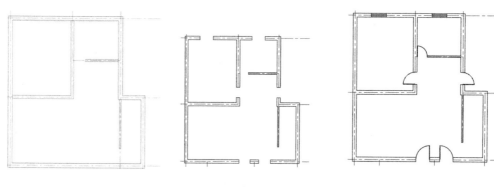

图7-11 平行线绘制墙体　　　图7-12 修剪出门窗洞口　　　图7-13 绘制门和窗户

注意

在 CAD 的模块库中有门的模块，可以从其中调出模块，直接插入到墙体中，这里用圆弧来绘制门，是为了介绍圆弧的运用。

7.4 绘制单个套型的设施

在绘图中可以将一些常用的图形做成模块存入模块库，这样在以后的绘图中就可以直接调用，从而大大节省绘图的时间，提高绘图效率。对于一些常用的室内设施，如桌子、床、马桶等，在系统配置的模块库中都可以直接找到，并可直接调用。

7.4.1 调入模块

1）选取菜单栏"工具"→"选项板"→"设计中心"选项，弹出"设计中心"，如图 7-14 所示。

2）在"文件夹列表"中双击"house designer.dwg"，然后在右侧的内容显示区中双击"块"图标，弹出如图 7-15 所示的图块库。然后把所需要的图块插入到绘图窗口，在插入的过程中可以调整块的大小，以便适应房间的大小。插入后的图形如图 7-16 所示。

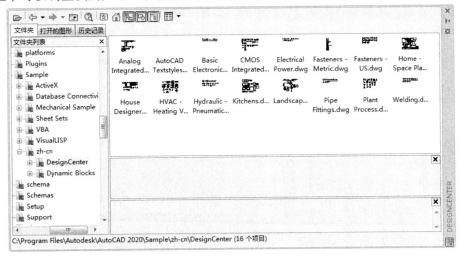

图7-14　设计中心

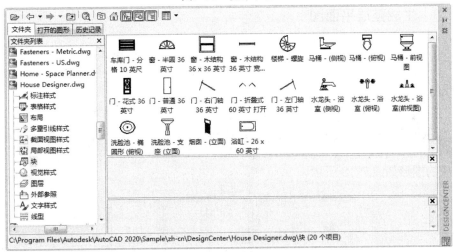

图7-15　图块库

注意

对于在绘图中经常用到的模块，如果系统中所带的图块库不能满足绘图需要，就要自己创建模块。创建模块有创建内部模块和创建外部模块之分，其中创建的内部模块只是暂时存在缓冲区，只限于本图的调用，而外部模块可以在绘制各个图样的时候进行调用，因此在创建模块的时候要注意这两者的区别。

7.4.2　标注文字

标注文字主要用来标注各个房间的用途。

设置文字的样式。单击"默认"选项卡"注释"面板中的"文字样式"按钮 **A**，弹出"文字样式"对话框。在字体名中选择所需要的字体样式，输入适当的高度值。单击"应用"按钮关闭对话框。

单击"默认"选项卡"注释"面板中的"多行文字"按钮 **A**，进行文字的标注，结果如图 7-17 所示。

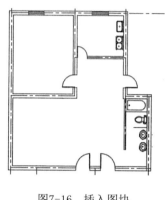

图7-16　插入图块

图7-17　标注文字

7.4.3　生成整层平面图

单击"默认"选项卡"修改"面板中的"镜像"按钮 ⚠，镜像图形，命令行操作与提示如下：

```
命令：mirror↙
选择对象：（用鼠标选取整个图形）↙
指定镜像的第一点：（选取对称轴上的一点）
指定镜像的第二点：（选取对称轴上的另一点）↙
要删除源对象吗？［是（Y）/否（N）］<否>：↙
```

生成的图形如图 7-18 所示。

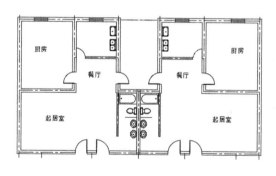

图7-18　整层平面图

7.4.4　绘制楼梯及楼梯外墙体

根据建筑的高度和踏步常用的尺寸，可以计算出所需要的楼梯踏步数目，然后利用直线的绘制方法将楼梯绘制在平面图上。也可以先绘制左半部分楼梯，然后根据对称性将右边的楼梯镜像生成。楼梯外墙体及窗户的绘制方法与 5.3 节中相同。绘制的楼梯及外墙结果如图

7-19 所示。

注意

在楼梯踏步的绘制过程中，既可以先画一条直线，然后运用"偏移"命令，把楼梯踏步的宽度作为偏移的距离，逐条线进行偏移，也可以运用"复制"命令，或使用更简单快捷的"阵列"命令。

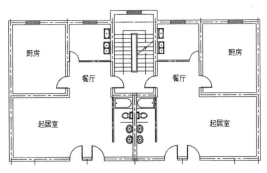

图7-19　绘制楼梯及外墙体

7.5　绘制整个套型的给水管道

本节主要介绍整个套型给水管道的绘制。首先绘制给水点，然后根据给水点绘制管道，最后标注各个管道名称。

7.5.1　绘制给水点

1）打开图层管理器，将"管道"图层设为当前层。

2）在命令行中输入"point"命令，或者单击菜单栏"格式"→"点样式"命令，弹出如图 7-20 所示的对话框，单击"+"图标，在"点大小"文本框中输入适当的数字，单击"确定"按钮，完成点的样式设置。

由于给水龙头一般在设施的中点处，所以可以使用对象捕捉的方法辅助绘图。用鼠标右键单击"对象捕捉"按钮，在弹出的如图 7-21 所示的快捷菜单中单击"对象捕捉"选项，弹出"草图设置"对话框"对象捕捉"选项卡，如图 7-22 所示。

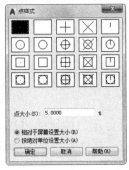

图7-20　"点样式"对话框

图7-21　快捷菜单

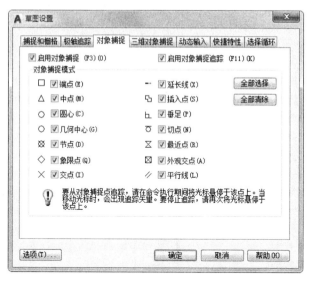

图7-22 "对象捕捉"选项卡

3）选取中点，分别绘制洗脸池和浴缸的给水点，结果图如图 7-23 和图 7-24 所示。

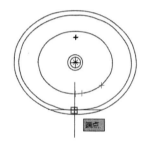

图7-23 洗脸池给水点

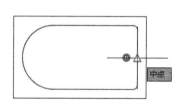

图7-24 浴缸给水点

📖 7.5.2 绘制各个管道

由于管道的表示线条在图形中比墙体粗，所以在绘制线条的同时应随机输入线宽，达到所要求的格式。单击"默认"选项卡"绘图"面板中的"多段线"按钮，命令行操作与提示如下：

```
命令：PLINE ✓
指定起点：（在图形中指定起点）
指定下一点或[圆弧（A）/半宽（H）/长度（L）/放弃（U）/宽度（W）]：W ✓
指定起点宽度<0.000>：25 ✓ （设置宽度）
指定端点宽度<0.000>：25 ✓
指定下一点或[圆弧（A）/半宽（H）/长度（L）/放弃（U）/宽度（W）]：（指定另外一点）
```

绘制好一半的管道之后，单击"默认"选项卡"修改"面板中的"镜像"按钮 ⚠，生成另半边的管道，管道布置图如图 7-25 所示。

确定线宽的方法很多，管道的宽度也可以在设定图层性质的时候来定，这时候管线用"Continuous"线型绘制，给水管用 0.25 mm 的线宽，排水管用 0.30 mm 的线宽，用"点"表示用水点。

对各个管道的名称及规格进行标注，效果如图 7-26 所示。

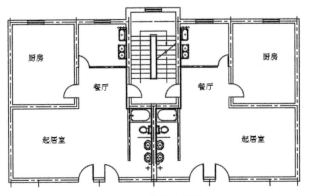

图7-25　管道布置图

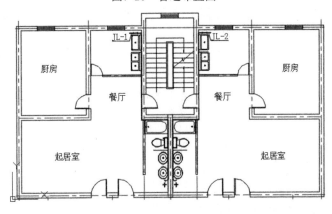

图7-26　管线标注图

7.6　标注平面图的尺寸及各层的标高

对于建筑平面图来说，在同一标准层上可以同时表示出各个层的标高，这样更加直观，同时也要学习标高的表示方法。

1）将"标注"图层指定为当前图层。

2）单击"默认"选项卡"注释"面板中的"文字样式"按钮，在弹出的对话框"样式名"中选择"Standard"，其余的选项都默认上次设定的值。单击"关闭"按钮关闭对话框。

3）可以先在图的旁边空白区域添加要标注的内容，然后单击"默认"选项卡"修改"面板中的"移动"按钮✛，将标注内容移到平面图中合适的位置，这样就避免了在原图形中绘制标高时不小心会删改其他的线条。

4）绘制标高的符号可用直线命令来完成，如图7-27所示。标高数值可用标注文字的操作来完成，如图7-28所示。

图7-27　标高符号

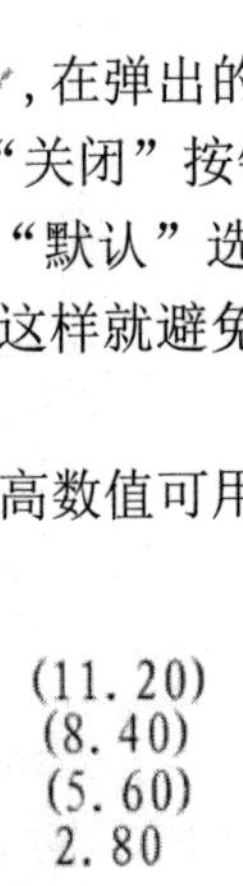

```
(11. 20)
(8. 40)
(5. 60)
 2. 80
 ▽
```

图7-28　标高数值

5）单击"默认"选项卡"修改"面板中的"移动"按钮✛，命令行操作与提示如下：

命令：move ✓
选择对象：（可用鼠标点取已完成的标高文字）✓
指定基点或[位移(D)]〈位移〉：（用鼠标点取文字上的任一点）✓
指定第二个点或〈使用第一个点作为位移〉：（点取标高要放置的点的位置）

6）标注平面图的具体尺寸：单击"默认"选项卡"注释"面板中的"线性"按钮⊢⌐，依次选择两轴线端点，则可标注出两轴线的距离；然后单击"注释"选项卡"标注"面板中的"连续"按钮⊬⊢，进行连续标注。用户可根据命令行中的提示进行操作，尺寸标注的结果如图 7-29 所示。

7）为各个轴线进行标号：在建筑图中为了清晰地为每个房间定位，需要为平面图中的横竖轴线进行标号。

单击"默认"选项卡"绘图"面板中的"圆"按钮⊘，进行圆的绘制，可以先在空白区域绘制适当大小的圆。

单击"默认"选项卡"注释"面板中的"单行文字"按钮Ａ，在圆中写上数字，命令行操作与提示如下：

命令：DT ✓
指定文字的起点[对正（J）/样式（S）]：J ✓
输入选项 [左(L)/居中(C)/右(R)/对齐(A)/中间(M)/布满(F)/左上(TL)/中上(TC)/右上(TR)/左中(ML)/正中(MC)/右中(MR)/左下(BL)/中下(BC)/右下(BR)]：MC ✓
指定文字的中间点：（选取圆的中心）✓
指定文字高度：400 ✓
指定文字的旋转角度〈0〉:✓

轴线标注的结果如图 7-30 所示。

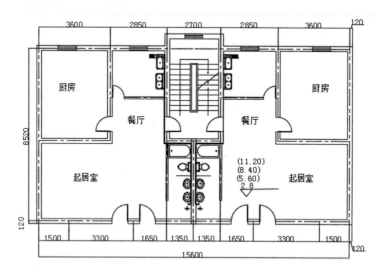

图7-29 标注尺寸

！注意

在制作了第一个轴线标号以后，不需要依次把所有的标号都制作出来，只需要运用"复制"命令将制作好的第一个标号依次粘贴到各个轴线端，然后用鼠标右键单击文字，在弹出的选项中选择"编辑文字"，就可以输入所需要的文字，再单击"确定"按钮，此时原来的文字就会被覆盖。而此时鼠标变为一个小方框，用此小方框单击其他的文字就会自动弹出修改文字的文本框。如此反复便可以修改所有的标号。

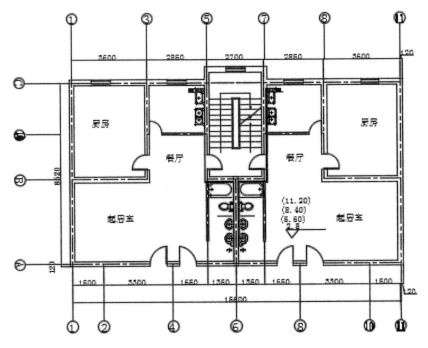

图7-30　标注轴线

至此，一张完整的住宅给水管道平面图绘制完毕。

7.7　绘制整个套型的排水管道

由于排水管道也是在同样的平面图中来表示，所以只需要在已经绘制好的给水平面图的基础上稍加改动就可以生成整个套型的排水管道图。

7.7.1　复制整个套型

单击"默认"选项卡"修改"面板中的"复制"按钮，命令行操作与提示如下：

```
命令：COPY ✓
选择对象：（选择所有的图形）✓
当前设置：复制模式 = 多个
指定基点或 ［位移(D)/模式(O)］〈位移〉：（在图形中选择一个控制点）
指定第二个点或 ［阵列(A)］〈使用第一个点作为位移〉：
指定第二个点或 ［阵列(A)/退出(E)/放弃(U)］〈退出〉：（用鼠标将图形拖放到适当的位置）
```

注意

还可以把已经绘制好的平面图另存为"排水.dwg"这样便可以直接在图形上进行修改，而不改变原来的图形。

7.7.2 修改图形

保留两张图样中相同的部分，将需要改动的管道删除。可以用鼠标点取选中的管道，然后直接按 Delete 键删除。为了方便选取，可以单击"窗口缩放"按钮，将图形局部放大。

7.7.3 绘制方形地漏及排水栓

可以使用"阵列"命令来绘制方形地漏。首先在空白区域绘制一段直线。单击"默认"选项卡"修改"面板中的"矩形阵列"按钮，命令行操作与提示如下：

```
命令：_ARRAYRECT ✓
选择对象：(选择先前已绘制好的直线段)
选择对象：
类型 = 矩形   关联 = 是
选择夹点以编辑阵列或 [关联(AS)/基点(B)/计数(COU)/间距(S)/列数(COL)/行数(R)/层数(L)/退出(X)] <退出>：R✓
输入行数数或 [表达式(E)] <3>：4✓
指定 行数 之间的距离或 [总计(T)/表达式(E)] <64.9497>：80✓
指定 行数 之间的标高增量或 [表达式(E)] <0>：✓
选择夹点以编辑阵列或 [关联(AS)/基点(B)/计数(COU)/间距(S)/列数(COL)/行数(R)/层数(L)/退出(X)] <退出>：COL✓
输入列数数或 [表达式(E)] <4>：1✓
指定 列数 之间的距离或 [总计(T)/表达式(E)] <1>：✓
选择夹点以编辑阵列或 [关联(AS)/基点(B)/计数(COU)/间距(S)/列数(COL)/行数(R)/层数(L)/退出(X)] <退出>：
```

然后用直线将两端封闭，绘制好的地漏如图 7-31a 所示。

排水栓的绘制只需把圆和直线的操作综合运用即可。绘制的排水栓如图 7-31b 所示。

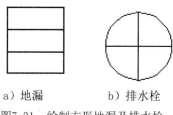

a) 地漏 　　　 b) 排水栓

图7-31　绘制方形地漏及排水栓

7.7.4 连接各个管道设施

将竖向排水管、地漏、排水栓及水平排水管连在一起，绘制在图形中。管道的绘制方法可参照 7.5.2 节，这里就不再赘述。绘制的排水管道图如图 7-32 所示。

7.7.5 标注管道名称

操作步骤同 7.5.2 节。标注好的完整图形如图 7-33 所示。

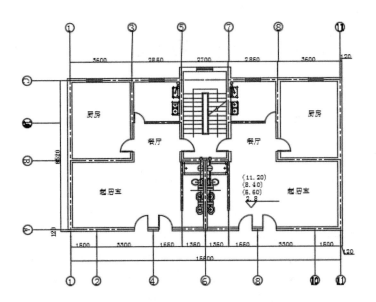

图7-32　排水管道图

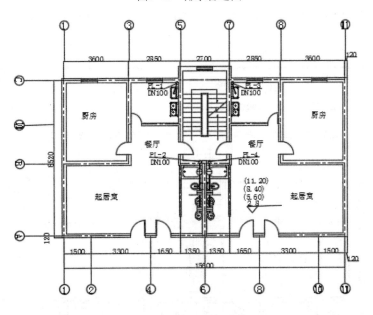

图7-33　排水管道平面图

7.8　绘制给水排水施工图

　　首先绘制 A3 图框，然后插入会签栏，再将排水和给水平面图移动到图框中，最后标注文字。

　　1）绘制 A3 图框，如图 7-34 所示。

　　2）插入会签栏。在第 4 章中已经详细讲述了会签栏的绘制方法，可以把已经制作好的会签栏制作成块存入自己的模块库以备后用，或者直接从"设计中心"中调用模块，然后插入到已经制作好的图框中。插入会签栏后的图形如图 7-35 所示。

3）将已经绘制好的排水管道平面图移入到图框中的合适位置（完成此操作可以用"Move"命令）。

图7-34　A3图框

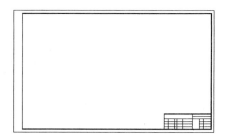

图7-35　插入会签栏

4）填写图样比例及设施说明。在标准施工图中都要具备设施说明及图样的比例。填写设施说明可以单击"默认"选项卡"注释"面板中的"多行文字"按钮 A 来完成。

至此，一张完整的排水施工图绘制完成，结果如图 7-36 所示。同理，可以把已经绘制好的给水管道平面图放入图框中生成完整的给水施工图，如图 7-37 所示。

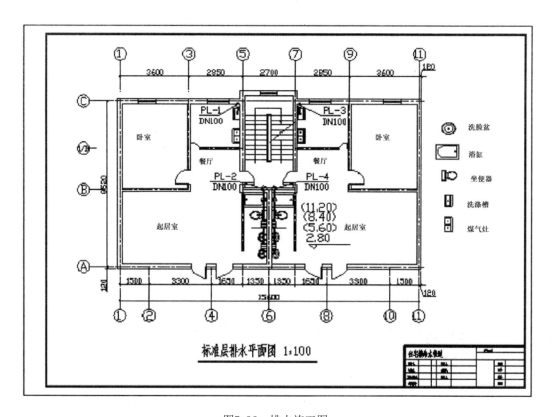

图7-36　排水施工图

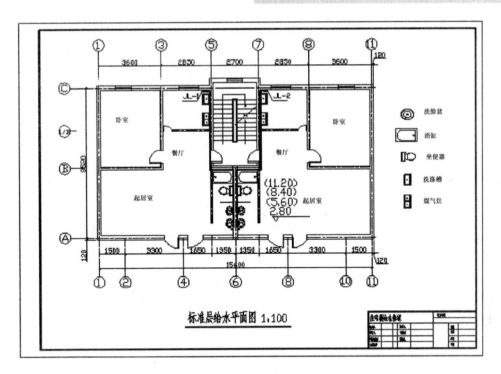

图7-37　给水施工图

第 **8** 章

住宅楼给水排水系统图

在本章中将绘制与第 5 章平面图相应的给水排水系统图。在绘图过程中大多采用命令的操作，而不仅仅是使用鼠标在工具条中选择命令。不但可以大大提高绘图的速度，还可以 巩固以前所学过的命令。本实例的制作思路：分别绘制给水和排水系统图，首先绘制给水管线段，然后画出排水设施，再绘制出表示楼层的平行线和其余的图形。

◉ 绘制给水系统图

◉ 绘制排水系统图

8.1 图层的设置

　　1）建立新文件。打开 AutoCAD 2020 应用程序，单击菜单栏中"文件"→"新建"选项，弹出"选取样板"对话框，单击"打开"按钮右侧的下拉按钮▼，以"无样板打开－公制"（毫米）方式建立新文件；将新文件命名为"给排水系统.dwg"并保存。

　　2）创建新图层。单击"默认"选项卡"图层"面板中的"图层特性"按钮，弹出"图层特性管理器"对话框，新建并设置每一个图层，如图 8-1 所示。

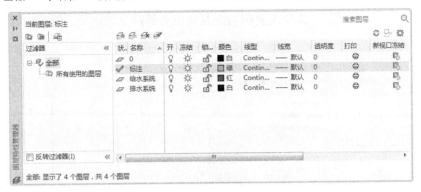

图8-1　"图层特性管理器"对话框

8.2 绘制给水系统图

8.2.1 绘制给水系统的主管道

　　1．设置图层

　　单击"默认"选项卡"图层"面板中的"图层特性"按钮，弹出"图层特性管理器"对话框，把"给水系统"图层设置为当前图层，如图 8-2 所示。

　　2．设置极角捕捉

　　1）鼠标右键单击状态栏中的"对象捕捉"按钮，然后选择"对象捕捉设置"选项，如图 8-3 所示。

图8-2　设置"给水系统"为当前图层　　　　图8-3　选择"对象捕捉设置"选项

　　2）打开"草图设置"对话框，选择"极轴追踪"选项卡，在"极轴角设置"中设置"增量角"为 45，在"对象捕捉追踪设置"中选中"用所有极轴角设置追踪"，如图 8-4 所示。单击"确定"按钮退出对话框。

3．绘制主管道

1）单击"默认"选项卡"绘图"面板中的"多段线"按钮，命令行操作与提示如下：

```
命令：PLINE ✓
指定起点：　（在绘图区域中单击鼠标左键，选取一点）
指定下一点或［（圆弧（A）/半宽（H）/长度（L）/放弃（U）/宽度（W）］：W ✓
指定起点宽度：60　✓
指定端点宽度：60　✓　（由于本图使用的原始尺寸作图，所以线宽值也很大）
指定下一点或［（圆弧（A）/半宽（H）/长度（L）/放弃（U）/宽度（W））］：20750 ✓
```

2）绘制出一条直线后，再使用复制功能复制出另外两条表示竖向管道的直线，如图 8-5 所示。

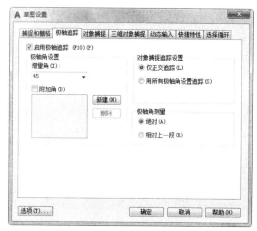

图8-4　"极轴追踪"选项卡　　　　　　　　　　　图8-5　绘制竖向管道

3）由于各给水水平干管均是从 1.87m 相对标高处由室外引入室内，然后引到-0.15m 标高处拐弯，再穿过一层顶板到 20.60m 标高处拐弯。因此以最下端标高为±0.00 处绘制其他的管道。单击"默认"选项卡"绘图"面板中的"多段线"按钮，选取端点，向下引伸 150mm 长度后，向左引伸一段距离确定出点 1，如图 8-6 所示。然后向下引出一段距离确定出点 2，如图 8-7 所示。然后将鼠标放在 45°的追踪线上引出一段距离确定出点 3，如图 8-8 所示。

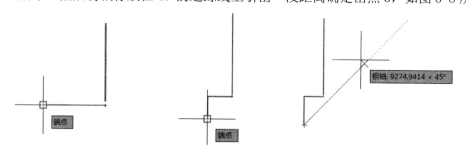

图8-6　确定点1　　　　　　图8-7　确定点2　　　　　　图8-8　确定点3

从端点向下引伸出长为 150mm 的线段是因为要确定±0.00 的标高，同时还要确定-0.15m 的标高，使用这种方法作图，就可以在±0.00 标高留出一个可供捕捉的节点，为下一步绘制±0.00 标高的楼层线段创造便利条件。

4）可以采用同样的方法绘制另外两个管道的底部弯曲管道，结果如图 8-9 所示。

4. 确定各层标高

单击"默认"选项卡"绘图"面板中的"直线"按钮，在±0.00处绘制出表示各楼层的线段，如图 8-10 所示。对于第一层和第二层标高线段，点取线段与竖直管道的交点为基点，如图 8-11 所示。单击"默认"选项卡"修改"面板中的"复制"按钮，根据提示，依次在命令行中输入距离 500、2800、5600、8400、11200、12200、14000、16800、19600、20600。第一层标高线段的复制距离为 500，第二层标高线段的复制距离为 2800，连续 8 次向上进行复制操作，如图 8-12 所示。

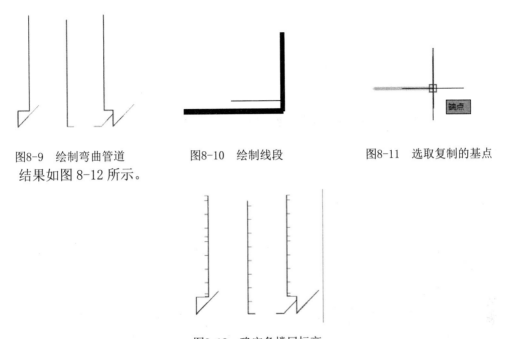

图8-9　绘制弯曲管道　　　图8-10　绘制线段　　　图8-11　选取复制的基点

结果如图 8-12 所示。

图8-12　确定各楼层标高

在输入一个数字之后，要按 Enter 键，然后再输入下一个数字，这样就能连续复制。在命令行中输入的距离是相对于被复制线段的距离，因此能直接按标高输入。如果使用的是"偏移"命令，并且被偏移的线段是±0.00 标高处的线段，则所输入的偏移距离也可以是各层的标高，但是使用"偏移"命令要指定所要偏移的方向，因此比"连续复制"命令更繁琐。

8.2.2　绘制辅助部分

1. 绘制各水平支管及立支管

1）单击"默认"选项卡"绘图"面板中的"多段线"按钮，启用捕捉功能，捕捉与上端点水平的线上的一点，确定出点 1，如图 8-13 所示。然后追踪 225°线，确定出点 2，如图 8-14 所示。然后追踪 90°线，确定出点 3，如图 8-15 所示。采用同样方法确定点 4～点 7，结果如图 8-16 所示。

2）采用同样方法绘制其他的水平支管及立支管，结果如图 8-17 所示。

注意

在绘制支管的过程中可以发现，没有必要每个都要使用"多段线"命令来绘制，可以绘制好一个，然后启用"正交"命令，对绘制好的支管进行竖向及水平复制即可。

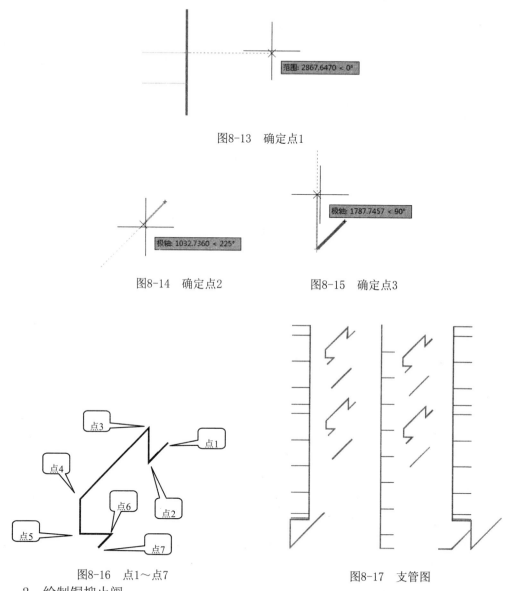

图8-13　确定点1

图8-14　确定点2　　　　图8-15　确定点3

图8-16　点1～点7　　　　　　图8-17　支管图

2．绘制铜抑止阀

铜抑止阀的绘制方法是先绘制一个填充好的圆，然后在两端绘制三角形。

1）单击"默认"选项卡"绘图"面板中的"圆环"按钮◎，命令行操作与提示如下：

命令：donut ✓
指定圆环的内径<0.500>：0 ✓　（输入0表示内圆的半径为0，这样绘制出来的即为实心圆）
指定外环的半径<1.00>：150 ✓
指定圆环的中心点或<退出>：（在绘图区域的空白区域选取一点，如图8-18所示）

2）单击"默认"选项卡"绘图"面板中的"直线"按钮╱，绘制实心圆两端的三角形，在45°追踪线上确定点1，如图8-19所示，然后在关于圆心对称的45°追踪线上确定点2，如图8-20所示。同理可以确定135°、315°追踪线上的两点，如图8-21、图8-22所示。然后封闭两端形成三角形，如图 8-23 所示。

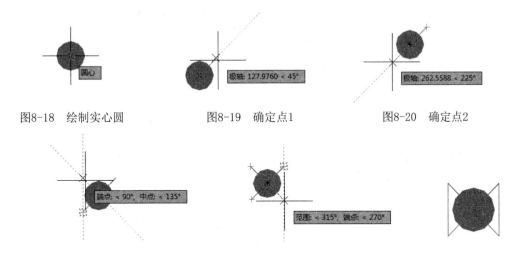

图8-18　绘制实心圆　　　　图8-19　确定点1　　　　图8-20　确定点2

图8-21　确定点3　　　　　图8-22　确定点4　　　　图8-23　封闭三角形

在这里绘制实心圆使用了"圆环"命令，此命令可以简写为"do"。也可以通过先绘制圆，然后进行图案填充来达到绘制实心圆的目的。如果在命令行中内径不为 0，则绘制出来的为一圆环，而非实心圆。

3．调入模块

打开源文件/第 8 章/块，插入室内消火栓和水龙头图块，也可以自己动手重新绘制，然后存成模块。

插入室内消火栓，如图 8-24 所示。插入水龙头模块，如图 8-25 所示。

4．绘制进出口管道标号

1）单击"默认"选项卡"绘图"面板中的"圆"按钮⊙，在空白区域绘制出一个半径为 150mm 的圆。然后通过圆心绘制一条水平线段，将圆平分为两半圆，如图 8-26 所示。

2）单击"默认"选项卡"注释"面板中的"多行文字"按钮 Ａ，在绘图区域写出"J"，"1"两个字符。

3）单击"默认"选项卡"修改"面板中的"移动"按钮✛，将字符分别移动到上、下两个半圆中，如图 8-27 所示。

图8-24　室内消火栓　　　　图8-25　水龙头　　　　图8-26　将圆平分为两半圆

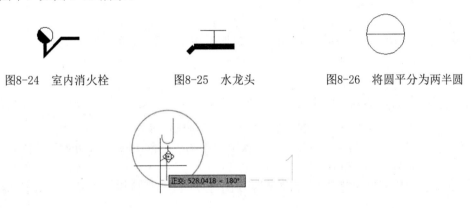

图8-27　移动字符

4）复制图 8-27 所示的编号，如图 8-28 所示，然后将下半圆中的数字修改为 2，如图 8-29 所示。

5）单击"默认"选项卡"修改"面板中的"旋转"按钮 ↻，选取编号为 1 的管道标号，将其旋转 45°，结果如图 8-30 所示。采用同样的方法旋转编号为 2 的管道标号，结果如图 8-31 所示。

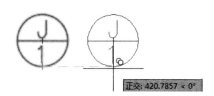

图8-28　复制编号

图8-29　修改数字　　　　图8-30　旋转符号1　　　图8-31　旋转符号2

 注意

在标注文字时，会发现在命令行中有旋转的提示，也就是说如果标注的文字需要有一定的角度，则可以直接输入要旋转的角度，而不用在文字标注好后启用旋转命令来达到旋转的效果。这个命令将在后面的标高标注的时候讲解。

5．将各个绘制好的图例插入到图形中

室内消火栓的栓口到楼面的距离均为 1.10m。各个管的高度距楼面为 1m。在安放室内消火栓时，依旧可以采用连续复制，在命令行中输入标高的方法进行。为了使图面清晰简洁，绘图时可采用省略的手法，将某些管道用虚线表示，如图 8-32 所示。

6．进行标高标注

1）绘制如图 8-33 所示的标高符号。然后

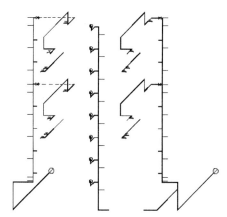

图8-32　放置各个实体

单击"默认"选项卡"修改"面板中的"镜像"按钮 ⚠，镜像标高符号如图 8-34 所示。

图8-33　绘制标高符号　　　　图8-34　镜像标高符号

2）单击"默认"选项卡"修改"面板中的"旋转"按钮 ↻，将图 8-33 所示的图形旋转为 135°，结果如图 8-35 所示。

3）单击"默认"选项卡"注释"面板中的"多行文字"按钮，输入-1.870，并旋转 135°，结果如图 8-36 所示。

图8-35　旋转标高符号　　　　图8-36　标注文字

⚠注意

　　在标注标高时，不需要分别对每个标高进行书写数字，可以在创建好一个标高之后，使用"复制"命令，将其复制到每个标高处，然后使用右键单击数字，在弹出的编辑文字文本框中修改数字即可。数字修改完后直接按Enter键，此时在绘图区域的鼠标呈一小方框，用此方框单击其他的数字，即可进行修改。标注标高的结果如图8-37所示。

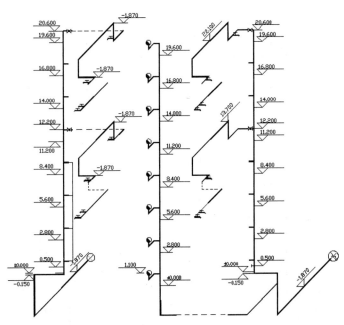

图8-37　标注标高

7. 对各个管道进行文字标注

　　在此步骤中主要标示出各个管道的型号，以及对一些省略部分进行必要的文字说明。在此仅以竖直管道的型号标注为例。

　　1）单击"默认"选项卡"注释"面板中的"单行文字"按钮 A，输入文字，然后将其逆时针旋转90°，结果如图8-38所示。

　　2）单击"默认"选项卡"修改"面板中的"复制"按钮 ℅，将"DN100"放到合适的位置，如图8-39所示。

　　3）将图8-38所示的图形旋转45°，并修改数字，用来表示室内消火栓的管道以及支管，如图8-40所示。将修改后的文字复制到相应的位置，如图8-41所示。

　　4）依次对各个所需要的文字进行创建、修改、复制，结果如图8-42所示。

　　至此，住宅楼的给水系统图绘制完毕。

图8-38　竖直文字　　　　　　　　　　　　图8-39　复制文字

图8-40　旋转后的文字　　　　　　图8-41　复制旋转后的文字

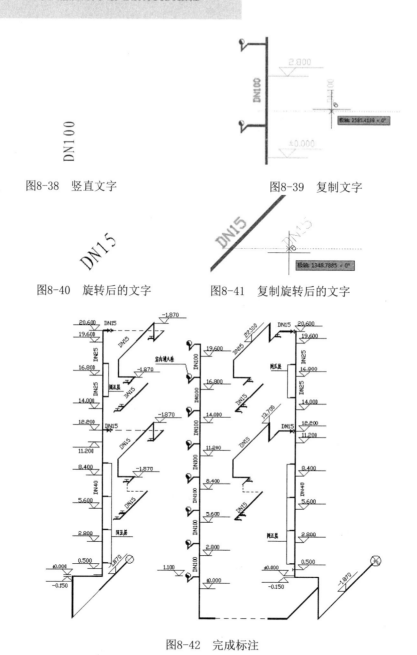

图8-42　完成标注

8.3　绘制排水系统图

8.3.1　绘制图形

1. 绘制支管道

1）打开"图层特性管理器"对话框，将"排水系统"图层设置为当前图层。

2）单击"默认"选项卡"绘图"面板中的"多段线"按钮，在绘图区的空白区域绘制两条表示竖向排水主管道的直线，如图8-43所示。

绘制排水管道所用的线型为"ACAD_ISO02W100"，如果在开始设置线型的时候没有设置对，可以随时打开"图层特性管理器"进行线型的修改。

3）绘制支管道。仍然利用"多段线"命令，支管道的具体尺寸可以参考本章中的完整排水系统图形。绘制结果如图8-44所示。

4）确定各层标高。方法与绘制给水系统图时确定标高的方法一样，但是必须注意现在的图层的线型是虚线，所需要的线段是连续的实线，所以可以先将图层转换到0层中，先在±0.000标高处绘制一线段，然后使用复制命令，在命令行中依次输入各层的标高。绘制结果如图8-45所示。

图8-43　绘制竖向排水主管道　　　图8-44　绘制支管道　　　图8-45　确定各层标高

2．绘制其他部分

1）绘制浴盆排水。由于此图形均由水平或竖直线段构成，为了绘制方便可以启用"正交"功能。利用"多段线"命令，采用默认线宽绘制浴盆排水，结果如图8-46所示。

2）绘制瓶形存水弯。单击"默认"选项卡"绘图"面板中的"直线"按钮╱，设置长度为600mm，绘制两条平行的竖直线，如图8-47所示。单击"默认"选项卡"绘图"面板中的"圆弧"按钮╭，选取两直线上端点为起止点，绘制圆弧，如图8-48所示。单击"默认"选项卡"修改"面板中的"镜像"按钮◢，根据命令行提示选取圆弧，选取两竖直直线的中点的连线作为对称轴，镜像圆弧，如图8-49所示。利用"多段线"命令，绘制如图8-50所示的线段1。采用同样方法绘制如图8-51所示的线段2。

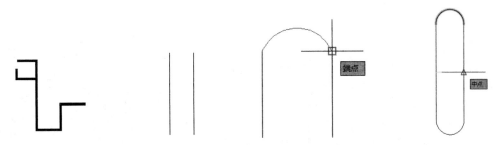

图8-46　浴盆排水　　图8-47　绘制竖向直线　　图8-48　绘制圆弧　　图8-49　镜像圆弧

3）绘制洗脸盆、坐便器、污水池将其存水弯。单击"默认"选项卡"绘图"面板中的"圆"按钮◯，在空白区域绘制一圆，半径为140mm。单击"默认"选项卡"注释"面板中的"单行文字"按钮A，在空白区域写下"脸"字，然后使用移动命令，将其移动到圆的中心。复制刚绘制的带文字的圆两次，对其中的文字进行修改，分别改为"坐"、"污"字。然后绘制存水弯。结果如图8-52所示。

由于在绘制排水平面图的时候已经绘制过方形地漏，所以在此可以直接将其从平面图中复制过来使用。

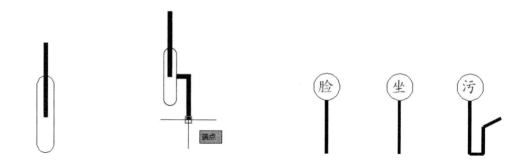

图8-50 绘制线段1   图8-51 绘制连续线段2   图8-52 绘制洗脸盆、坐便器、污水池及存水弯

4）安放各个排水设施。首先以最左边竖向直线的中点为起点，在225°追踪线上确定点1，如图 8-53 所示。然后在水平追踪线上确定点 2，如图 8-54 所示。再在 225°追踪线上确定点 3，如图 8-55 所示。

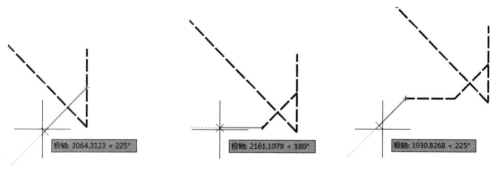

图8-53 确定点1   图8-54 确定点2   图8-55 确定点3

单击"默认"选项卡"修改"面板中的"复制"按钮，将浴盆排水、地漏、坐便器等排水设施放置在管道上，结果如图 8-56 所示。

采用同样方法安放其他设施，其中中间污水管道距各楼层高度为 0.50m，各坐便器管道距顶层距离为 0.50m。根据此尺寸绘制的结果如图 8-57 所示。

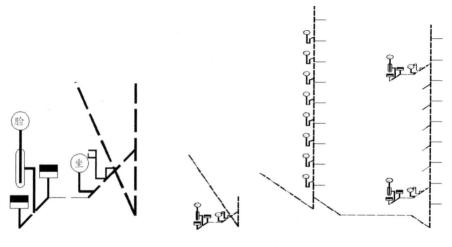

图8-56 放置排水设施   图8-57 安放其他设施

对于中间的污水管道可以采用复制的方法，在命令行中输入标高，但是必须要同时启用"正交"功能。对于相同的部分可以直接复制。

在标高分别为+1.000、+9.400、+15.000、+20.600 处绘制检查口。为了确定标高为1.00m处的位置，可以对标高为±0.000 处的线段进行偏移，偏移的距离为 1000mm，如图 8-58 所示。单击"默认"选项卡"绘图"面板中的"直线"按钮，进行检查口的绘制，结果如图 8-59 所示。

将检查口依次复制，分别放置到所要求的标高处，结果如图 8-60 所示。

注意

对于运用"多段线"绘制出来的各个线段，不能使用"分解"命令进行分解，否则在绘制线段时所设置的线宽将恢复为 0。同理，带有某种属性的图块分解后，其属性值将被还原成为属性定义的标签。

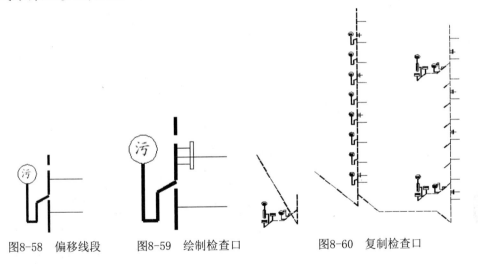

图8-58　偏移线段　　　　图8-59　绘制检查口　　　　图8-60　复制检查口

8.3.2　标签

1．标注标高

由于排水系统图和给水系统图是在同一个绘图区域中进行的，所以可以直接使用已经绘制好的标高符号，也可以直接进行复制，如图 8-61 所示。

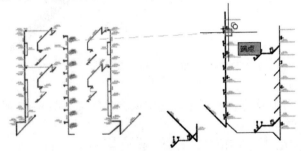

图8-61　复制标高

复制完成后，还要对其他漏掉的标高进行补充和必要的修改，结果如图 8-62 所示。

2．标注管道符号

1）从给水系统图中复制管道标号图形，如图 8-63 所示。用鼠标右键单击"J"，从弹出的快捷菜单中选取"编辑文字"，在弹出的文本框中写入"P"，修改数字为 1。修改后的图形如图 8-64 所示。将修改后的符号进行旋转，旋转后的符号如图 8-65 所示。

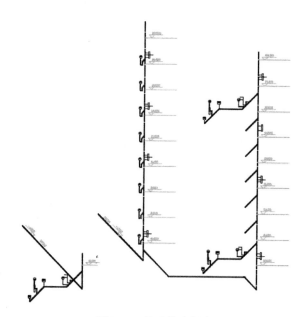

图8-62　修改补充标高

　　图8-63　复制符号　　　　　图8-64　修改符号　　　　　图8-65　旋转符号

2）单击"默认"选项卡"修改"面板中的"移动"按钮 ✛，将旋转后的符号移动到支管的端部，如图 8-66 所示。

图8-66　移动符号

3．标注管道型号

从给水系统图中复制文字，然后进行文字编辑，结果如图 8-67 所示。

4．添加必要的文字说明

由于本图为简略图，只绘制出了具有代表性的一部分，所以其余未绘制的层要标示出来。其具体的方法就是利用"多行文字"命令进行标注。具体的标注结果如图 8-68 所示。

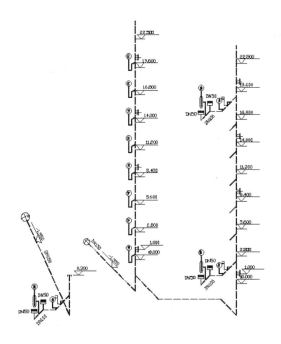

图8-67　标注型号

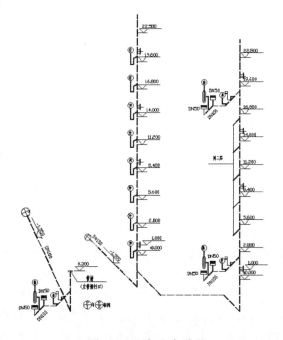

图8-68　添加文字说明

8.4　插入图框

1）确定所用图框大小。首先在两个图形外围绘制一矩形，目的是为了测定所需图纸的大小，如图 8-69 所示。在命令行中输入命令：

```
命令：dist ↙
指定第一点：（选取矩形的一个角点，如图 8-70 所示）
指定第二个点或 [多个点(M)]：（选取矩形的相邻角点，如图 8-71 所示）
```

此时，在命令行中显示出"距离＝32299.924"，同理可以测量出矩形的长为 57516.29，由于本图的比例为 1:100，故使用 A2 的图框即可。测量完成后删除外围矩形。

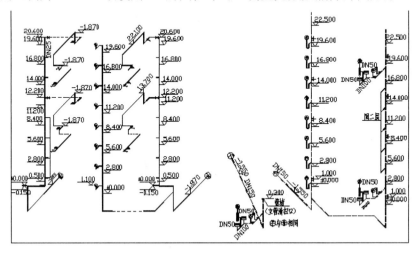

图8-69　绘制外围矩形

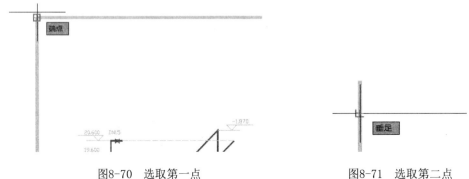

图8-70　选取第一点　　　　　　　　　　图8-71　选取第二点

ⓘ注意

选用 A2 图框是由绘图方式决定的。设置的绘图比例是 1:100，但在绘图的时候是先按 1:1 的比例绘制所有的图形，即按图纸具体尺寸直接绘制，然后在插入图框时放大 100 倍。这种方法只需要将图框放大即可，而不需要对标注的比例因子进行修改。当然也可以将按原尺寸绘制的图形缩小到 1%，而图框的比例不变，不过在缩放图形的过程中，标注的比例因子也要事先设定为 100，否则图形显示的尺寸大小将不是原尺寸，而是缩小到 1%后的尺寸。

2）绘制图框，如图 8-72 所示。

3）插入会签框。从模块库中调入会签框模块，插入到图框的右下角，如图 8-73 所示。

4）移动图形。单击"默认"选项卡"修改"面板中的"移动"按钮✥，将图形移动到图框中的合适位置，调整图框和各视图之间的相互位置关系，以使图纸各部分布局合理、均匀，如图 8-74 所示。

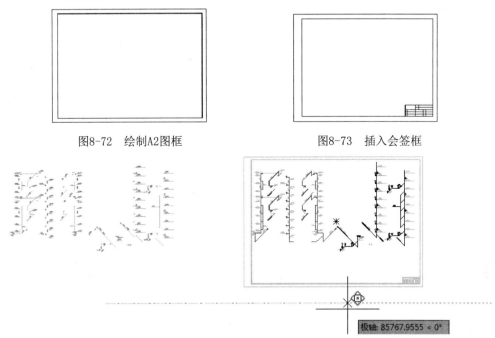

图8-72　绘制A2图框　　　　　　　　图8-73　插入会签框

图8-74　移动图形

5）添加文字。利用"单行文字"命令，添加文字"给水系统图 1:100"和"排水系统图 1:100"。

至此，完整的给水排水系统图绘制完成，结果如图 8-75 所示。

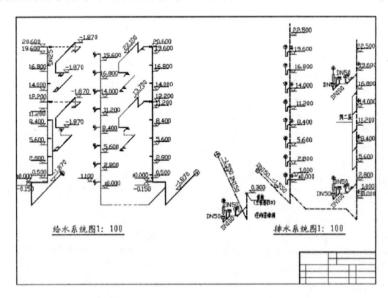

图8-75　完成给水排水系统图绘制

第 **9** 章

暖通空调施工图基础

暖通空调设备是生产、生活中不可或缺的组成部分，它的施工阶段尤为重要。本章简要介绍了暖通空调施工图的组成、施工说明及施工图分类。

学 习 要 点

- 暖通空调施工图的组成、施工说明
- 空调施工图的分类

9.1 暖通空调施工图的组成

一般通风与空调工程设计是根据甲方提供的委托设计任务书及建筑专业提供的图样，并依照通风专业现行的国家颁发的有关规范、标准进行设计的，主要包括集中冷冻站、热交换站设计，餐厅、展览厅、大会堂、多功能厅、办公室、会议室集中空调设计，地下汽车库及机电设备机房的通风设计，卫生间、垃圾间、厨房等的通风设计，防烟楼梯间、消防电梯等房间的防排烟设计。

需要根据建筑物所在的地区，说明设计计算时需要的室外计算参数及建筑物室内的计算参数。例如，

在北京地区夏季室外计算参数有：

空调计算干球温度为33.2℃；

空调计算湿球温度为26.4℃；

空调计算日均温度为29.2℃；

通风计算干球温度为28.6℃；

平均风速为1.9m/s，风向为N；

大气压力为89.69kPa。

在北京地区冬季室外计算参数有：

空调计算干球温度为-12.0℃；

空调计算相对湿度为45%；

通风计算干球温度为-5.0℃；

采暖计算干球温度为-9.0℃

平均风速为2.8m/s，风向为NNW；

大气压力为102.9kPa。

同时还要说明建筑物内的空调房间室内设计参数，如室内要求的温度、相对湿度、新风量、换气次数、室内噪声标准等。

1. 空调设计

包括空调系统冷源和热源，以及本工程选用的冷水机组和热交换站的位置，并且说明空调水系统设计，空调风系统设计，列出空调系统编号、风量、风压、服务对象、安装地点等详表。

2. 通风设计

包括建筑物内设置的机械排风（兼排烟）系统、机械补风系统，列出通风系统编号、风量、风压、服务对象、安装地点等详表。

3. 自控设计

包括工程空调系统的自动调节、控制温度等。

4. 消声、减振设计及环保

包括风管消声器或消声弯头设置，说明水泵、冷冻机组、空调机、风机做减振或隔振处理。

5. 防排烟设计

包括工程加压送风系统和排烟系统的设置，列出防排烟系统的编号、风量、风压、服务对象、安装地点等详表。

9.2 施工说明

1. 通风与空调工程风管材

通风及空调系统一般采用钢板、玻璃钢或复合材料等。

2. 风管保温材料及厚度，保温做法

通风空调系统风管一般采用的保温材料及厚度，保温做法。

3. 风管施工质量要求

风管穿越机房、楼板、防火墙、沉降缝、变形缝等处的做法。

4. 空调水管管材、连接方式，冲洗、防腐、保温要求

1）包括冷水管道、热水管道、蒸汽管道、蒸汽凝结水管道的管材、管道的连接方式；

2）空调水管道安装完毕后，应进行分段试压和整体试压。应在施工说明中说明空调水系统的工作压力和试验压力值。

3）包括水管道冲洗、防腐、保温要求及做法、质量要求等。

5. 空调机组、新风机组、热交换器、风机盘管等设备安装要求

在通风空调工程施工中，以上各设备要与土建专业密切配合，做好预埋件及楼板孔洞的预留工作。

6. 其他未说明部分

可按《通风与空调工程施工质量验收规范》（GB50243—2016）、《机械设备安装工程施工及验收通用规范》（GB50231—2009）、《建筑设备施工图集》（91SB6）等相关内容进行施工。

说明图中所注的平面尺寸通常是以 mm 计的，标高尺寸是以 m 计的。风管标高一般指管底标高，水管标高一般指管中心标高。

在标注管道标高时，为便于管道安装，地下层管道的标高可标为相对于本层地面的标高，地下层管道的标高为绝对标高。

9.3 空调施工图的分类

📖 9.3.1 平面图

通风与空调施工平面图是表示通风与空调系统管道和设备在建筑物内的平面布置情况，并注明有相应的尺寸。

1）通风管道系统在房屋内的平面布置以及各种配件，如异径管、弯管、三通管等在风管上的位置。

2）工艺设备如空调器、风机等的位置。

3）进风口、送风口等的位置以及空气流动方向。

4）设备和管道的定位尺寸。

9.3.2 剖面图

剖面图是表示通风与空调系统管道和设备在建筑物高度上的布置情况，并注明有相应的尺寸，其表达内容与平面图相同。

部面图中应标注建筑物地面和楼面的标高、通风空调设备和管道的位置尺寸和标高、风管的截面尺寸，标出风口的大小。

9.3.3 系统图

系统图是把整流器通风与空调系统的管道、设备及附件采用单线图或双线图，用轴测投影法形象地绘制出风管、部件及附属设备之间的相对位置空间关系图。用轴测投影法绘制能反映系统全貌的立体图。

1. 整个风管系统包括总管、干管、支管的空间布置和走向。
2. 各设备、部件等的位置和相互关系。
3. 各管段的断面尺寸和主要位置的标高。

9.3.4 详图

详图是表示通风与空调系统设备的具体构造和安装情况，并注明有相应的尺寸，主要包括加工制作和安装的节点图、大样图、标准图等。

阅读施工图时，各主要图样、平面图、剖面图和系统图应互相配合对照查看，一般是按照通风系统中空气的流向，从进口到出口依次进行，这样可弄清通风系统的全貌，再通过查阅有关的设备安装详图和管件制作详图，就能掌握整个通风工程的全部情况。

第 **10** 章

教学楼空调平面图

本章将详细讲解教学楼空调平面图的绘制方法。空调平面图是在结构平面图的基础上添加空调设施的图例及空调管道绘制而成的，绘制方法和上一章的给排水平面图类似。通过本章的学习，读者可对空调设施和管线的设置有一定的认识，并且逐步掌握空调平面图的绘制。本实例为某教学楼三层的空调平面图局部，结构比较简单，但是空调部分比较复杂，需要细心绘制，绘制过程包括：设置图层、绘制轴线、绘制墙体、绘制其他设施、绘制空调、标注尺寸、插入图框。

学 习 要 点

◎ 绘制墙线、门、窗户、讲台和电梯井

◎ 绘制空调系统和空调设备、标注尺寸及文字说明

◎ 插入图框

 **绘图准备**

10.1.1　设置图层

1）建立新文件。打开 AutoCAD 2020 应用程序，单击菜单栏"文件"→"新建"命令，弹出"选择样板"对话框，单击"打开"按钮右侧的下拉按钮■，以"无样板打开－公制"（毫米）方式建立新文件，将新文件命名为"教学楼空调平面图.dwg"并保存。

2）创建新图层（包括轴线、门窗、墙线、空调、空调设备、标注），并设置图层的颜色和线形。设置完成的图层如图 10-1 所示。注意，设置空调线线宽为 1mm，墙线为 0.3mm，其他皆为默认线宽。

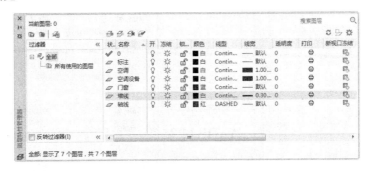

图10-1　图层设置

10.1.2　绘制轴线

本图采用足尺作图，轴线按实际间距绘制。将轴线图层设置为当前图层，轴线绘制包括轴线和轴线编号两个部分。单击"默认"选项卡"绘图"面板中的"直线"按钮，绘制水平轴线长 30000mm，垂直轴线长 20000mm，如图 10-2 所示。

图10-2　绘制轴线

由于本图采用足尺作图，所以在绘图时轴线的点画线可能看不到，这时可以选中所有轴线，右键选择"特性"，打开"特性"对话框，将"线型比例"设置为 50，如图 10-3 所示，这样就可以在图中显示轴线了。

1）绘制轴线编号。单击"默认"选项卡"注释"面板中的"文字样式"按钮，弹出"文字样式"对话框，将文字的字体改为"Times New Roman"，单击"应用"按钮，关闭对话框，如图 10-4 所示。单击"默认"选项卡"绘图"面板中的"圆"按钮，在空白处画一个半径为 500mm 的圆，然后单击"默认"选项卡"注释"面板中的"多行文字"按钮 Ａ，在圆中插入文字"3-D"，即轴线编号，如图 10-5 所示（因为本实例为某学校教学楼 3 层的平面图，因此编号采用"3-D"的形式）。单击"默认"选项卡"修改"面板中的"复制"按钮 ，将绘制好的标号复制，并分别移动到轴线的端点，这样就形成了完整的两条轴线，如图 10-6 所示。

图10-3　改变线型比例

图10-4　"文字样式"对话框

图10-5　绘制轴线标号

2）绘制其他轴线。单击"默认"选项卡"修改"面板中的"复制"按钮 ，复制水平轴线 4 条，设置间距（mm）分别为 600、5600、10600、15600，再复制垂直轴线 4 条，设置间距（mm）分别为 7800、10500、18300、22550，结果如图 10-7 所示。

以垂直轴线为例，命令行操作与提示如下：

```
命令：copy↙
选择对象：（选择轴线及轴线编号）
选择对象：
当前设置：复制模式 = 多个
指定基点或 ［位移(D)/模式(O)］〈位移〉：（指定轴线上一点）
指定位移的第二点或[阵列(A)]〈使用第一个点作为位移〉:@0,600↙
指定位移的第二点或 ［阵列(A)/退出(E)/放弃(U)］〈退出〉：@0,5600↙
指定位移的第二点或 ［阵列(A)/退出(E)/放弃(U)］〈退出〉：@0,10600↙
指定位移的第二点或 ［阵列(A)/退出(E)/放弃(U)］〈退出〉：@0,15600↙
指定位移的第二点或 ［阵列(A)/退出(E)/放弃(U)］〈退出〉：↙
```

复制轴线完成后，利用 ddedit 命令将轴线编号中的文字修改成各自的编号，然后将轴线进行必要的修剪，结果如图 10-8 所示。

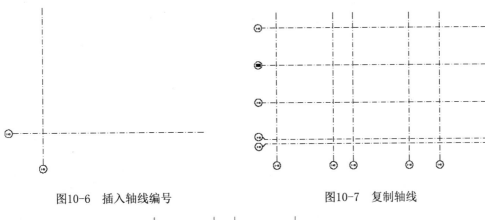

图10-6　插入轴线编号　　　　　　　　　图10-7　复制轴线

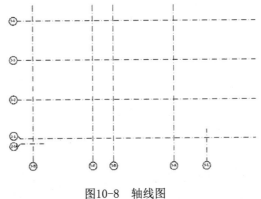

图10-8　轴线图

10.2　绘制墙线

1）设置墙线图层为当前图层。墙线比较简单，可以利用菜单栏"绘图"→"多线"命令来绘制。墙体分外墙和内墙，该教学楼采用外墙厚为 360mm、内墙厚为 240mm 的墙体，因此要对多线进行重新定义。首先画外墙，单击菜单栏"菜单"→"多线样式"选项，对多线进行设置，如图 10-9 所示。单击"新建"按钮，弹出如图 10-10 所示的"创建新的多线样式"对话框，在"新样式名"中输入"墙体线"，单击"继续"按钮，弹出如图 10-11 所示的"新建多线样式"对话框，将偏移量设置为 110 和-250，即将墙的厚度设置为 360mm，单击"确定"按钮。

按照轴线，在命令行输入"Mline"，设置对正方式为"无"、平行线的比例为1，绘制外墙，结果如图 10-12 所示。

2）重新设置多线样式，将偏移分别设置为 120 和-120，绘制内墙完成后如图 10-13 所示。

3）插入柱子。该教学楼用的是截面为 500mm×500mm 的混凝土柱。首先单击"默认"选项卡"绘图"面板中的"矩形"按钮 □，在空白处绘制一个 500mm×500mm 的矩形，然后单击"默认"选项卡"绘图"面板中的"图案填充"按钮 ▨，选择"solid"填充图案进行填充，结果如图 10-14 所示。

图10-9 "多线样式"对话框　　　　图10-10 "创建新的多线样式"对话框

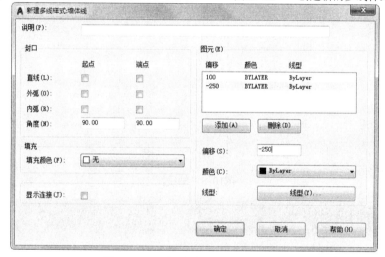

图10-11 "新建多线样式"对话框

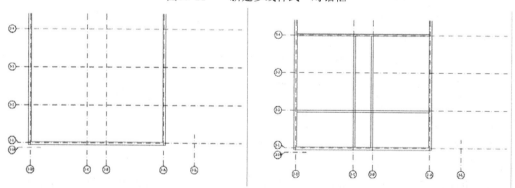

图10-12 绘制外墙　　　　　　　图10-13 绘制内墙

4）将柱子复制并插入到指定的位置。单击"默认"选项卡"修改"面板中的"分解"按钮，将墙线分解，然后单击"默认"选项卡"修改"面板中的"修剪"按钮，将多余的墙线进行修剪和删除，结果如图10-15所示。

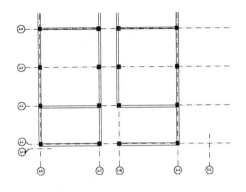

图10-14　绘制柱子　　　　　　　　　　图10-15　插入柱子及修剪墙线

10.3　绘制门、窗户、讲台和电梯井

📖10.3.1　绘制窗户和门

　　将门窗图层设置为当前图层。以绘制轴线 3-1 和轴线 3-2 之间的左边墙体上的窗户为例。单击"默认"选项卡"绘图"面板中的"直线"按钮，在轴线交点两侧 800 mm 处绘制一条水平线，将墙体截开，然后在轴线中间利用"偏移"命令绘制窗户，设置偏移的间距为 120mm，如图 10-16 所示。门的绘制比较简单，即在门的位置将墙线截断，然后单击"默认"选项卡"绘图"面板中的"圆弧"按钮，设置半径为 990mm，绘制 1/4 圆，如图 10-17 所示。

　　本实例中门洞为 1000mm 宽。将窗户和门绘制完成后，结果如图 10-18 所示。

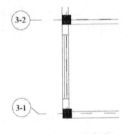

图10-16　绘制窗户

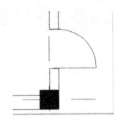

图10-17　绘制门

📖10.3.2　绘制讲台和电梯井

　　本实例中包括两个大教室，要绘制两个讲台，讲台的图形如图 10-19 所示。单击"默认"选项卡"绘图"面板中的"矩形"按钮，首先绘制一个 4000mm×800mm 的大矩形，然后绘制一个 1000mm×800mm 的小矩形，将它们对中。单击"默认"选项卡"修改"面板中的"圆角"按钮，将大矩形进行圆角处理，设置圆角的半径为 100mm。电梯井利用"多线"命令绘制，多线间距为 240mm，在 3-C 轴线和 3-1 轴线的夹角处绘制，如图 10-20 所示。

　　单击"默认"选项卡"修改"面板中的"复制"按钮和"旋转"按钮，将讲台复制及旋转，插入到教室一端，绘制完成后如图 10-21 所示。

　　单击"默认"选项卡"修改"面板中的"旋转"按钮，设置旋转的角度为 180°，利用中点捕捉工具，再将旋转后的讲台移动到教室的指定位置即可。在绘图过程中，往往需要捕捉一些特殊点，如果图形比较乱，可以考虑关闭某个图层，这样可以避免捕捉点时出现偏差。

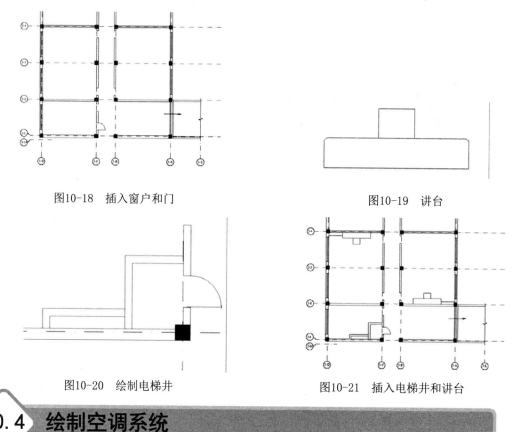

图10-18　插入窗户和门

图10-19　讲台

图10-20　绘制电梯井

图10-21　插入电梯井和讲台

10.4　绘制空调系统

10.4.1　辅助线的绘制

关闭墙线图层，如图 10-22 所示。将线宽设置为默认，然后单击"默认"选项卡"绘图"面板中的"直线"按钮，在轴线 3-2 下面 2000 mm、轴线 3-C 左边 1000mm 处画一条水平线，将由轴线 3-B 和轴线 3-C 的中点引出的垂直线和水平线的交点作为水平线的终点，如图 10-23 所示。由终点绘制垂直线到图形的上端与轴线平齐，如图 10-24 所示。以轴线 3-B 为起点，在轴线 3-1 和轴线 3-2 的中点处绘制一条 15200mm 长的水平直线，如图 10-25 所示。完成后如图 10-26 所示。

10.4.2　图案填充的操作

将线宽恢复为 ByLayer，即随层。设置多线样式，将偏移量设置为 300 mm 和 300 mm。利用"多线"命令绘制空调风管，如图 10-27 所示。然后对风管的拐角处进行圆角处理，首先单击"默认"选项卡"修改"面板中的"分解"按钮，将多线进行分解，然后单击"默认"选项卡"修改"面板中的"圆角"按钮，设置内角半径为 300mm、轴线半径为 650mm、外角半径为 1000mm，进行圆角操作，如图 10-28 所示。

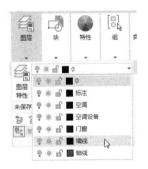

图10-22　关闭墙线图层

图10-23　绘制空调中轴线1　　图10-24　绘制空调中轴线2

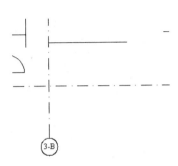

图10-25　绘制空调中轴线3

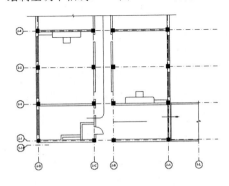

图10-26　完成空调中轴线的绘制

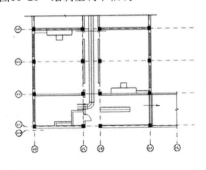

图10-27　绘制空调风管

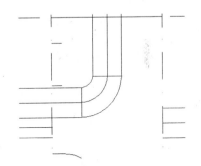

图10-28　对风管拐角处进行圆角处理

10.4.3　绘制双层送风百叶

改变线宽，将线宽设置为默认。单击"默认"选项卡"绘图"面板中的"矩形"按钮 □，在图中绘制 1000mm×400mm 和 850mm×250mm 的两个矩形，按如图 10-29 所示的位置进行摆放。然后单击"默认"选项卡"绘图"面板中的"直线"按钮 ／，连接内部矩形的对角线，并单击"默认"选项卡"绘图"面板中的"圆"按钮 ⊙，在中心线的左边绘制一半径为 100mm 的圆，且通过圆心绘制一个十字，如图 10-30 所示。

将线宽还原为 ByLayer，即设为 1mm。单击"默认"选项卡"绘图"面板中的"矩形"按钮 □，在矩形的顶端绘制一个 300mm×600mm 的矩形。继续单击"默认"选项卡"绘图"

面板中的"直线"按钮 ⁄，用两条斜线将其与大矩形相连，距离为 150mm，完成双层送风百叶的绘制，如图 10-31 所示。

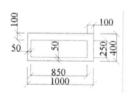

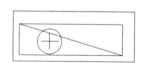

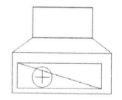

图10-29　绘制两个矩形　　　　图10-30　绘制对角线、圆和十字　　　图10-31　绘制双层送风百叶

　　绘制双层送风百叶的定位轴线，以便将其定位。单击"默认"选项卡"绘图"面板中的"直线"按钮 ⁄，首先在轴线 3-4 以上 500mm，以下 500mm、1930mm、8000mm，以及轴线 3-2 以上 500mm 处各绘制一条水平直线，如图 10-32 所示。

　　单击"默认"选项卡"修改"面板中的"旋转"按钮 ○，将双层送风百叶旋转 90°。单击"默认"选项卡"修改"面板中的"移动"按钮 ✛，移动双层送风百叶，基点选择中线与顶线的交点，将其移动到定位轴线上面，使基点与定位轴线和墙线的交点重合，如图 10-33 所示。单击"默认"选项卡"修改"面板中的"复制"按钮 %，复制并移动双层送风百叶，然后单击"默认"选项卡"修改"面板中的"镜像"按钮 ⚠，镜像到另一侧，再分别对水平轴线进行一次镜像，结果如图 10-34 所示。

　　下部风管末端的双层送风百叶也用同样方法插入，插入后删除顶端的矩形上边缘，再将此风管连接双层送风百叶并镜像到轴线 3-C 的另一侧，然后进行适当修改、移动，结果如图 10-35 所示。

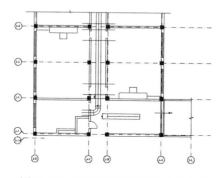

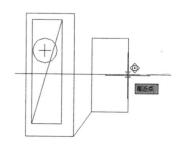

图10-32　绘制双层送风百叶定位轴线　　　　　　图10-33　移动双层送风百叶

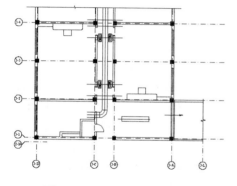

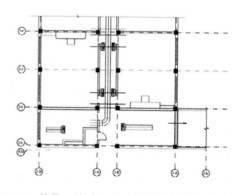

图10-34　插入双层送风百叶　　　　　图10-35　镜像、修改、移动风管及双层送风百叶

10.4.4 绘制新风口

在教室的两端分别安装有新风口，其定位轴线已经标出，底座为梯形，尺寸及样式如图 10-36 所示。插入新风口，并进行复制和镜像操作，删去定位轴线，结果如图 10-37 所示。

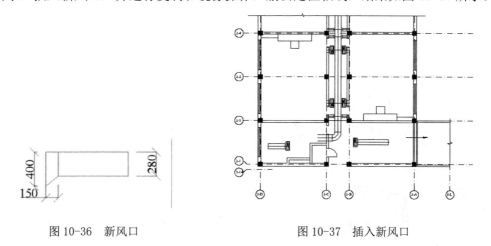

图 10-36　新风口　　　　　　　　　　　　图 10-37　插入新风口

10.4.5 绘制输送管道

1）单击"默认"选项卡"绘图"面板中的"多段线"按钮，绘制输送管道，线宽设置为 5mm，由轴线 3-4 开始绘制。继续单击"默认"选项卡"绘图"面板中的"直线"按钮，在空调风管左侧 160mm 的位置取第一点，绘制 11000mm 长度的直线，如图 10-38 所示。

2）单击"默认"选项卡"修改"面板中的"偏移"按钮，间隔设为 150mm，进行偏移操作，如图 10-39 所示。

3）单击"默认"选项卡"修改"面板中的"镜像"按钮，将管线镜像到风管的另外一侧，然后单击"默认"选项卡"修改"面板中的"修剪"按钮，将多余的线进行修剪（注意管线与风口和双层送风百叶之间有一定的空隙），如图 10-40 所示。

4）利用同样的方法，将其他管线绘制在图中，结果如图 10-41 所示。

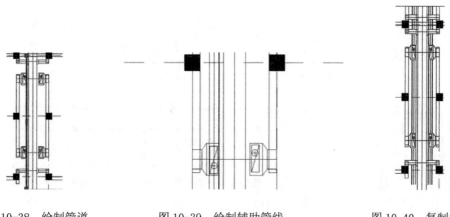

图 10-38　绘制管道　　　　图 10-39　绘制辅助管线　　　　图 10-40　复制管线

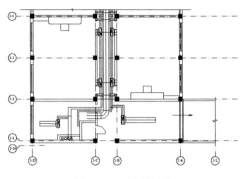

图10-41　绘制管线

10.5　绘制空调设备

📖 10.5.1　绘制阀门

由暖气与空调布置图例中调出截止阀和蝶阀的模块，如图 10-42 所示。

图例中没有电动二通阀，需要自己绘制，单击"默认"选项卡"修改"面板中的"分解"按钮 🗗，将截止阀（图 10-42 左图）分解，然后单击"默认"选项卡"绘图"面板中的"矩形"按钮 □，在其上绘制一个 80mm×80mm 的小矩形，单击"默认"选项卡"绘图"面板中的"直线"按钮 ╱，绘制连接矩形与截止阀中心的直线，如图 10-43 所示，即为电动二通阀。完成后将其保存为模块。

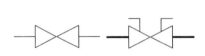

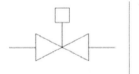

图10-42　截止阀和蝶阀　　　　　　　　　图10-43　电动二通阀

将这 3 种阀门按照设计要求插入到指定的位置（阀门主要是放置在双层送风百叶的旁边），并注意控制它们的比例关系，插入后局部图如图 10-44 所示。插入全部阀门后如图 10-45 所示。

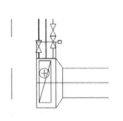

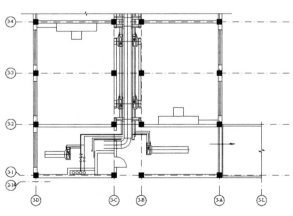

图10-44　插入阀门（局部图）　　　　　　　　　图10-45　插入阀门

10.5.2 绘制水管端头

1）单击"默认"选项卡"绘图"面板中的"圆"按钮⊙，绘制一个半径为 28.3mm 的圆，作为水管端头，如图 10-46 所示。

2）单击"默认"选项卡"修改"面板中的"移动"按钮✛，移动水管端头到图中，结果如图 10-47 所示。

图10-46　绘制水管端头

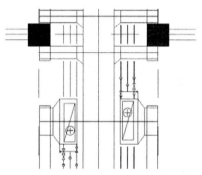

图10-47　插入水管端头

10.5.3 绘制集气罐

集气罐放置在电梯竖井旁边的管道尽头。单击"默认"选项卡"绘图"面板中的"矩形"按钮▭，绘制一个 500mm×600mm 的矩形。单击"默认"选项卡"修改"面板中的"偏移"按钮⊆，设置间距为 50mm，进行偏移。然后单击"默认"选项卡"绘图"面板中的"直线"按钮╱，绘制连接内部矩形对角线，完成集气罐的绘制，结果如图 10-48 所示。将集气罐图形移动到管道的末端，并添加水管端头图块，如图 10-49 所示。

下面需要绘制一个自动排气阀。单击"默认"选项卡"绘图"面板中的"矩形"按钮▭，绘制一个 200mm×160mm 的矩形，将其插入水管端头，如图 10-50 所示。

图10-48　绘制自动排气阀

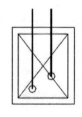

图10-49　移动集气罐

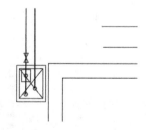

图10-50　添加自动排气阀

10.5.4 绘制竖向风管

单击"默认"选项卡"绘图"面板中的"矩形"按钮▭，绘制一个 900mm×500mm 的矩形。单击"默认"选项卡"修改"面板中的"偏移"按钮⊆，设置偏移间距为 100mm，进行偏移。单击"默认"选项卡"绘图"面板中的"直线"按钮╱，连接对角线，如图 10-51 所示。然后单击"默认"选项卡"绘图"面板中的"图案填充"按钮▨，选择"solid"图案进行填充。单击"默认"选项卡"修改"面板中的"移动"按钮✛，将竖向风管移动到风管的末端，如图 10-52 所示。

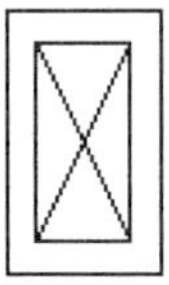

图10-51　绘制竖向风管

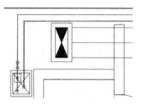

图10-52　插入竖向风管

📖10.5.5　绘制散流器

散流器模块可从暖气与空调布置图例中调入。本实例中要求散流器外尺寸为 400mm×400mm，间距设置为 40mm，并绘制对角线，如图 10-53 所示。以中心为基点，插入到风管的轴线位置，如图 10-54 所示。散流器全部插入后，对图形进行整理，结果如图 10-55 所示。

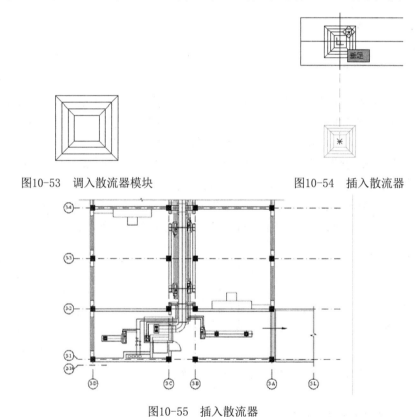

图10-53　调入散流器模块　　　　　　　　　　图10-54　插入散流器

图10-55　插入散流器

📖10.5.6　绘制单层回风百叶

在隔墙上绘制单层回风百叶。利用"多段线"命令将单层回风百叶的位置标出，设置多段线宽度为 5mm。绘制单层回风百叶，设置宽度为 800mm。单击"默认"选项卡"绘图"面板中的"图案填充"按钮▦，弹出"图案填充创建"选项卡，选择"JIS_RC_18"图案，比例设置为 5，如图 10-56 所示。单击"拾取点"按钮▦，选择单层回风百叶进行填充，填充后如图 10-57 所示。

单击"默认"选项卡"修改"面板中的"删除"按钮✍，删除辅助线。绘制完成的空调设备如图 10-58 所示。

图10-56 "图案填充创建"选项卡

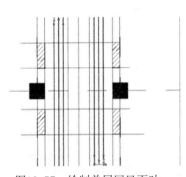

图10-57 绘制单层回风百叶

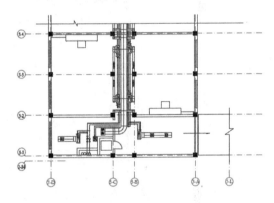

图10-58 完成空调设备绘制

10.6 标注尺寸及文字说明

📖 10.6.1 标注尺寸

1）将"标注"图层设为当前图层。

2）单击菜单栏"格式"→"标注样式"命令，弹出"标注样式管理器"对话框，如图 10-59 所示。

3）单击"修改"按钮，弹出"修改标注样式"对话框，选择"文字"选项卡，将"文字高度"设置为 200、"从尺寸线偏移"设置为 50，在"文字位置"选项组中设置"垂直"方向为外部，如图 10-60 所示。

4）选择"符号和箭头"选项卡，将"箭头"改为"建筑标记"，"箭头大小"设置为 100，如图 10-61 所示。

5）选择"线"选项卡，将"起点偏移量"设置为 500，如图 10-62 所示。

6）标注尺寸，注意标注的顺序和位置，结果如图 10-63 所示。

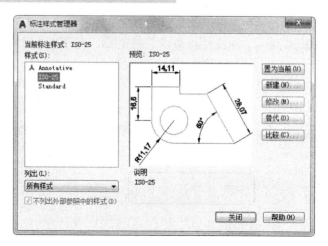

图10-59 "标注样式管理器"对话框

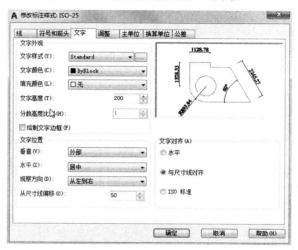

图10-60 "文字"选项卡

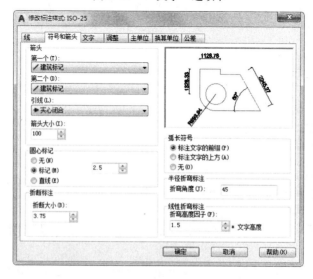

图10-61 "符号和箭头"选项卡

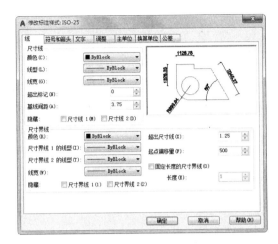

图10-62 "线"选项卡

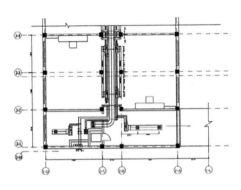

图10-63 尺寸标注

📖 10.6.2 文字标注

单击"默认"选项卡"绘图"面板中的"直线"按钮 / 引出直线，在直线上标注空调设备名称，如标注"新风口"，如图 10-64 所示。

空调文字全部标注完成后，图形如图 10-65 所示。

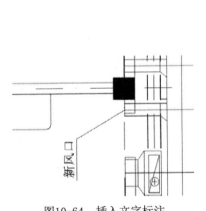

图10-64 插入文字标注

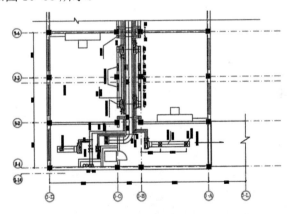

图10-65 完成文字标注

10.7 插入图框

将图层转换到"0"层，绘制 A3 图纸的图幅和图框。单击"默认"选项卡"绘图"面板中的"矩形"按钮 □，绘制尺寸分别为 42000mm×29700mm 和 39500mm×28700mm 的两个矩形，如图 10-66 所示。单击"默认"选项卡"绘图"面板中的"插入块"按钮 🔲，在右下角插入"图标栏 1"模块，如图 10-67 所示。

单击"默认"选项卡"修改"面板中的"移动"按钮 ✥，将绘制的完整图形移动到图框中的合适位置，结果如图 10-68 所示。

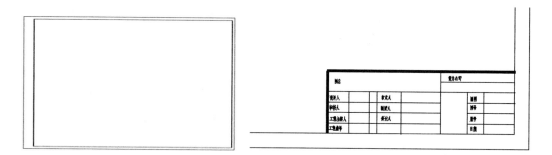

<table>
<tr><td colspan="6">图10-66 绘制图框</td><td colspan="3">图10-67 插入会签栏</td></tr>
</table>

图10-66　绘制图框　　　　　　　　　　　　　图10-67　插入会签栏

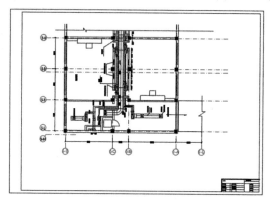

图10-68　将图形插入图框

第 **11** 章

某住宅楼采暖工程图

采暖工程是指冬季为创造适宜人们生活和生产的温度环境，保持各类生产设备的正常运转，保证产品质量以保持室温要求的工程。其组成包括三部分：产热部分（锅炉房）、输热部分（热力管网）、散热部分（散热器）。采暖热媒可分为热水采暖和蒸汽采暖。室内采暖工程的任务即通过从室外热力管网将热媒利用室内势力管网引至建筑内部的各个房间，并通过散热装置将热能释放出来，使室内保持适宜的温度环境，满足人们生产生活的需要。

学 习 要 点

◎ 设计说明

◎ 绘制户型采暖系统图

◎ 绘制某住宅楼二~六层地暖施工图

11.1 采暖平面图概述

1. 采暖平面图表达的主要内容

室内采暖平面图主要用来表示采暖管道及设备在建筑平面中的布置，体现了采暖设备与建筑之间的平面位置关系，表达的主要内容有：

1）室内采暖管网的布置，包括总管、干管、立管、支管的平面位置及其走向与空间的连接关系。

2）散热器的平面布置、规格、数量和安装方式及其与通道的连接方式。

3）采暖辅助设备（膨胀水箱、集气罐、疏水器等）、管道附件（阀门等）、固定支架的平面位置及型号规格。

4）采暖管网中各管段的管径、坡度、标高等的标注，以及相关管道的编号。

5）热媒入（出）口及入（口）地沟（包括过门管沟）的平面位置、走向及尺寸。

2. 图例符号及文字符号的应用

采暖施工图的绘制涉及很多的设备图例及一些设备的简化表达方式，如供热管道、回水管道、阀门、散热器等。关于这些图形符号及标注的文字符号的表征意义，后续文字将顺带介绍。

3. 建筑室内采暖平面图的绘制步骤

1）建筑平面图。

2）管道及设备在建筑平面图中的位置。

3）散热器及附属设备在建筑平面图中的位置。

4）标注（设备规格、管径、标高、管道编号等）。

5）附加必要的文字说明（设计说明及附注）。

11.2 设计说明

1. 设计依据

1）GB/T50114—2001《暖通空调制图标准》。

2）GB 50096-2011）《住宅设计规范》。

3）甲方提供的具体要求。

4）建筑专业提供的平、立剖面图。

2. 设计范围

热水供暖系统。

3. 采暖系统设计说明

1）本图尺寸单位除标高以米计外,其余均以毫米计。管道标高指管道中心。

2）本工程采暖热媒为60～85℃热水，单元采暖系统采用下供下回双管同程式系统。

户内采暖系统采用下分双管式系统，实行分户热计量控制。

楼梯间每户供、回水处设置热计量表箱（内设锁闭阀、水过滤器、热量表）。

采暖室外计算温度为-5℃。室内计算温度：客厅及卧室为18℃，卫生间为25℃。

设计热负荷总计为 220kW，设计热负荷指标为 46W/M 。

3）管材：明装部分采用热镀锌钢管,连接方式为采用丝扣连接。

暗装部分采用 De25 无规共聚聚丙烯（PP-R）管，中间不得有接口，直接埋设于 50mm 厚结构层内。

散热器采用铸铁 760 型（内腔无砂），底距地 50mm（卫生间在遇浴盆位置不够时，底距地 1200mm）壁装。

管道穿墙及楼板时加套管,套管伸出楼板 20mm,其余与墙平齐。

4）防腐：热镀锌钢管管道、散热器、支架等均刷防锈漆一道,银粉漆两道。

5）保温：室外地下、楼梯间敷设管道采用 40mm 厚聚氨酯保温,外加 5mm 玻璃钢作为保护层。

6）系统试验压力为 0.6MPa。

7）管网标高须同外网协调一致。

8）室内敷设支管安装试压完毕后，应弹红线标记，以防止住户装修时损坏。

4．资料及其他

中国建筑工业出版社出版的《实用供热空调设计手册》。

工程验收应按照 GB 50242-2002《建筑给水排水及采暖工程施工质量验收规范》执行。

11.3 绘制户型采暖系统图

采暖系统轴测图可以清晰地表示室内采暖管网和各设备之间连接关系及空间位置关系等情况。其表达的主要内容：

1）室内采暖管网的空间布置，包括总管、干管、立管及支管的空间位置和走向，以及规格。

2）散热器的空间布置和规格、数量，以及立管的编号。

3）采暖辅助设备（如膨胀水箱、集气罐等）、管道附件（如阀门）在管道上的位置及与管道的连接方式。

4）各管段的管径、坡度、标高等，以及立管的编号。

绘制步骤如下：

1）插入图框，设置好比例。

2）根据管道在平面图中的位置，绘制管道轴测图。

3）根据散热器及其他附属设备（配件）在平面图中的位置，绘制其立面尺寸。

4）相关图例。

5）标注（立管编号、管径、坡度、标高及设备规格等）。

11.3.1 绘制采暖管线

新建"采暖—供水"图层并将其设置为当前图层，在该图层上绘制供水管线，如图 11-1 所示。

线段可单击"默认"选项卡"绘图"面板中的"直线"按钮 或"多段线"按钮 绘制，

绘制时注意系统图中管线的长度与平面图中管线长度的对应关系。也可根据需要首先绘制一些辅助线进行定位找点，绘制完成后再将其删除。

在绘制正面斜等轴测图时，可将其倾斜角设置为 45°。用 CAD 制图时，可单击状态栏的"极轴追踪"按钮，进行 45°角追踪捕捉（绘图界面中将出现 45° 的虚线捕捉）。

注意

使用"特性匹配"（matchprop）功能，可以将一个对象的某些或所有特性复制到其他图像，其菜单栏中的执行路径为：修改→特性匹配。

可以复制的特性类型包括（但不仅限于）：颜色、图层、线型、线型比例、线宽、打印样式和三维厚度。

11.3.2 绘制回水管线

单击"默认"选项卡"绘图"面板中的"直线"按钮或"多段线"按钮，绘制回水管线。但考虑本采暖系统的设计情况，可单击"默认"选项卡"修改"面板中的"偏移"按钮，偏移生成供水管线，再修改偏移得到的供水管线的图层设置或线型等，也可以单击菜单栏"修改"→"特性匹配"按钮来完成样式的修改。绘制完成后的回水管线如图 11-2 所示。

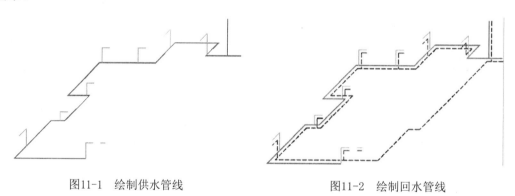

图11-1 绘制供水管线   图11-2 绘制回水管线

11.3.3 布置设备

1）AutoCAD 设计中心 PIPE 项提供了管道常用的图块，选中某个图块可以直接调用，如图 11-3 所示。

2）可以根据需要创建一些图块，也可以选择设计中心的相关图块，单击"默认"选项卡"修改"面板中的"复制"按钮，或单击"默认"选项卡"绘图"面板中的"插入块"按钮，将相应的设备与管线相连接，之后再进行细部处理，如图 11-4 所示。

注意

绘图时，可以使用新的对象捕捉修饰符号来查找任意两点之间的中点。例如，在绘制直线时，可以按住 Shift 键并单击鼠标右键来显示"对象捕捉"快捷菜单，单击"两点之间的中点",再在图形中指定两点,则该直线将以这两点之间的中点为起点。

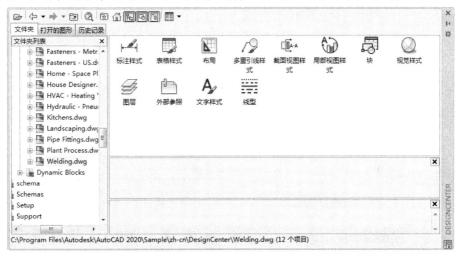

图11-3　调用图块

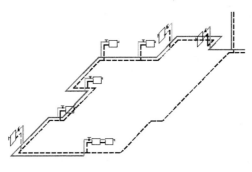

图11-4　布置设备

11.3.4　管道标注

1)标注管径。单击"默认"选项卡"注释"面板中的"单行文字"按钮 A,进行管径标注,然后单击"默认"选项卡"修改"面板中的"复制"按钮,进行复制操作。标注其他内容,可选中复制的文字,再进行文字内容的编辑修改。标注的 A 户型采暖系统如图 11-5所示。

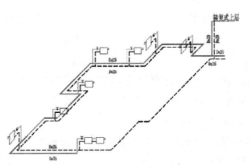

图11-5　标注A户型采暖系统图

2）本例还涉及其他户型的采暖系统图，其绘制方法基本相同，在这里不再详细阐述，绘制结果如图 11-6 和图 11-7 所示。

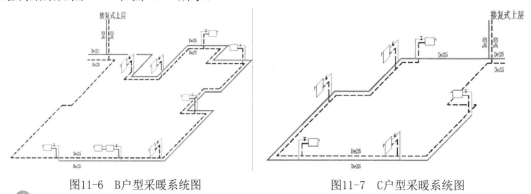

图11-6　B户型采暖系统图　　　　　图11-7　C户型采暖系统图

11.4　绘制某住宅楼二～六层地暖施工图

首先绘制主要设备材料表，然后绘制施工图。

11.4.1　采暖改造设计说明

本工程为某小区 1 号多层住宅楼的二～六层住宅采暖系统改造，户内采暖系统改为低温热水地板辐射采暖方式。

1）本建筑采暖热源（60/50°C）热水来自小区区域换热站，A 型单元采暖热负荷为 69kW（74kW），B 型单元采暖热负荷为 78kW（84kW），C 型单元采暖热负荷为 99kW（106kW）。

2）住宅采暖系统采用共用立管下供下回，户内低温热水地板辐射采暖系统(按水泥陶瓷砖地面设计，地面层热阻为 $R=0.02 m^2 \cdot K/W$)（为了更加清楚地表示盘管回路，任意相邻的回路都采用不同的线型表示）。热表、阀门等入户装置均设于楼梯间管井内，分户系统阻力损失为 3mH$_2$O。户内管道暗敷在本层地面垫层内(L02N907-66)，管径均为 20mm，分水器选用铜制(详见 L02N907 -65～67)。卫生间设 SC 柱翼 680 型 TZY2-1.0/5-5 挂墙暖气片，标准散热量为 72W/片。

3）地板采暖采用 PEX 交联聚乙烯管，采暖立管、干管采用焊接钢管，大于 DN32 者采用焊接，小于 DN32 者采用螺纹连接。

4）地板采暖隔热层应铺设平整，搭接严密。PEX 加热管敷设应保持水平，弯曲半径不应小于管道外径的 8 倍。加热管固定点的间距，直管段不应大于 700mm，弯曲管段不应大于 350mm。加热管始末端穿出地面距分(集)水器 1m 长的管段应设置套管。地暖管道穿墙处预留洞 200 mm×100 mm（H），洞底为楼板面，分水器留洞尺寸为 750 mm×550 mm×200 mm。

5）管道穿地下室外墙处均设刚性防水套管，套管管径比管道大两号，做法见国标图集 S312/8-7。管中标高：采暖管为-1.300。

6）采暖系统试验压力为 0.60MPa。具体做法见《建筑给水排水及采暖工程施工质量验收规范》及《低温热水地板辐射采暖技术规程》。

7）试压合格后，进行细石混凝土填充层的浇捣，混凝土强度等级应不小于 C10，骨料宜采用卵石，其粒径不大于 10mm，并宜掺入适量抗裂剂。在浇捣和养护过程中，系统应保持不小于 0.4MPa 的压力。填充层的养护周期应不小于 48h。

11.4.2 绘制主要设备材料表

1）单击"默认"选项卡"绘图"面板中的"矩形"按钮 ▭，绘制一个 7200 mm×16236 mm 的矩形，如图 11-8 所示。

2）单击"默认"选项卡"修改"面板中的"分解"按钮 ▦，将上步绘制的矩形进行分解。单击"默认"选项卡"修改"面板中的"偏移"按钮 ⦷，选择左边竖直直线向右连续偏移，偏移距离（mm）为，1202、4060、3892、1152、2450、3480，结果如图 11-9 所示。

图11-8 绘制矩形 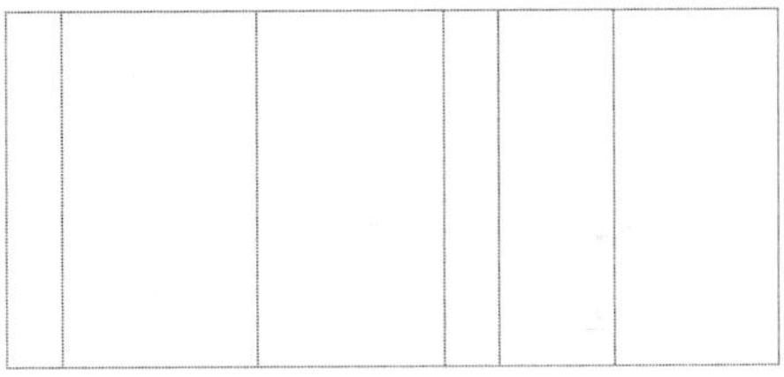　　　　　　　　　　　图11-9 偏移竖直直线

3）单击"默认"选项卡"修改"面板中的"偏移"按钮 ⦷，选择上边水平直线向下连续偏移，偏移距离（mm）为 1200、1000、1000、1000、1000、1000、。结果如图 11-10 所示。

4）单击"默认"选项卡"注释"面板中的"多行文字"按钮 A，为设备材料表添加文字说明，如图 11-11 所示。

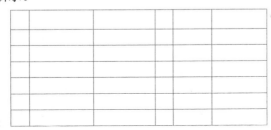

图11-10 偏移水平直线

编号	名　称	规 格 型 号	单位	数　量		备　注
1	SC柱翼680型散热器	TZY2-1.0/5-5	片	132	152	(内腔无粘砂型)
2	热表组件	DN25	套	10	10	设于热表管道井
3	自动排气阀	ZP-1　　DN20	个	4	4	L90N93-3
4	铜制分水器	4分支	套	0	10	
5	铜制分水器	3分支	套	10	0	
6	远传立式冷水表	LXSL-20	套	0	0	LS02-32

图11-11 添加文字说明

5）利用上述方法绘制其他图例表和管道线路图例表，如图 11-12 和图 11-13 所示。

〰	加热盘管	▭	集分水器
———	供水管道	▭	自动气阀（DN15）
- - - -	回水管道	⊢▽⊣	过滤器
▷◁	球 阀	▭	燃气壁挂锅炉
▣	锁闭阀	○RL-N	天燃气立管

图11-12　其他图例表

图　　　例	名　称
━━━━━━	采暖供水管
─ ─ ─ ─ ─	采暖回水管
─ · ─ · ─ · ─	生活给水管

图11-13　管道线路图例表

📖 11.4.3　绘制施工图

1）单击菜单栏中的"文件"→"打开"选项，打开"源文件/第 11 章/某宿舍楼二～五层平面图"，如图 11-14 所示。

2）单击"默认"选项卡"绘图"面板中的"多段线"按钮 ⟹，设置起点宽度为 30 mm，端点宽度为 30 mm，绘制采暖回水管，设置线型为"DASHED"，如图 11-15 所示。

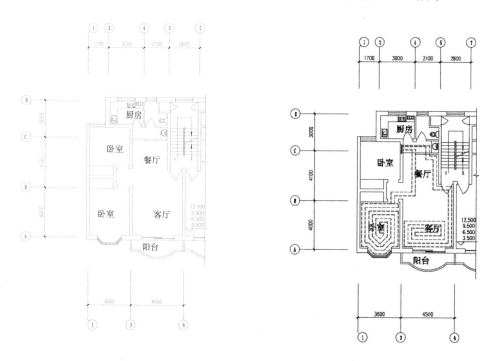

图11-14　某宿舍楼二～五层平面图　　　　　　　图11-15　绘制采暖回水管

3）利用前面所学的知识，绘制热表管道井，结果如图 11-16 所示。

4）单击"默认"选项卡"注释"面板中的"多行文字"按钮 **A**，为图形添加文字说明，结果如图 11-17 所示。

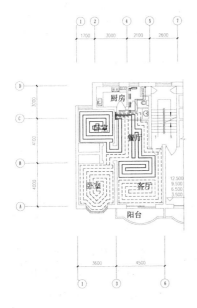

图11-16　绘制热表管道井

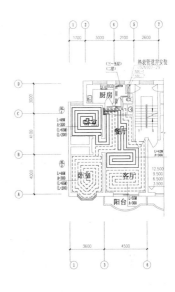

图11-17　添加文字说明

第 **12** 章

建筑电气工程图基础

电气设施是建筑中必不可少的部分。无论是现代工业生产，还是人们的日常生活，都与电气设备息息相关。因此，建筑电气工程图极为重要。本章简述了电气工程施工图及项目的分类，并介绍了工程图的基本规定和特点。

- 建筑电气工程施工图及项目的分类
- 建筑电气工程图的基本规定
- 建筑电气工程图的特点

为满足人们的生产生活需求，现代工业与民用建筑中都要安装许多不同功能的电气设施，如照明灯具、电源插座、电视、电话、消防控制装置、各种工业与民用的动力装置、控制设备、智能系统、娱乐电气设施及避雷装置等。电气工程或设施都需要经过专业人员设计并将其表达在图样上，这些图样称为电气施工图（也称为电气安装图）。在建筑施工图中，它与给水排水施工图、采暖通风施工图一起统称为设备施工图。其中电气施工图按"电施"编号。

12.1 建筑电气工程施工图的分类

建筑电气施工图分为电气系统图、电气平面图、设备平面布置图、安装接线图、电气原理图和详图。

建筑电气工程项目的规模大小、功能不同，其图样的数量、类别是有差异的，常用的建筑电气工程图大致可分为以下几类.这里要注意每套图样的各类型图样的放置顺序，一套完整的建筑电气施工图必须遵循一定的放置顺序,以方便施工人员的阅读识图。

1. 目录、设计说明、图例、设备材料明细表

图样目录应表达有关序号、图样名称、图样编号、图样张数、篇幅、设计单位等。

设计说明（施工说明）主要阐述电气工程的设计基本概况，如设计的依据、工程的要求和施工原则、建筑功能特点、电气安装标准、安装方法、工程等级、工艺要求及有关设计的补充说明等。

图例即各种电气装置为便于表达简化而成的图形符号.通常只列出本套图样中涉及的图形符号,常见的标准通用图例可省略,相关图形符号可参见 GB/T4728《电气简图用图形符号》。

设备材料明细栏则应列出该项电气工程所需要的各种设备和材料的名称、型号、规格和数量，以供进一步设计概算和施工预算时参考。

2. 电气系统图

电气系统图是用于表达该项电气工程的供电方式及途径,电力输送、分配及控制关系,设备运转等情况的图样。从电气系统图应可看出该电气工程的概况。电气系统图还包括变配电系统图、动力系统图、照明系统图、弱电系统图等。

3. 电气平面图

电气平面图是表示电气设备、相关装置及各种管线路平面布置位置关系的图样，是进行电气安装施工的依据。电气平面图以建筑总平面图为依据，在建筑图上绘出电气设备、相关装置及各种线路的安装位置、敷设方法等。常用的电气平面图有：变配电所平面图、动力平面图、照明平面图、防雷平面图、接地平面图、弱电平面图。

4. 设备平面布置图

设备布置图是表达各种电气设备或器件的平面与空间的位置、安装方式及其相互关系的图样，通常由平面图、立面图、剖面图及各种构件详图等组成。设备布置图是按三视图原理绘制的，类似于建筑结构制图方法。

5. 安装接线图

安装接线图又称安装配线图，是用来表达电气设备、电器元件和线路的安装位置、配线

方式、接线方法、配线场所特征等的图样。

6. 电气原理图

电气原理图是表达某一电气设备或系统的工作原理的图样，它是按照各个部分的动作原理采用展开法绘制的。通过分析电气原理图，可以清楚地看出整个系统的动作顺序。电气原理图可以用来指导电气设备和器件的安装、接线、调试、使用与维修。

7. 详图

详图是表达电气工程中设备的某一部分、某一节点的具体安装要求和工艺的图样，可参照标准图集或单独制图予以表达。

工程人员的识图阅读一般应按如下顺序进行：

标题栏及图样说明——总说明——系统图——（电路图与接线图）——平面图——详图——设备材料明细栏。

12.2 建筑电气工程项目的分类

建筑电气工程项目分为外线工程、变配电工程、室内配线工程、电力工程、照明工程、接地工程、防雷工程、发电工程以及弱电工程。

建筑电气工程满足了不同的生产生活以及安全等功能，这些功能的实现又涉及了多个更详细具体的功能项目，这些项目共同组建以满足整个建筑电气的整体功能。建筑电气工程一般可包括以下项目。

1. 外线工程

包括室外电源供电线路、室外通信线路、强电和弱电等，如电力线路和电缆线路。

2. 变配电工程

如由变压器、高低压配电框、母线、电缆、继电保护与电气计量等设备组成的变配电所。

3. 室内配线工程

主要有线管配线、桥架线槽配线、瓷瓶配线、瓷夹配线、钢索配线等。

4. 电力工程

包括各种风机、水泵、电梯、机床、起重机以及其他工业与民用、人防等动力设备（电动机）、控制器与动力配电箱。

5. 照明工程

包括照明电器、开关按钮、插座和照明配电箱等相关设备。

6. 接地工程

包括各种电气设施的工作接地、保护接地系统。

7. 防雷工程

包括建筑物、电气装置和其他构筑物、设备的防雷设施，一般需经由有关气象部门防雷中心检测。

8. 发电工程

各种发电动力装置，如风力发电装置、柴油发电机设备。

9. 弱电工程

包括智能网络系统、通信系统（广播、电话、闭路电视系统）、消防报警系统、安保检测系统等。

12.3 建筑电气工程图的基本规定

　　工业与民用建筑的各个环节均离不开图样，建筑设计单位设计、绘制图样，建筑施工单位按图样组织工程施工，图样成为信息表达交流的载体，所以设计和施工等部门必须共同遵守一定的图样格式及标准。这些规定包括建筑电气工程自身的规定，也涉及机械制图、建筑制图等相关工程方面的一些规定。建筑电气制图可参见 GB/T 50001-2017《房屋建筑制图统一标准》及 GB/T 18135-2008《电气工程 CAD 制图规则》等。

　　电气制图中涉及的图例、符号、文字符号及项目代号可参照 GB/T4728《电气简图用图形符号》、GB/T5465.2－2008《电气设备用图形符号　第二部分：图形符号》、GB/T5094《工业系统、装置与设备以及工业产品结构原则与参照代号》等。

　　我国的相关行业标准，国际上通用的"IEC"标准都比较严格地制定了电气图的有关名词术语，这些名词术语是电气工程图制图及阅读所必需的。

12.4 建筑电气工程图的特点

　　建筑电气工程图的内容主要通过系统图、位置图（平面图）、电路图（控制原理图）、接线图、端子接线图、设备材料表等来表达。建筑电气工程图主要有如下一些特点：

　　1）建筑电气工程图是在建筑图上采用统一的图形符号并加注文字符号绘制出来的。因此绘制和阅读建筑电气工程图，首先必须明确和熟悉这些图形符号、文字符号及项目代号所代表的内容和物理意义，以及它们之间的相互关系。

　　2）任何电路均为闭合回路。一个合理的闭合回路包括 4 个基本元素，即电源、用电设备、导线和开关控制设备。正确读懂图样，还必须了解各种设备的基本结构、工作原理、工作程序、主要性能和用途，以便了解设备的安装及运行。

　　3）电路中的电气设备、元件等都是通过导线将其连接起来，构成一个整体。

　　4）建筑电气工程施工通常是与土建工程及其他设备安装工程（给水排水管道、工艺管道、采暖通风管道、通信线路、消防系统及机械设备等安装工程）施工相互配合进行的，故识读建筑电气工程图时应与有关的土建工程图、管道工程图等对应、参照起来阅读，仔细研究电气工程的各施工流程，以便提高施工效率。

　　有效识读电气工程图也是编制工程预算和施工方案必须具备的一个基本能力，能有效指导施工并指导设备的维修和管理。

第 **13** 章

办公楼配电平面图设计

本章将介绍配电及照明平面图的绘制。在绘制配电平面图时，既要用到以前学到的命令，也会学到一些新的用法，如捕捉设置的其他选项。正确熟练地进行设置，对于绘制图形的准确性将会有很大的帮助。本实例的制作思路：首先绘制轴线，定出平面图的大致轮廓尺寸；然后绘制墙体，生成整个平面图；最后绘制各种配电符号，然后连接线路。

学 习 要 点

◎ 绘图准备、绘制轴线及墙体

◎ 绘制楼梯及室内设施、绘制配电干线设施

13.1 绘图准备

1）建立新文件。打开 AutoCAD 2020 应用程序，单击菜单栏"文件"→"新建"命令，打开"选取样板"对话框，再单击"打开"按钮右侧的下拉按钮 ▼ ，以"无样板打开—公制"（毫米）方式建立新文件，将新文件命名为"配电.dwg"并保存。

2）设置绘图工具栏。单击菜单栏"工具"→"工具栏"→"AutoCAD"命令，单击所需要的工具栏，调出"标准""图层""对象特性""绘图""修改"和"标注"6 个工具栏，将它们移动到绘图窗口中的适当位置。

3）设置图形界限。单击菜单栏"格式"→"图形界限"命令，或在命令行输入"LIMIT"按 Enter 键，命令行操作与提示如下：

命令: LIMIT ✓
指定左下角点或 [开(ON)/关(OFF)] <0.0000,0.0000>: ✓
指定右上角点 <420.0000,297.0000>: ✓ （即使用默认大小）

4）开启栅格。单击"栅格"按钮 ⊞ ，或者使用快捷键 F7 开启栅格，再单击菜单栏"视图"→"缩放"→"全部"命令，调整绘图窗口的显示比例。

如果觉得栅格的间距太大，可以打开"草图设置"对话框，如图 13-1 所示，选择"捕捉和栅格"选项卡，在"栅格间距"选项组中设置 X 轴、Y 轴的间距。

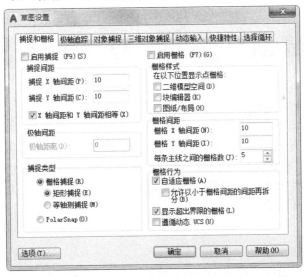

图13-1 设置栅格捕捉间距

①注意

打开或关闭"栅格"功能，可以用快捷键 F7 来实现；或者用状态栏中的"栅格"按钮来切换栅格的开启或关闭。通常，栅格和捕捉是配合使用的，即捕捉和栅格的 X 轴、Y 轴间隔分别相对应，这样就能保证鼠标拾取到精确的位置。

栅格只是一种辅助定位图形，不是图形文件的一部分，所以不会被打印出来，而且栅格只是显示在绘图界限内部。

5）创建新图层。单击菜单栏"格式"→"图层"命令，或者单击"图层特性管理器"

按钮，如图 13-2 所示，打开"图层特性管理器"对话框，新建并设置每一个图层，如图 13-3 所示。

图13-2　单击"图层特性管理器"按钮

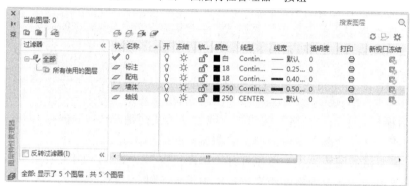

图13-3　"图层特性管理器"对话框

13.2　绘制轴线

13.2.1　初步绘制轴线

1）打开"图层特性管理器"对话框，将"轴线"图层设置为当前图层。

2）单击菜单栏"绘图"→"直线"选项，或单击"默认"选项卡"绘图"面板中的"直线"按钮，在窗口中绘制水平轴线长度为 53600㎜，竖直轴线长度为 27000㎜，形成交叉的直线，结果如图 13-4 所示。

图13-4　绘制相互垂直的轴线

13.2.2　使用"夹持"功能复制或偏移轴线

1）选取已绘制的轴线，出现如图 13-5 所示的夹持点，即图中的小方框。单击任一个小方框就可以使夹持点成为激活夹持点，激活的夹持点呈现红色。

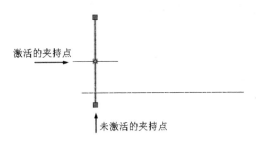

图13-5 夹持点

此时下面的命令行中出现如图 13-6 所示的提示。

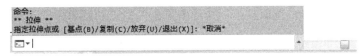

图13-6 命令行提示

2）单击"默认"选项卡"修改"面板中的"偏移"按钮⊜，将水平轴线向上侧偏移，偏移距离（mm）分别为 8000、8000、5000，再将竖直轴线向右侧偏移，指定偏移距离（mm）分别为 3600、8000、8000、8000、8000 和 12000，将最后一条竖直轴线的线型设置为实线，并结合直线命令绘制折断线，结果如图 13-7 所示。

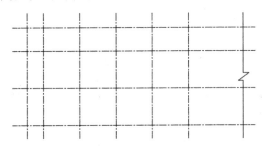

图13-7 复制轴线

注意

当激活夹持点后，在命令行中会首先出现"拉伸"命令，如图 13-6 所示。而实际上当实体目标处于被激活的夹持点状态时，AutoCAD 允许用户进行以下操作：Stretch(拉伸)、Move（移动）、Rotate（旋转）、Scale（缩放）、Mirror（镜像）。切换的方法很简单，读者可以直接按 Enter 键、直接按空格键或输入各命令的前两个字母。其他的功能读者可以自己尝试操作一下。

13.3 绘制墙体

13.3.1 绘制柱子

由于在配电平面图中没必要给出柱子的具体尺寸，所以 示意性地给出柱子的位置及大小即可。将"墙体"图层设置为当前图层。

1）单击菜单栏中"绘图"→"矩形"选项，或单击"默认"选项卡"绘图"面板中的"矩形"按钮 ▢，命令行操作与提示如下：

命令：rectang ✓
指定第一个角点或 [倒角(C)/标高(E)/圆角(F)/厚度(T)/宽度(W)]：（在空白绘图区域选取一点）
指定另一个角点或 [面积(A)/尺寸(D)/旋转(R)]：（按住鼠标左键拖出一个矩形）

2）单击"默认"选项卡"修改"面板中的"偏移"按钮 ⊆，将图 13-7 中最上面的两条水平直线、最下面的水平直线和最左侧的竖直直线分别向外侧偏移 120mm。将偏移出来的轴线作为定位柱子的辅助线，这样可以方便布置柱子，使绘制出来的外墙体与柱子相平。轴线的偏移结果如图 13-8 所示。

3）单击"默认"选项卡"修改"面板中的"移动"按钮 ✛，将绘制好的柱子布置到合适的位置。启用捕捉功能，选取柱子一边的中点为控制点，然后将柱子放在辅助线与其垂直轴线的交点上，如图 13-9 所示。

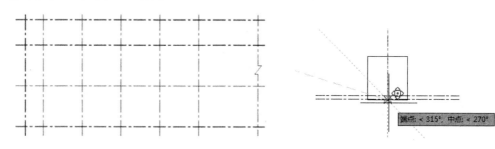

图13-8　轴线偏移　　　　　　　　　　　图13-9　放置柱子

将各个柱子放置完毕后，删除辅助线，结果如图 13-10 所示。

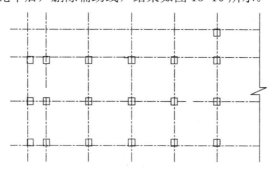

图13-10　布置柱子

ⓘ注意

可能有的读者发现，即使启用了捕捉功能也不能捕捉到柱子的一边的中点，这是因为在捕捉之前必须使用"分解"命令对矩形进行"爆炸"，将一个实体分解成线，才能捕捉到边的中点。

📖13.3.2　绘制墙体

单击菜单栏"绘图"→"多线"选项，绘制墙体。命令行操作与提示如下：
命令：MLINE✓

当前设置：对正 = 上，比例 = 20.00，样式 = STANDARD
指定起点或[对正（J）/比例（S）/样式（ST）]：J↙
输入对正类 [上（T）/无（Z）/下（B）]上：Z↙
当前设置：对正 = 无，比例 = 20.00，样式 = STANDARD
指定起点或[对正（J）/比例（S）/样式（ST）]：S↙
输入多线比例<20>：240↙   （墙体的厚度）

具体的操作过程在前几章已经详细讲述过，在此不再赘述。结果如图 13-11 所示。

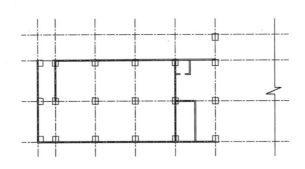

图13-11 绘制墙体

📖13.3.3 绘制门窗

1）单击"默认"选项卡"修改"面板中的"分解"按钮，将用多线绘制出来的墙体进行"分解"，然后单击"默认"选项卡"修改"面板中的"修剪"按钮，对墙体进行修剪，绘制出门洞和窗洞，结果如图 13-12 所示。

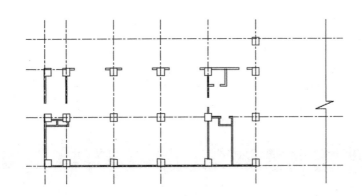

图13-12 绘制门洞和窗洞

2）单击"默认"选项卡"绘图"面板中的"直线"按钮，连接洞口两侧的端点，如图13-13 所示。然后过直线的中点绘制辅助直线的垂线，如图 13-14 所示。

3）单击"默认"选项卡"绘图"面板中的"圆弧"按钮，绘制圆弧，如图 13-15 所示。单击"默认"选项卡"修改"面板中的"镜像"按钮，以辅助轴线为对称轴对圆弧进行镜像，结果如图 13-16 所示。单击"默认"选项卡"修改"面板中的"删除"按钮，删除辅助线，结果如图 13-17 所示。

采用同样的方法绘制出其他门窗，结果如图 13-18 所示。

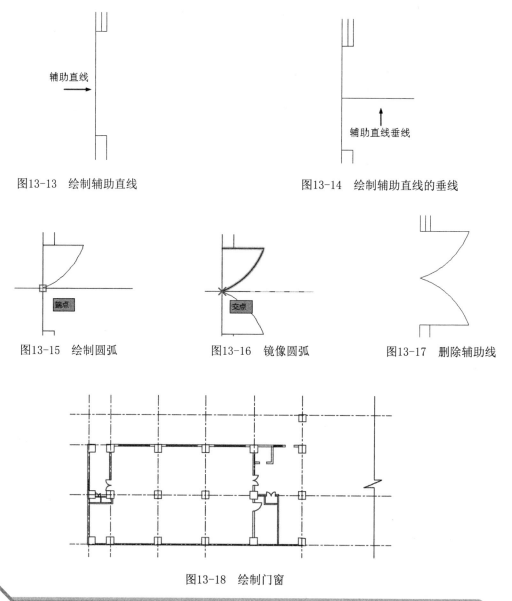

图13-13 绘制辅助直线　　　　　　　图13-14 绘制辅助直线的垂线

图13-15 绘制圆弧　　　图13-16 镜像圆弧　　　图13-17 删除辅助线

图13-18 绘制门窗

13.4　绘制楼梯及室内设施

　　由于本平面图为办公楼平面图，所以其楼梯的尺寸较住宅楼的要宽大一些，但是绘制方法完全相同，可以使用复制或平移命令，还可以使用阵列命令等进行绘制。

13.4.1　绘制楼梯

　　直接从源文件/图库/室内设施图例文件夹中调入楼梯1模块，并调整好缩放的比例，放置在图中，如图13-19所示。
　　采用同样的方法绘制出绘制出其他楼梯，结果如图13-20所示。

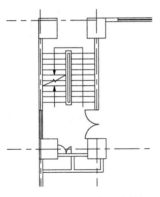

图13-19 调入模块到楼梯间

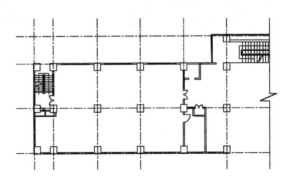

图13-20 绘制楼梯

13.4.2 绘制室内设施

由于本层主要为办公区，所以室内设施较少。单击"默认"选项卡"绘图"面板中的"矩形"按钮 ▢ 和"直线"按钮 ／，绘制室内设施，然后单击"默认"选项卡"修改"面板中的"移动"按钮 ✛，移动到图中的合适位置，结果如图 13-21 所示的。

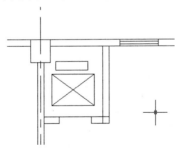

图13-21 绘制室内设施

13.4.3 修剪轴线

单击"默认"选项卡"修改"面板中的"修剪"按钮 ✂ 和"删除"按钮 ✎，对多余的轴线进行删除和修剪（但是为了标注尺寸的方便，边沿的轴线要保留一部分），结果如图 13-22 所示。

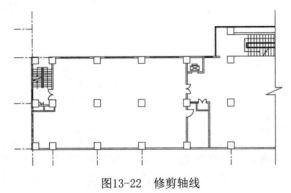

图13-22 修剪轴线

13.5 绘制配电干线设施

13.5.1 绘制风机盘管

1）单击"默认"选项卡"绘图"面板中的"圆"按钮⊙，指定半径为 350mm，在空白区域中绘制一个圆，如图 13-23 所示。

2）单击"默认"选项卡"绘图"面板中的"多边形"按钮⬠，命令行操作与提示如下：

命令：POLYGON ✓
输入侧面数<4>：✓
指定正多边形的中心点或[边（E）]：（捕捉圆的中心如图 13-24 所示）
输入选项[内接于圆（I）/外切于圆（C）]：C ✓
指定圆的半径：（可以拖动鼠标使正方形与圆相切，如图 13-25 所示）

图13-23 绘制圆

图13-24 捕捉圆心

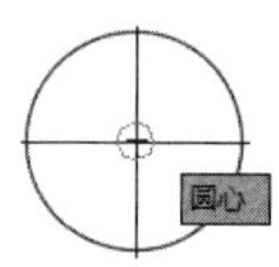

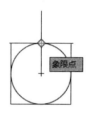
图13-25 绘制圆的外切正方形

3）单击"默认"选项卡"注释"面板中的"多行文字"按钮 **A**，将"±"书写在空白区域，然后单击"默认"选项卡"修改"面板中的"移动"按钮✣，移动到圆心，如图 13-26 所示。绘制好的风机盘管图形如图 13-27 所示。

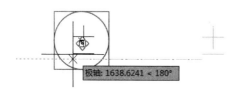
图13-26 移动符号

图13-27 完成风机盘管绘制

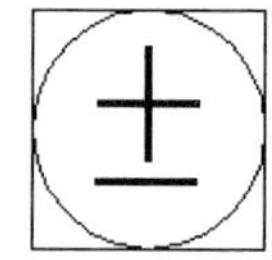

🛈**注意**

面对复杂的图形，读者应该学会将其分解为简单的实体，然后分别进行绘制，再组合成所要的图形。

13.5.2 绘制上下敷管

1）单击"默认"选项卡"绘图"面板中的"圆"按钮⊙，绘制半径为 100mm 的圆。

2）打开"草图设置"对话框，选择"极轴追踪"选项卡，在"极轴角设置"中设置"增量角"为 45°，在"对象捕捉追踪设置"中选中"用所有极轴角设置追踪"单选按钮，如图 13-28 所示。单击"确定"按钮完成极轴捕捉设置。

3）单击"默认"选项卡"绘图"面板中的"直线"按钮 /，运用极轴捕捉，使极轴追踪到的 45° 线通过圆心，在追踪线上选取一点，如图 13-29 所示。绘制 45° 线与圆相交，如图 13-30 所示。

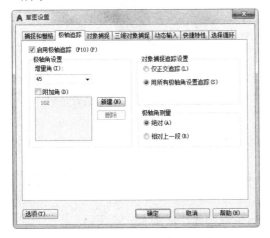

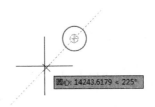

图13-28　设置极轴追踪角度

图13-29　在追踪线上取点

4）绘制三角形，如图 13-31 所示。

图13-30　绘制直线

图13-31　绘制三角形

5）填充圆与三角形。单击"默认"选项卡"绘图"面板中的"图案填充"按钮，打开"图案填充创建"选项卡，选择"SOLID"图案，如图 13-32 所示，填充三角形结果如图 13-33 所示。

图13-32　"图案填充创建"选项卡

图13-33　填充三角形

6）单击"默认"选项卡"修改"面板中的"复制"按钮，基点选取直线的起点，复制直线和三角形，如图 13-34 所示。绘制好的上下敷管图形如图 13-35 所示。

图13-34　复制直线和三角形　　　　　图13-35　完成上下敷管绘制

13.5.3　绘制线路

线路绘制过程中运用的命令很简单，但是要将复杂的线路绘制得美观、有条不紊还需要一定的绘制方法。

1）在需要安放电器元件的区域绘制两条辅助线，如图 13-36 所示。

2）单击"默认"选项卡"绘图"面板中的"定数等分"按钮，命令行操作与提示如下：

```
命令：divide ✓
选择要定数等分的对象：：（选取上面的辅助线）
输入线段数目或 [块(B)]：7✓
```

采用同样的方法，将下面的辅助线等分为 9 份。

3）单击"默认"选项卡"修改"面板中的"复制"按钮，将绘制好的"风机盘管"分别放在节点上，结果如图 13-37 所示。

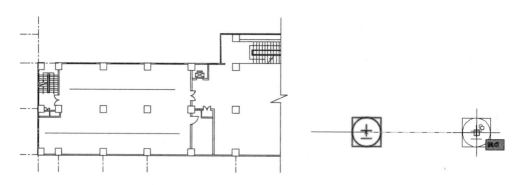

图13-36　绘制辅助线　　　　　　　图13-37　复制"风机盘管"至节点上

4）将各个"风机盘管"摆放完毕，单击"默认"选项卡"修改"面板中的"删除"按钮，删去辅助线，结果如图 13-38 所示。

5）从源文件/图库中调入"照明配电箱"和"动力配电箱"，单击"移动"按钮，将其放置到图形中的合适位置，如图 13-39 所示。

调入"温控与三速开关控制器"及"上下敷管"模块，放入图形中，结果如图 13-40 所示。

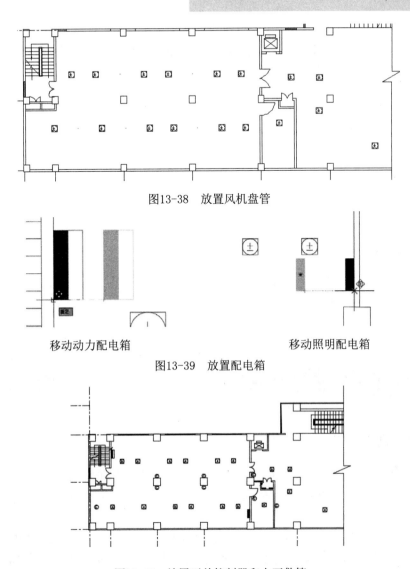

图13-38　放置风机盘管

移动动力配电箱　　　　　　　　移动照明配电箱

图13-39　放置配电箱

图13-40　放置开关控制器和上下敷管

　　6）连接线路。在连线的操作中，注意在画水平线或竖直线时，一定要启用"正交"功能，这样能确保直线水平或竖直，并且也更加快捷。绘制的结果如图 13-41 所示。

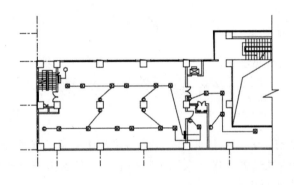

图13-41　连接线路

7）绘制外围走线。根据电学知识可知，要用平行线来表示走线。可以先绘制一条直线，然后运用偏移命令来完成外围走线的绘制，其部分放大图如图 13-42 所示。

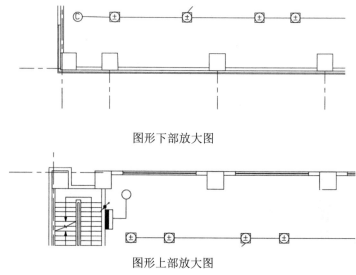

图形下部放大图

图形上部放大图

图13-42　绘制外围走线（放大图）

13.6　标注尺寸及文字说明

📖 13.6.1　标注尺寸

1）打开"图层特性管理器"对话框，将"标注"图层设为当前图层。

2）单击"默认"选项卡"注释"面板中的"线性"按钮 ⊢，标注两条轴线的尺寸，如图 13-43 所示。

3）单击"注释"选项卡"标注"面板中的"连续"按钮 ⊞，此时在屏幕中鼠标会直接与上一步骤中的基点相连，直接点取其他轴线上点即可完成快速标注，如图 13-44 所示。

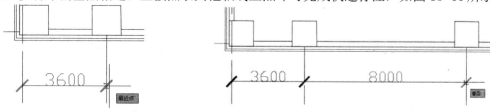

图13-43　标注轴线尺寸　　　　　　　　　　图13-44　连续标注

采用同样的方法，标注其他的尺寸，结果如图 13-45 所示。

ⓘ注意

在开始连续标注前，需首先标出一个尺寸（该尺寸必须是线性尺寸、角度型尺寸等某一类型尺寸）。在标注过程中，用户只能向同一个方向标注下一个尺寸，不能向相反方向标注，否则会覆盖原来的尺寸。

4）标注轴线号。由于图中已经有了"温控与三速开关控制器"，故将其稍加修改就可以成为轴线号。先将其复制到轴线端，然后双击圆里面的文字"C"，弹出"文字编辑器"选项卡，如图 13-46 所示。依次进行修改，结果如图 13-47 所示。

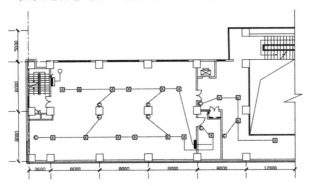

图13-45 完成尺寸的标注

图13-46 "文字编辑器"选项卡

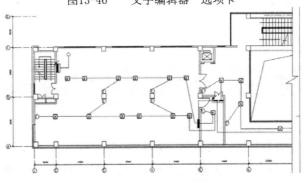

图13-47 轴线号的标注

轴线号可以有多种方法进行标注，一个就是利用"dt"命令制作轴线号，另一个就是直接绘制圆，书写文字，然后利用"移动"功能将文字移动到圆心位置。这里是直接对已有的图形进行简单的修改来完成标注。

13.6.2 标注电气元件的名称与规格

各个电气元件的表示方法应符合《建筑电气安装工程图集》及相关的规程、规定。

单击"默认"选项卡"注释"面板中的"多行文字"按钮 A，根据命令行中的提示进行标注文本。标注配电箱规格和标线号局部放大图如图 13-48 所示。

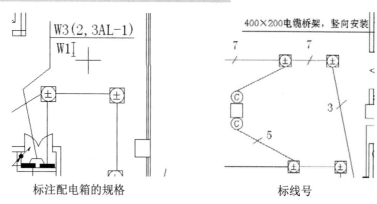

图13-48　标注配电箱规格和标线号（局部放大图）

具体在操作过程中，读者可以综合运用以前学过的命令，如复制、移动、文字修改等。完成文字标注后的结果如图 13-49 所示。

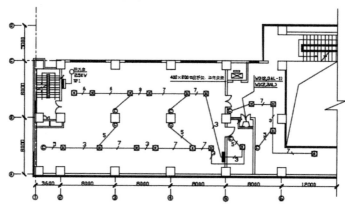

图13-49　完成文字标注

13.7　插入图框

1）绘制 A3 图框，如图 13-50 所示。

2）插入会签栏。会签栏的绘制在前几章也曾详细讲述过，读者可以从源文件/图库中直接调入会签栏，也可以自己绘制会签栏。插入会签栏的结果如图 13-51 所示。

图13-50　绘制图框

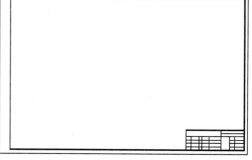

图13-51　插入会签栏

3）单击"默认"选项卡"修改"面板中的"移动"按钮✛，将图形移动到图框内，结果如图 13-52 所示。

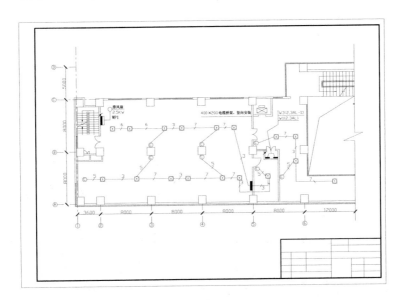

图13-52　插入图框

第 **14** 章

餐厅消防报警平面图

本章将在配电图绘制的基础上，绘制消防报警系统的平面图。消防报警系统属于弱电工程系统，需要利用许多前面的弱电图例。本实例为某单位厨房及餐厅的消防报警平面图。首先绘制建筑结构的平面图，然后绘制一些基本设施，其中重点介绍了消防报警系统的线路和装置的布置和画法。

 学 习 要 点

- 绘图准备
- 绘制结构平面图及消防报警系统
- 标注尺寸及文字说明、插入图框

14.1 绘图准备

首先新建文件并设置图形界限，然后设置图层，再绘制轴线和轴线标号。

以无样板方式新建 CAD 文件，命名为"餐厅消防报警平面图"。利用 limits 命令将图形的界限定位在 42000mm×29700mm 的界限内。将图层分为轴线、墙线、门窗、弱电、消防、标注、会签栏 7 个图层，并按照图 14-1 所示进行设置。

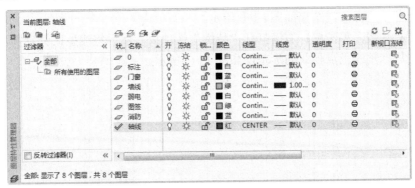

图14-1　图层设置

按照前几章的方法进行绘制，水平轴线标号分别为 1、2、3、4、1/2、5，竖直轴线标号分别为 A、1/A、B、1/B、C，轴线布置如图 14-2 所示。将"标注"图层设置为当前图层，设置轴线圆半径 800mm、文字高度为 800，插入轴线标号，如图 14-3 所示。

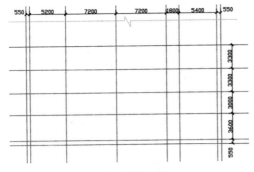

图14-2　轴线布置

图14-3　轴线标号

ⓘ注意

当绘制轴线编号时，有些编号如 1/B、1/2 等，用高度 800 的文字会出现文字宽度太大而不能放入圆内的情况，如图 14-4 所示。这时可以输入文字，双击文字，在"文字编辑器"中将"宽度比例"设置为 0.5，如图 14-5 所示。

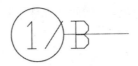

图14-4　宽度过大的文字

图14-5　文字编辑器

插入全部轴线标号，结果如图 14-6 所示。

选择所有轴线，单击鼠标右键打开"特性"选项板，然后将线型比例设置为 100。改变之后，轴线呈点画线的形态，如图 14-7 所示。

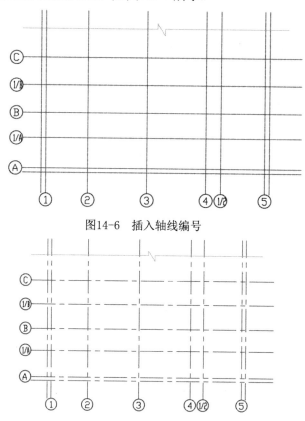

图14-6　插入轴线编号

图14-7　轴线绘制

14.2　绘制结构平面图

首先根据轴线利用多线绘制墙体，然后插入柱子和门窗，最后利用多线命令绘制走线。

14.2.1　绘制墙线

1）将当前图层设置为墙线图层，绘制墙线。利用多线命令，改变墙体宽度，注意墙线与轴线的对应关系。

2）单击菜单栏"格式"→"多线样式"选项，弹出"多线样式"对话框，单击"新建"按钮，弹出"创建新的多线样式"对话框，如图 14-8 所示。在"新样式名"文本框中输入"wq"，单击"继续"按钮，弹出"新建多线样式"对话框，将多线偏移量设置为 150 和-150，如图 14-9 所示。单击"确定"按钮。

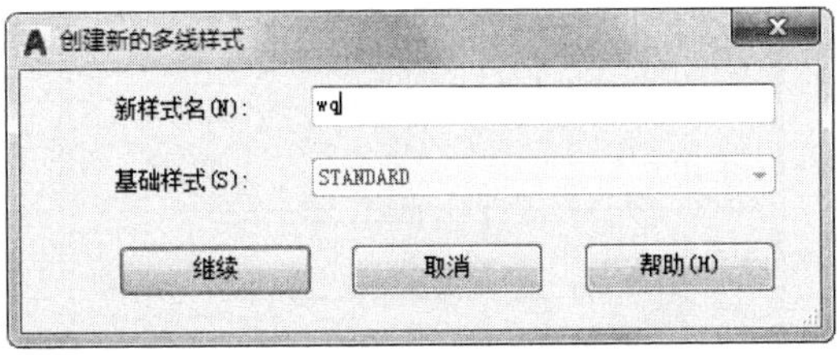

图14-8　"创建新的多线样式"对话框

图14-9　设置多线偏移量

3）返回"多线样式"对话框，将"WQ"多线样式添加到当前下拉菜单中。单击"添加"按钮，将"WQ"多线样式添加到当前下拉菜单中，如图 14-10 所示。单击"确定"按钮。

用 MLINE 命令绘制墙线，命令行操作与提示如下：

```
命令：MLINE
当前设置：对正 = 无，比例 = 1.00，样式 = WQ
指定起点或 [对正(J)/比例(S)/样式(ST)]：ST✓（选择多线样式）
输入多线样式名或 [?]：WQ✓（输入外墙多线的名称）
当前设置：对正 = 无，比例 = 1.00，样式 = WQ
指定起点或 [对正(J)/比例(S)/样式(ST)]：J✓
输入对正类型 [上(T)/无(Z)/下(B)]〈无〉：B✓（选择多线起点为上端）
当前设置：对正 = 下，比例 = 1.00，样式 = WQ
指定起点或 [对正(J)/比例(S)/样式(ST)]：（由左向右，开始绘制）
```

利用 MLINE 命令绘制的外墙线如图 14-11 所示，注意多线样式的选取。

用同样的方法绘制内墙，将内墙的多线偏移量设置为 60 和-60，结果如图 14-12 所示。

图14-10　"多线样式"对话框

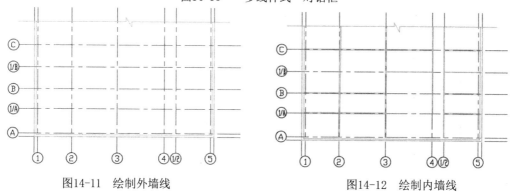

图14-11　绘制外墙线　　　　　　　　　图14-12　绘制内墙线

14.2.2　插入柱子

柱子截面大小为500mm×500mm。插入柱子后，继续绘制内墙，结果如图14-13所示。

图14-13　插入柱子

内墙和外墙的交接处以及内墙和内墙的交接处可以通过单击菜单栏"修改"→"对象"→"多线"来进行修改，也可以通过将多线利用"分解"命令分解，并用"修剪"命令进行修改，前一种方法比较简便。之后继续对墙线进行修建和延伸操作，结果如图14-14所示。

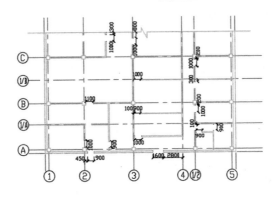

图14-14　编辑内墙

📖14.2.3　插入门窗

绘制 3 种门模块，宽度分别为 900mm、1000mm、1600mm，如图 14-15 所示。

图14-15　绘制门模块

将门插入后的图形如图 14-16 所示。

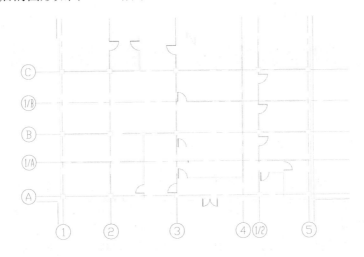

图14-16　插入门

📖14.2.4　绘制走线

　　窗户和外墙走线可以利用多线进行绘制。单击菜单栏"格式"→"多线样式"选项，弹出"多线样式"对话框，单击"新建"按钮，弹出"创建新的多线样式"对话框，创建新的多线样式。此时可以设定 3 根墙线，将多线偏移量（mm）分别设置为 150、60、0、-60、-150，绘制时将起始位置设置在中间，结果如图 14-17 所示。

```
命令：MLINE
当前设置：对正 = 无，比例 = 1.00，样式 = WQ
指定起点或 [对正(J)/比例(S)/样式(ST)]：ST↙（选取多线样式）
输入多线样式名或 [?]：zx（输入"走线"多线的名称）
当前设置：对正 = 无，比例 = 1.00，样式 = WQ↙
指定起点或 [对正(J)/比例(S)/样式(ST)]：J↙
输入对正类型 [上(T)/无(Z)/下(B)] <无>：Z↙（选取多线起点为无）
当前设置：对正 = 下，比例 = 1.00，样式 = WQ
指定起点或 [对正(J)/比例(S)/样式(ST)]：（选取窗户中点为起点，进行绘制）
```

至此，结构平面图绘制完成，如图 14-18 所示。

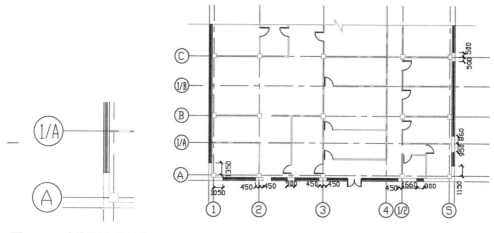

图14-17　多线绘制3根墙线　　　　　图14-18　完成结构平面图绘制

14.3　绘制消防报警系统

首先绘制弱电符号，然后插入需要的模块，最后利用直线命令连接各个符号。

📖14.3.1　绘制弱电符号

本例中需要用到弱电报警系统的一些符号，由于图例库中未包含这些符号，需要自己绘制。消防报警系统符号如图 14-19 所示。绘制完成后可以将这些符号添加到"弱电布置图例"中，以备以后使用。

1）将消防层转换当前图层为，绘制一个 500mm×1000mm 的矩形，并利用取中命令绘制其中心线，再利用 solid 命令将右半个矩形填充。绘制的电力配电箱如图 14-20 所示。

2）绘制"感烟探测器"和"气体探测器"。单击"默认"选项卡"绘图"面板中的"矩形"按钮 □ ，在图中绘制一个 600mm×600mm 的矩形，然后单击"默认"选项卡"绘图"面板中的"直线"按钮 ╱，在矩形中部绘制一个电符号，绘制的感烟探测器如图 14-21 所示。单击"默认"选项卡"绘图"面板中的"矩形"按钮 □ 和"直线"按钮 ╱，绘制一与感烟探测器同样的矩形，然后在矩形中心绘制 3 条直线，继续单击"默认"选项卡"绘图"面板中的"圆"按钮 ⊘ 和"图案填充"按钮 ▦，在直线的交点处绘制一小圆，然后选择"solid"

图案进行填充，绘制的气体探测器如图 14-22 所示。

图14-19　消防报警系统符号　　　　　　　　图14-20　绘制电力配电箱

3）利用上述同样的方法，绘制"手动报警按钮＋消防电话插孔""感温探测器""消火栓按钮"和"扬声器"的图例，结果如图 14-23～图 14-26 所示。

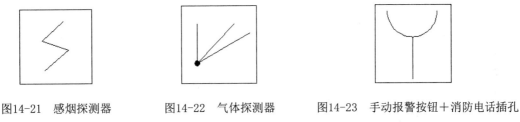

图14-21　感烟探测器　　　　图14-22　气体探测器　　　　图14-23　手动报警按钮＋消防电话插孔

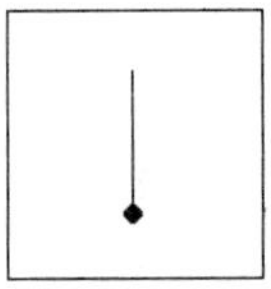

图14-24　感温探测器 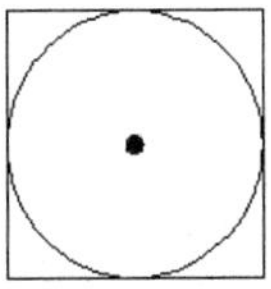　　　图14-25　消火栓按钮 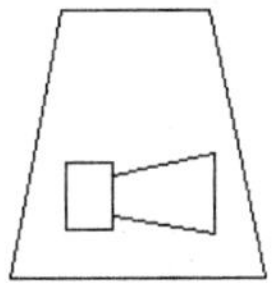　　　图14-26　扬声器

4）绘制防火阀。单击"默认"选项卡"绘图"面板中的"圆"按钮，在图中画一个半径为 300mm 的圆，再单击"默认"选项卡"绘图"面板中的"直线"按钮，利用对象捕捉功能，设置增量角为 45°，启用极轴追踪，绘制一条通过圆心、角度为 45° 的斜线，并在圆的右下角输入 70℃ 的文字，绘制的防火阀如图 14-27 所示。

5）绘制好各个符号后，将它们利用"写块"命令保存为模块，然后将绘制的模块保存到"弱电布置图例"模块库中，以便以后绘图的时候调用。

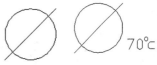

图14-27　防火阀的绘制

📖14.3.2　插入模块

1）切换到"餐厅消防报警平面图"，将各个模块插入到"消防报警系统平面图"中，注意位置的摆放，结果如图 14-28 所示。

2）将弱电图层设置为当前图层，单击"默认"选项卡"绘图"面板中的"直线"按钮，绘制线路，注意在线路的交叉处要断开一条线（可利用"默认"选项卡"修改"面板中的"打断"按钮进行打断操作），结果如图 14-29 所示。

插入线路后的图形如图 14-30 所示。

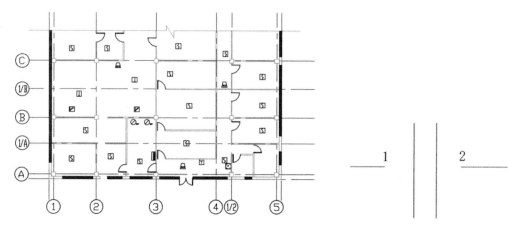

图14-28　插入模块　　　　　　　　　　图14-29　线路交点

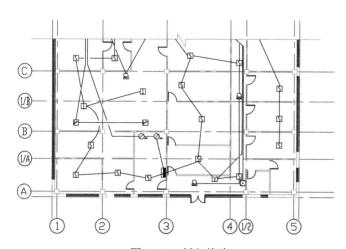

图14-30　插入线路

执行"打断"命令后命令行的操作与提示如下：

命令：break
选择对象：（用鼠标单击图14-29中的点1）
指定第二个打断点 或 [第一点(F)]：〈正交 关〉〈对象捕捉 关〉〈对象捕捉追踪 关〉
（关闭"正交""对象捕捉"和"对象跟踪"功能，否则很难选择线路上的另外一点）
（单击图14-29中的点2，即截断线路，退出命令）

3）将标注图层设置为当前图层，单击"默认"选项卡"注释"面板中的"多行文字"按钮 **A**，在线路旁边标注线路的名称，分别为"FS""FG""FH"。标注编号时在线路上画一条倾斜的小短线，如图 14-31 所示。

图14-31　插入文字编号

4）插入线路名称和编号，结果如图 14-32 所示。注意，这里只是平面图的局部，具体绘制过程应按照设计方案进行绘制。

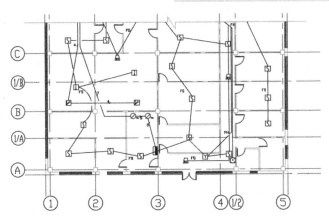

图14-32　插入线路名称和编号

14.4　标注尺寸及文字说明

单击"默认"选项卡"注释"面板中的"单行文字"按钮 **A**，进行文字标注。然后单击"默认"选项卡"注释"面板中的"线性"按钮 和"连续"按钮 ，进行尺寸标注。标注样式设置为：文字高度 500、从尺寸线偏移 100，箭头样式为"建筑标记"、箭头大小为 300、起点偏移量为 500。标注后的平面图如图 14-33 所示。

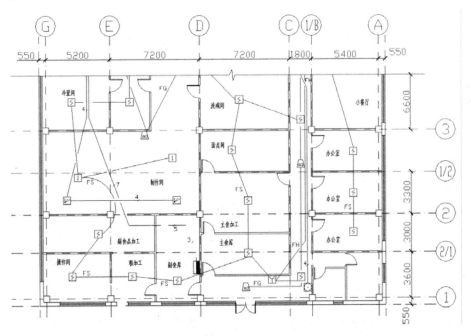

图14-33　标注尺寸及文字说明

14.5　插入图框

1）绘制 A3 图纸图框。将图层转换到"会签栏"层，单击"默认"选项卡"绘图"面板中的"矩形"按钮 ▭，绘制 42000mm×29700mm 和 39500mm×28700mm 的两个矩形，如图 14-34 所示。

2）利用插入块命令，将源文件/图库中的图标栏 1 模块插入到图框的右下角，如图 14-35 所示。

图14-34 绘制图框

图14-35 插入会签栏

3）选取绘制的平面图，单击"默认"选项卡"修改"面板中的"移动"按钮 ✛，移动到图框中，如图 14-36 所示。

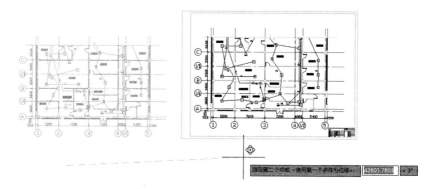

图14-36 插入图框

第 **15** 章

餐厅消防报警系统图和电视、电话系统图

本章将详细讲解餐厅消防报警系统图及电视、电话系统图的画法，同时讲述相关的知识。针对电气系统图的绘制一个普遍存在的特点，就即重复的图形比较多，且多为分层、分块绘制。可以利用等分的方法进行绘制，这样可以使绘制的图形整洁、清晰。消防报警系统图的绘制和其他电气系统图相似。本实例中的餐厅共分为两层，绘制时可以将其分为两个部分，即消防报警系统图和电视、电话系统图。

学 习 要 点

◎ 绘图准备

◎ 绘制电话\电视系统图

◎ 绘制火灾报警及消防联动控制系统图

◎ 插入框

15.1 绘图准备

新建文件，设置图层，利用矩形命令规定绘图区域，并将绘图区域分成三个部分。

📖 15.1.1 设置图层

首先以无样板模式建立新文件，保存为"餐厅消防报警系统图和电视、电话系统图"。打开图层管理器，设置图层。本图为系统图，所涉及的图形样式比较少，可以仅建立轴线、墙线、线路、设备、标注和图签 6 个图层，并利用不同的颜色区分不同的图层，如图 15-1 所示。

图15-1 图层设置

📖 15.1.2 绘制轴线

绘制时，使用 A3 图纸（即图框尺寸为 395mm×287mm），按照 1mm 为一个绘图单位的原则，以一个 350mm×250mm 的矩形为绘图区域。先令轴线图层为当前图层，单击"默认"选项卡"绘图"面板中的"矩形"按钮 □ ，绘制一个 350mm×250mm 的矩形，如图 15-2 所示。本图包括 3 个部分，分别是消防报警系统图、电视系统图和电话系统图，因此可以根据图形的大小将图形分为 3 个部分。单击"默认"选项卡"修改"面板中的"分解"按钮 📄 ，将矩形分解，再单击"默认"选项卡"绘图"面板中的"定数等分"按钮 ✍ ，将底边等分为 4 份，如图 15-3 所示。

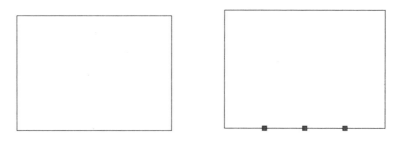

图15-2 绘图矩形　　　　　　　　图15-3 等分底边

单击"默认"选项卡"绘图"面板中的"直线"按钮 ／ ，在矩形的第一、第二等分点上绘制两条垂直的辅助线，如图 15-4 所示，将矩形分为 3 个部分。

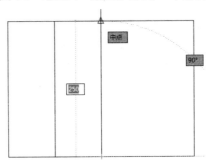

图15-4　绘制辅助线

注意

在绘制直线时，如果等分点不容易找到，可以打开"对象捕捉"工具栏，如图15-5所示，然后单击"默认"选项卡"绘图"面板中的"直线"按钮 ╱ ，再单击"对象捕捉"工具栏的" ⊙ "按钮，即可捕捉到刚才利用"定数等分"等分的等分点，如图15-6所示。另外，可以事先打开 "正交"按钮，以便于画垂直线。

图15-5　"对象捕捉"工具栏　　　　　　　　　图15-6　捕捉等分点

15.2　绘制电话系统图

15.2.1　绘制楼层线

1）在图中定位楼层的分界线。本实例为二层的餐厅，单击"默认"选项卡"绘图"面板中的"直线"按钮 ╱ ，绘制 3 条水平线，分别表示底面、一层楼盖、二层楼盖，间距分别为 50mm 和 30mm，如图 15-7 所示。

2）单击"默认"选项卡"修改"面板中的"打断"按钮 ⌐ ，将楼层线沿着垂直的分隔线截断，如图 15-8 所示。

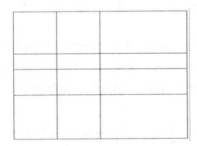

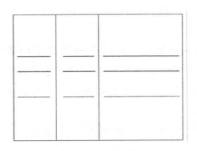

图15-7　绘制楼层线　　　　　　　　　图15-8　截断楼层线

283

📖15.2.2 插入设备

1）将"线路"图层设为当前图层，单击"默认"选项卡"绘图"面板中的"直线"按钮 ╱，在左侧区域内绘制一条竖直线，如图 15-9 所示。注意，直线稍稍偏向左边，因为要在直线的右边添加文字标注。

2）转换到"设备"图层，单击"默认"选项卡"绘图"面板中的"插入块"按钮 ，插入"交接箱"模块，如图 15-10 所示。

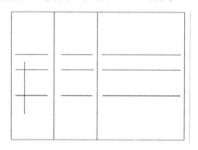
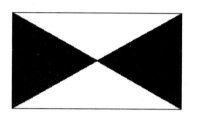

图15-9　绘制电话系统线路　　　　图15-10　插入"交接箱"模块

3）单击"默认"选项卡"绘图"面板中的"定数等分"按钮 ，将刚绘制的竖直线等分为 4 等分，再单击"默认"选项卡"绘图"面板中的"插入块"按钮 ，将"交接箱"模块按中点为基点插入到直线的第一和第三等分点（可以按照图幅大小调节模块比例），如图 15-11 所示。

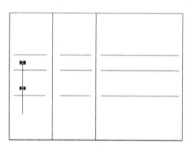

图15-11　插入"交接箱"模块

📖15.2.3 文字标注

1）将"标注"图层设置为当前图层，单击"默认"选项卡"绘图"面板中的"直线"按钮 ╱，在需要插入标注的位置（即在垂直线的 4 个等分点处），绘制一条水平线，如图 15-12 所示。

2）单击菜单栏"格式"→"文字样式"选项，弹出"文字样式"对话框，单击"新建"按钮，默认名称"样式 1"，单击"确定"按钮，然后在"字体"下拉列表中选择"Arial Narrow"字体，将文字高度文本框中改为 6，再单击"确定"按钮，便创建了需要的字体，如图 15-13 所示。

3）单击"默认"选项卡"注释"面板中的"单行文字"按钮 A，插入标注文字（可以利用复制等功能简化操作），结果如图 15-14 所示。

4）单击"默认"选项卡"绘图"面板中的"直线"按钮 ╱，在第二、第四条标注线与竖直线相交处绘制一条 45°的倾斜线。单击"默认"选项卡"注释"面板中的"文字样式"按钮 ⚂，新建一种文字样式，名称默认为"样式 2"。在"字体"下拉列表中选择"仿宋_GB2312"字体，然后将当前字体切换为"样式 2"，将文字高度设为3，单击"确定"按钮。然后在最后一条标注线下输入中文，如图 15-15 所示。

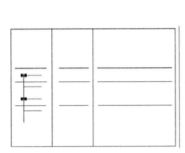

图15-12 插入标注线

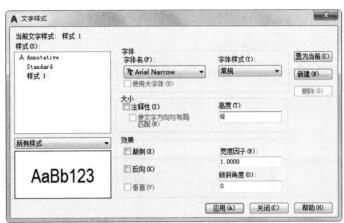

图15-13 创建新字体

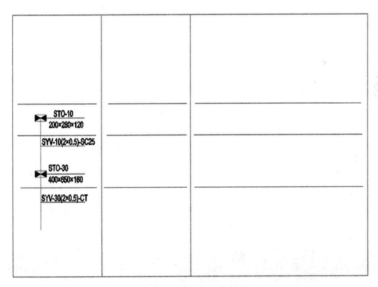

图15-14 插入文字标注

5）打开"文字样式"对话框，建立"样式 3"，文字的字体仍然用仿宋体，将文字高度设置为6，采用与之前相同的方法，插入标题，如图 15-16 所示。

⚠注意

文字标注比较繁琐，为了提高效率，可以利用复制的方法，将已有的文字复制到另一处，然后双击，在打开的"文字编辑"对话框中进行修改。

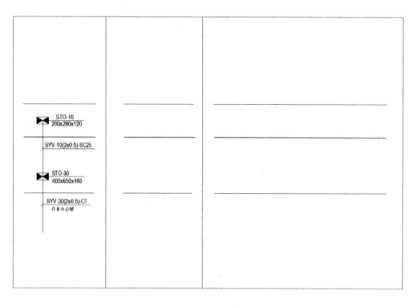

图15-15　插入中文标注

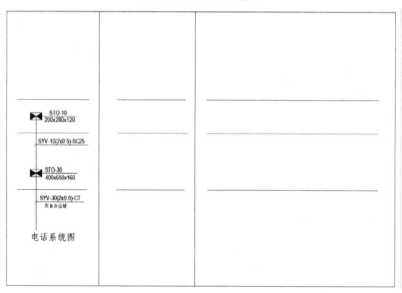

图15-16　插入标题

15.3　绘制电视系统图

电视系统图和电话系统图类似，但是需要在绘制过程中用到多行文字的输入。

1）单击"默认"选项卡"修改"面板中的"复制"按钮℃，将电话系统图的图形复制到图框中的第二个区域内，再单击"默认"选项卡"修改"面板中的"删除"按钮，删除交接箱模块和文字标注，结果如图15-17所示。

2）单击菜单栏"格式"→"线型"选项，弹出"线型管理器"对话框，单击"加载"按钮，将"ISO dash"线型加载到"线型管理器"中，然后关闭"线型管理器"对话框。确认"设备"图层为当前图层，将"ISO dash"线型设置为当前线型，然后单击"默认"选项卡"绘图"面板中的"矩形"按钮 ⬚，在图中绘制一个 40mm×25mm 的矩形，再单击"默认"选项卡"修改"面板中的"移动"按钮 ✥，移动到线路的上端点和第二等分点，如图 15-18 所示。

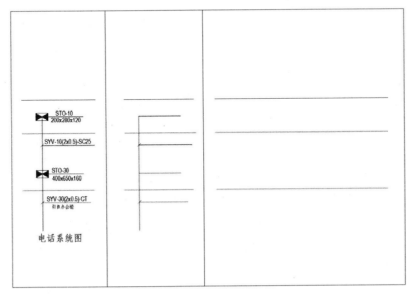

图15-17　复制图形

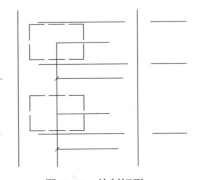

图15-18　绘制矩形

3）单击"默认"选项卡"修改"面板中的"修剪"按钮 ✂，将矩形内部的线截断，将文字样式设置为"样式 2"，单击"默认"选项卡"注释"面板中的"多行文字"按钮 **A**，系统出现"文字编辑器"选项卡，如图 15-19 所示，提示指定左上角点和右下角点。。命令行操作与提示如下：

```
命令: _mtext
当前文字样式:"样式 2" 文字高度: 3 注释性: 否
指定第一角点: （选择矩形左上角）↙
指定对角点或 [高度(H)/对正(J)/行距(L)/旋转(R)/样式(S)/宽度(W)/栏(C)]:（选择矩形右下角）
↙
```

4）按照上述方法，输入文字标注（注意不同类型的文字要用不同的样式）。输入后如图 15-20 所示。

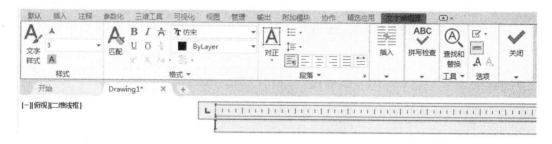

图15-19 "文字编辑器"选项卡

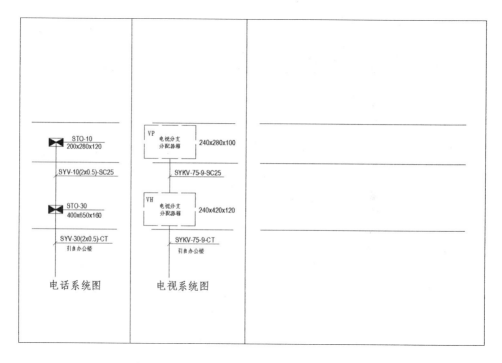

图15-20 完成电视系统图的绘制

15.4 绘制火灾报警及消防联动控制系统图

15.4.1 复制图形

1）单击"默认"选项卡"修改"面板中的"复制"按钮和"删除"按钮，将电话系统图复制到图框的右边区域，然后删去"交接箱"模块和文字标注，结果如图15-21所示。

2）将"线路"图层设置为当前图层，单击"默认"选项卡"修改"面板中的"延伸"按钮，延长竖直线上端，然后单击"默认"选项卡"修改"面板中的"偏移"按钮，设置偏移距离为2mm，对它进行偏移，结果如图15-22所示。

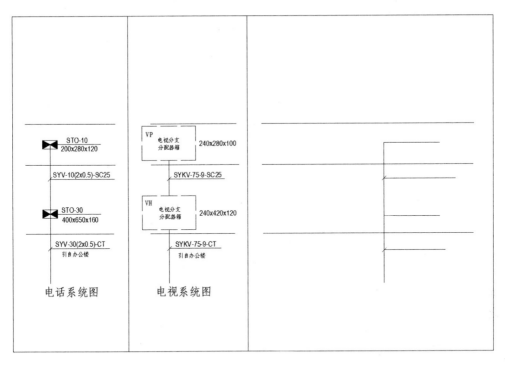

图15-21　复制图形

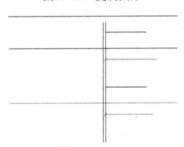

图15-22　延长及偏移竖直线

15.4.2　插入"暗装消防模块箱"

1）将"设备"图层设置为当前图层，单击"默认"选项卡"绘图"面板中的"矩形"按钮 □ ，绘制一个 8mm×4mm 的矩形，然后单击"默认"选项卡"绘图"面板中的"直线"按钮 ，结合中点捕捉的功能，分别绘制其长边与短边的中分线，如图 15-23 所示。

图15-23　绘制"暗装消防模块箱"

2）单击"默认"选项卡"绘图"面板中的"创建块"按钮 ，将其保存为模块，命名为"暗装消防模块箱"。

3）单击"默认"选项卡"绘图"面板中的"插入块"按钮，将"暗装消防模块箱"模块插入到两条平行的垂直线端点和第二等分点的上部，如图15-24所示。

注意

模块箱和平行线的位置不易确定，要确定它们的位置，可以在平行线的端点和第二等分点的上部分别添加一条水平的直线，再利用中点捕捉命令进行定位，如图15-25所示。

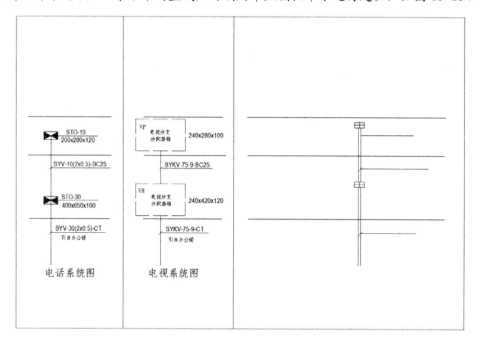

图15-24　插入"暗装消防模块箱"

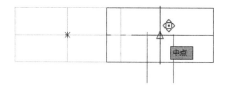

图15-25　定位方法

4）单击"默认"选项卡"修改"面板中的"修剪"按钮，将模块箱内多余的线剪切掉。

15.4.3　绘制其他消防线路及设备

至此，主干线路基本绘制完成，接下来绘制各个楼层的控制系统图。

1．绘制"检修阀"及插入"水流指示器"模块

1）切换到"线路"图层，单击"默认"选项卡"绘图"面板中的"直线"按钮，在"暗装消防模块箱"处向两边分别引出两条水平线，如图15-26所示。在二层的"暗装消防模块

箱"处左侧的水平线上绘制4条竖直短线,在右侧的水平线端点绘制一条竖直短线,如图15-27所示。

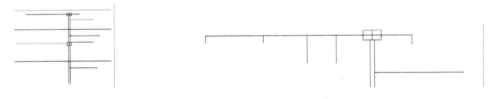

图15-26 绘制水平线　　　　　　　　图15-27 绘制竖直线

2）切换到"设备"图层,添加各个消防装置。首先从图库/"弱电布置图例"模块库中调入如图 15-28 所示的模块。

图15-28 调入模块

3）补充模块库中没有的模块。首先绘制"检修阀"模块。打开"暖通与空调图例"模块库,调入"截止阀"模块,如图 15-29 所示。然后单击"默认"选项卡"修改"面板中的"分解"按钮 ,将其分解,再单击"默认"选项卡"修改"面板中的"删除"按钮 ,删除两端的直线,结果如图 15-30 所示。

图15-29 "截止阀"模块　　　　　　图15-30 删除模块两端的直线

4）单击"默认"选项卡"绘图"面板中的"图案填充"按钮 ,选择"solid"图案,填充右侧三角形,如图 15-31 所示。单击"默认"选项卡"绘图"面板中的"矩形"按钮 ,在其上方绘制一小矩形,再单击"默认"选项卡"绘图"面板中的"直线"按钮 ,绘制连接小矩形与中心点的直线,绘制完成的"检修阀"如图 15-32 所示。单击"默认"选项卡"绘图"面板中的"创建块"按钮 ,将其保存为"检修阀"模块。

5）单击"默认"选项卡"绘图"面板中的"插入块"按钮 ,将"水流指示器"图块插入到图中,如图 15-33 所示。

图15-31 填充图形　　　图15-32 绘制"检修阀"　图15-33 插入"水流指示器"图块

2. 绘制"监控模块"

1）单击"默认"选项卡"绘图"面板中的"矩形"按钮 ,绘制 4mm×4mm 的矩形。单击"默认"选项卡"注释"面板中的"文字样式"按钮 ,打开"文字样式"对话框,创建一个新型字体"样式4",将字体设置为"Times New Roman",文字高度设置为3,如图15-34所示。

2）单击"默认"选项卡"注释"面板中的"单行文字"按钮 ,在刚绘制的矩形中填充标识,绘制完成的"监控模块"如图 15-35 所示。

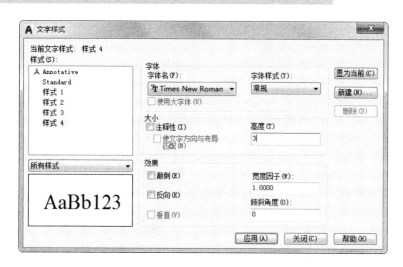

图15-34　设置字体"样式4"

图15-35　绘制"监控模块"

3）"监控模块"绘制完成后，将各个模块摆放在如图15-36所示的位置。然后单击"默认"选项卡"绘图"面板中的"直线"按钮 ，将元件与主线路相连（连接时可以打开"捕捉"工具栏，利用"中点"及"交点"捕捉功能，同时打开"正交"功能，以便绘制水平线及竖直线）。

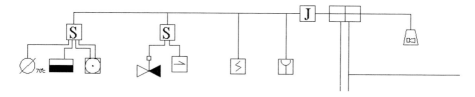

图15-36　插入"监控模块"

3．绘制分支线路

1）设置"线路"图层为当前图层，单击"默认"选项卡"修改"面板中的"分解"按钮 ，将"集线箱"S模块分解，然后单击"默认"选项卡"绘图"面板中的"定数等分"按钮 ，将矩形底边等分为8段，如图15-37所示。单击"默认"选项卡"绘图"面板中的"直线"按钮 ，在第二个等分点处绘制一条分支线路（可以单击"捕捉到节点"按钮 捕捉等分点），如图15-38所示。

注意

绘制分支线路需要一定的技巧，这里要用到"定数等分"命令、"镜像"命令及点的捕捉功能。

2）单击"默认"选项卡"修改"面板中的"镜像"按钮 ，将第一条分支线路镜像，镜像的轴线为矩形的中心线，如图15-39所示。

3）利用同样的方法，绘制中间的两条分支线路，如图15-40所示。

4）利用直线的定位点调整直线的长度和位置，然后单击"默认"选项卡"绘图"面板中的"插入块"按钮 ，插入其他模块，结果如图15-36所示。

5）用同样的方法，绘制一层的设备及线路。最终的结果如图15-41所示。

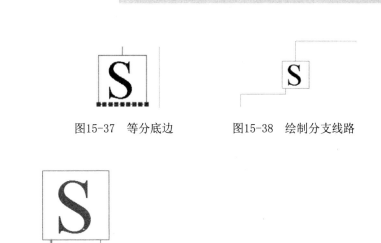

图15-37 等分底边　　　　图15-38 绘制分支线路

图 15-39 镜像分支线路　　　　　图 15-40 绘制中间的分支线路

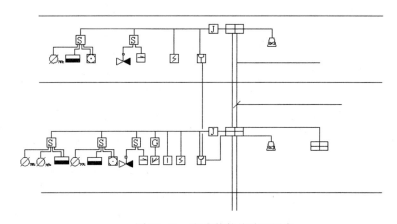

图 15-41 完成其他线路及设备

15.4.4 文字标注

用与绘制电视系统图、电话系统图相同的方法进行文字标注。为了简便起见，可以将电视系统图、电话系统图中的部分标注复制到此图中合适的位置，然后进行修改。

插入文字标注后的图形如图 15-42 所示。

单击"默认"选项卡"修改"面板中的"删除"按钮 ，删除多余直线，然后单击"默认"选项卡"注释"面板中的"多行文字"按钮 A，在顶部空白处添加"设计说明"，结果如图 15-43 所示。

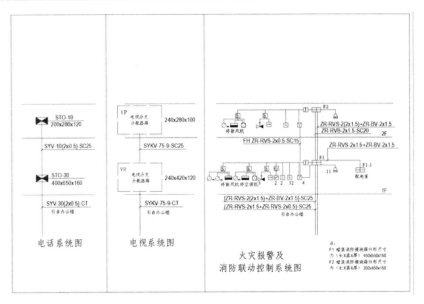

图15-42　插入文字标注

图15-43　添加"设计说明"

15.5　插入图框

1）从模块库中调出 A3 图纸的图框和图幅，大小分别为 420mm×297mm 和 395mm×287mm，如图 15-44 所示。

2）单击"默认"选项卡"绘图"面板中的"插入块"按钮 ，插入会签栏模块，如图 15-45 所示。选择所有图形，然后单击"默认"选项卡"修改"面板中的"移动"按钮 ，移动到图框中，结果如图 15-46 所示。

图15-44 绘制图框

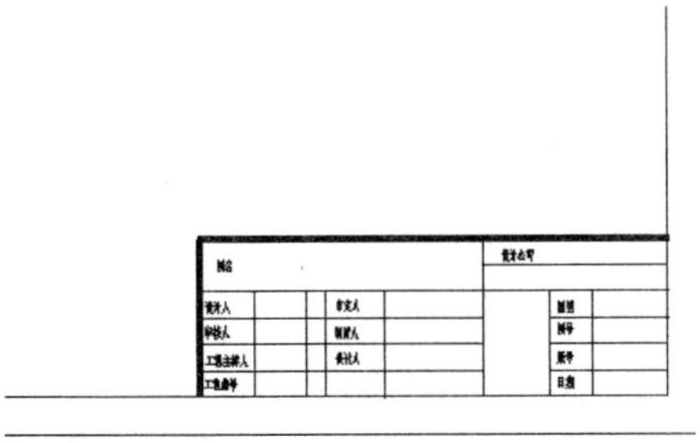

图15-45 插入会签栏

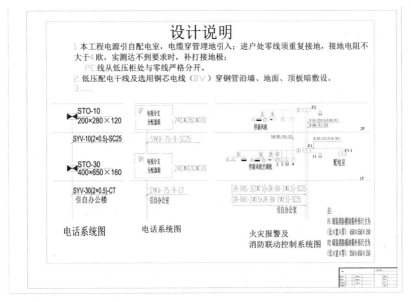

图15-46 插入图框

第 **16** 章

MATV、VSTV 电缆电视系统图及闭路监视系统图

本章讲解了某综合楼 MATV、VSTV 电缆电视系统图及闭路监视系统图的绘制方法。电视系统和监视系统的画法类似，具有电气系统图相同的特点，即重复图形比较多，因此阵列和复制的应用十分重要。本实例中的某综合楼为地上 10 层、地下 3 层的建筑，绘制过程可以分为 3 个阶段：—1 和—2 两层相同，为第一个阶段；地上 1~5 层为第二阶段；6~10 层为第三阶段。通过本实例，可以进一步了解"阵列"和"复制"命令的应用，并且进一步扩充"弱电布置图例"模块库的内容。

学　习　要　点

◎ 绘图准备

◎ 绘制 MATV 及 VSTV 电缆电视系统图、绘制闭路监视系统图

◎ 插入图框

16.1 绘图准备

📖 16.1.1 建立新文件

打开 AutoCAD 2020 应用程序，选择"文件"→"新建"命令，弹出"选择样板"对话框，单击"打开"按钮右侧的下拉按钮▼，以"无样板打开－公制"（毫米）方式建立新文件；将新文件命名为"MATV 及 VSTV 电缆电视及闭路监视系统图"并保存。

📖 16.1.2 设置图形界限

本图所用图框为 A3 图纸，图纸大小为 420mm×297mm，用 limits 命令将图形的界限定位在 420mm×297mm 范围内。

📖 16.1.3 设置图层

将图层设置为轴线、线路、设备、标注、图签 5 个图层，如图 16-1 所示。

图16-1　图层设置

📖 16.1.4 绘制图框和轴线

1）将"轴线"图层设置为当前图层，单击"默认"选项卡"绘图"面板中的"矩形"按钮 ▢，绘制一个 350mm×250mm 的矩形，作为绘图的界限，如图 16-2 所示。

2）本实例分为两个部分，第一部分为 MATV 及 VSTV 电缆电视系统图，第二部分为闭路监视系统图，因此将图框分为两个部分。首先将线型的颜色设置为灰色，即在颜色下拉菜单中选择"选择颜色"，然后选择"颜色 8"，以区分辅助线和绘图线。单击"默认"选项卡"绘图"面板中的"直线"按钮 ⁄，在矩形长边的中点绘制一条直线，将图分为两个部分，如图 16-3 所示。

3）单击"默认"选项卡"绘图"面板中的"定数等分"按钮 ⁄，将底边左半部分 5 等分。单击"默认"选项卡"绘图"面板中的"直线"按钮 ⁄，过等分点绘制辅助线，如图 16-4

所示。

4）单击"默认"选项卡"绘图"面板中的"直线"按钮 ╱，绘制楼层线。该综合楼为地上10层、地下3层的建筑，所以需要绘制包括设备层在内的15根楼层线，楼层和楼层的间距为15，设备层和楼层的间距为10，结果如图16-5所示，其中设备层有2层，分别位于1层和-1层中间、5层和6层中间。

图16-2　绘制绘图界限框

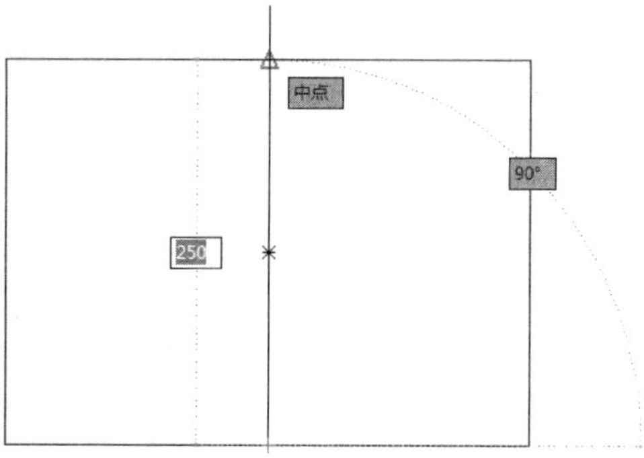

图16-3　分割绘图区域

图16-4　绘制辅助线

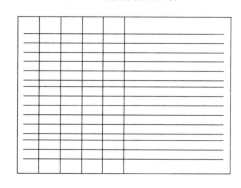

图16-5　绘制楼层线

16.2　绘制 MATV 及 VSTV 电缆电视系统图

首先绘制第10层的图例、分支线以及总线，其他楼层可以通过阵列或复制来完成。然后绘制电视前端室，最后标注文字。

16.2.1　绘制图例

1）将"设备"图层设置为当前图层。首先绘制放大器，单击"默认"选项卡"绘图"面板中的"多边形"按钮 ⬠，绘制一正三角形，然后在三角形的顶点和底边中心分别引出代表走线的直线，绘制完成的放大器如图16-6所示。将其保存为"放大器"模块，并保存到"弱电布置图例"模块库中。

2）绘制分支线。首先单击"默认"选项卡"绘图"面板中的"圆"按钮 ⊙，绘制一小圆，然后单击"默认"选项卡"绘图"面板中的"直线"按钮 ╱，在小圆底部绘制作为导线的直线，绘制完成的分支线如图 16-7 所示。同样保存为"分支线"模块。

3）从"弱电布置图例"模块库中调入如图 16-8 所示的模块。

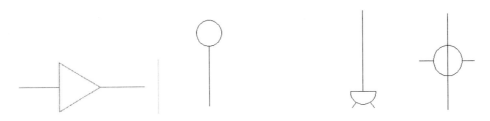

图16-6　绘制放大器　　　图16-7　绘制分支线　　　图16-8　"二路分配器"和"二路分支器"模块

4）将"二路分支器"和"分支线"模块组合，形成新的"二路分支线"和"四路分支线"模块，如图 16-9 所示。

5）绘制"终端电阻"模块，如图 16-10 所示。

图16-9　"二路分支线"和"四路分支线"模块　　　　　　图16-10　"终端电阻"模块

📖16.2.2　绘制分支线

1）将图层转换为"轴线"图层，在第三个区域内，单击"默认"选项卡"绘图"面板中的"直线"按钮，绘制辅助线，然后单击"默认"选项卡"绘图"面板中的"定数等分"按钮，将其 4 等分，如图 16-11 所示。

2）将图层转换为"设备"图层，将刚刚绘制的"四路分支线"和"终端电阻"模块分别插入到辅助线的等分点上。注意调整模块的比例，使其适合图形的大小，结构如图 16-12 所示。

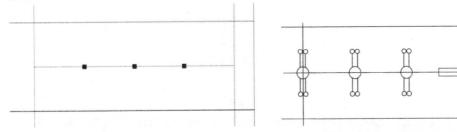

图16-11　等分辅助线　　　　　　图16-12　插入"四路分支线"和"终端电阻"模块

3）绘制一个小区隔，然后单击"默认"选项卡"修改"面板中的"矩形阵列"按钮，将其他区隔的图形绘制出来。利用"矩形阵列"命令，选中刚刚插入的"四路分支线"和"终端电阻"模块进行阵列，将行数设置为 1 行，列数设置为 3 列，列间距设置为 35，结果如图16-13 所示。

4）单击"默认"选项卡"块"面板中的"插入"按钮 🖳，插入"二路分支线"模块，再单击"默认"选项卡"修改"面板中的"删除"按钮 🖊，删除"四路分支线"，结果如图16-14所示。

5）将修改后的模块的插入第10层，结果如图16-15所示。

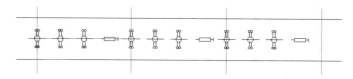

图16-13　阵列"四路分支线"和"终端电阻"模块

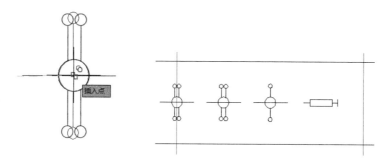

图16-14　修改模块

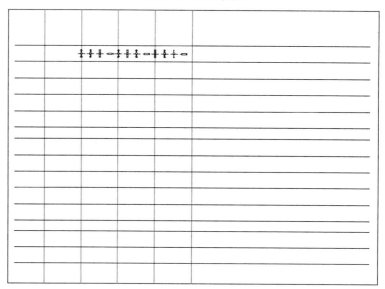

图16-15　将模块插入第10层

6）第10层模块绘制完成后，单击"默认"选项卡"修改"面板中的"矩形阵列"按钮 🔳，对第10层模块进行阵列，将行数设置为5，列数设置为1，行间距设置为-15，完成6～10层的绘制，结果如图16-16所示。

由于所要复制的图形位于图的顶部，所以行偏移设置应为负数。此外在进行列的复制时默认向左为负，向右为正。

该综合楼6～10层的设备是相同的，因此阵列命令设置为5行，-2层～5层将在后面另行绘制。

7）绘制 1～5 层。首先从第 6 层中复制一个模块，如图 16-17 所示。

8）单击"默认"选项卡"修改"面板中的"复制"按钮，将其复制到第 5 层的相应位置（复制时选择左边缘的中心点为基点进行复制，或者在命令行中输入"@0,-25"，即可复制到正确的位置），如图 16-18 所示。命令行操作与提示如下：

```
命令：COPY✓
选择对象：（选择图形）
选择对象：
当前设置：  复制模式 = 多个
指定基点或 [位移(D)/模式(O)] <位移>：（左边缘的中心点）
指定第二个点或 [阵列(A)] <使用第一个点作为位移>：@0,-25✓
指定第二个点或 [阵列(A)/退出(E)/放弃(U)] <退出>：✓
```

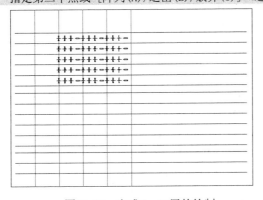

图16-16　完成6～10层的绘制

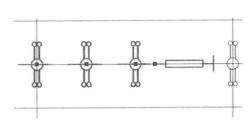

图16-17　复制模块

9）利用阵列命令绘制第 1～5 层的设备模块。选中第 5 层的模块，然后单击"默认"选项卡"修改"面板中的"矩形阵列"按钮，行数设置为5，列数设置为1，行偏移设置为—15，单击"确定"按钮，完成第 1～5 层的设备模块的复制，结果如图 16-19 所示。

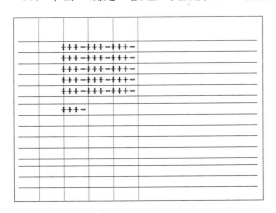

图16-18　将模块复制到第5层

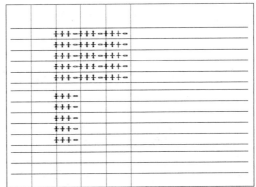

图16-19　完成第1～5层的设备模块的复制

10）将第 4 层和 5 层的模块向右复制一次，然后进行修改，结果如图 16-20 所示。

11）单击"默认"选项卡"修改"面板中的"复制"按钮，将第 5 层右侧的模块复制到第-1 层和-2 层，结果如图 16-21 所示。

各层分支线上的模块插入完成后，继续绘制分支线。分支线同样可以先绘制一层，然后单击"默认"选项卡"修改"面板中的"复制"按钮和"矩形阵列"按钮进行阵列绘制。

12）首先在第 10 层进行绘制。将 "线路" 图层设置为当前图层，单击 "默认" 选项卡 "绘图" 面板中的 "直线" 按钮 ∕，将各个模块用直线连接，如图 16-22 所示。

13）单击 "默认" 选项卡 "绘图" 面板中的 "直线" 按钮 ∕，在左端向下绘制一条折线，如图 16-23 所示。

14）单击 "默认" 选项卡 "修改" 面板中的 "偏移" 按钮 ⊜，设置偏移距离为 1，将折线偏移，结果如图 16-24 所示。注意，此时为了选择偏移的方向，要把 "对象捕捉" 功能关掉。

15）单击 "默认" 选项卡 "修改" 面板中的 "修剪" 按钮 ⅛ 和 "延伸" 按钮 →，对偏移折线进行修剪和延伸，并补齐其余线路，结果如图 16-25 所示。

16）在 "图层特性管理器" 中将 "设备" 图层冻结，如图 16-26 所示。

17）选取所有的线路，如图 16-27 所示。单击 "默认" 选项卡 "修改" 面板中的 "矩形阵列" 按钮 ▦，进行矩形阵列，指定阵列的行数为 5、列数为 1、行偏移为—15，结果如图 16-28 所示。

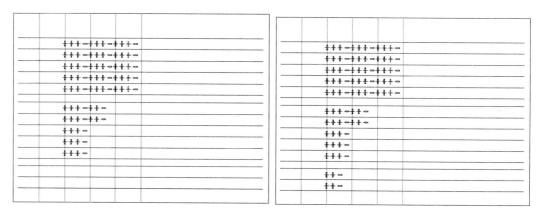

图16-20　将第4层和5层的模块向右复制一次并修改　　　图16-21　复制模块到第-1层和-2层

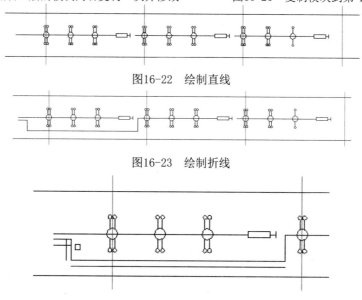

图16-22　绘制直线

图16-23　绘制折线

图16-24　偏移折线

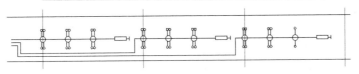

图16-25 绘制线路

图16-26 冻结"设备"图层

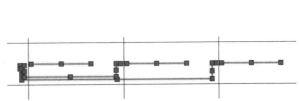

图16-27 选择所有的线路

18）将"设备"图层解冻，用同样的方法绘制其他各层的线路，绘制完成后的分支线如图 16-29 所示。

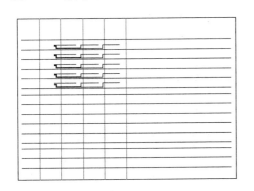

图16-28 阵列线路

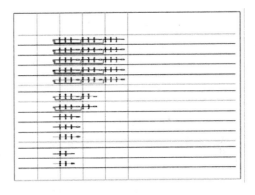

图16-29 绘制分支线

16.2.3 绘制总线

1）单击"默认"选项卡"绘图"面板中的"直线"按钮 ，在第一、第二区域内绘制 4 条表示总线的竖直线，间距（mm）分别为 10、5、10，如图 16-30 所示。

2）将"设备"图层转换为当前图层，绘制"层分配、分支器箱"。单击"默认"选项卡"绘图"面板中的"矩形"按钮 ，绘制一个 15mm×3mm 的矩形，再单击"默认"选项卡"注释"面板中的"多行文字"按钮 A，设置文字为仿宋体、高度 1.5、在矩形中输入文字。绘制完成的"层分配、分支器箱"如图 16-31 所示。

3）单击"默认"选项卡"绘图"面板中的"创建块"按钮 ，将其保存为模块，插入到第 10 层的分支线左端点。再单击"默认"选项卡"修改"面板中的"矩形阵列"按钮 ，将其复制到各层分支线端点处，结果如图 16-32 所示。

4）绘制两种"放大器箱"模块以及"天线"模块，如图 16-33 所示。这两种模块的画法比较简单，这里不再详细讲解。

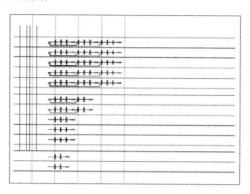

图16-30　绘制总线

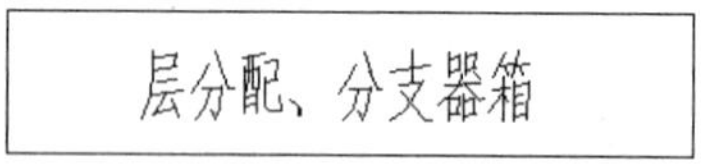

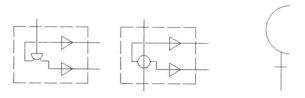

图16-31　绘制"层分配、分支器箱"

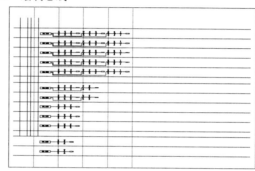

图16-32　插入各层的"层分配、分支器箱"

"放大器箱"模块　　　　　"天线"模块

图16-33　"放大器箱"模块及"天线"模块

5）单击"默认"选项卡"块"面板中的"插入"按钮，将"放大器箱"模块分别插入到第7层和第2层，并修改总线布置，结果如图16-34所示。

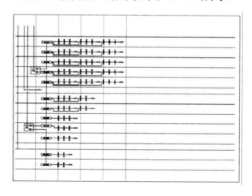

图16-34　插入"放大器箱"模块

📖16.2.4 绘制电视前端室

1）单击"默认"选项卡"绘图"面板中的"矩形"按钮 ▭，绘制 40mm×8mm 和 10mm× 3mm 的两个矩形，然后单击"默认"选项卡"注释"面板中的"多行文字"按钮 **A**，在其中分别输入文字，如图 16-35 所示。

图16-35 绘制矩形并输入文字

2）改变线型，加载虚线"ISO dish"线型，单击"默认"选项卡"绘图"面板中的"矩形"按钮 ▭，绘制一个 80mm×15mm 的矩形，线型比例设置为 0.3。再单击"默认"选项卡"修改"面板中的"移动"按钮 ✛，将刚刚绘制的带文字的矩形移动到图中的合适位置，并单击"默认"选项卡"块"面板中的"插入"按钮，插入"天线"模块。结果如图 16-36 所示。

3）单击"默认"选项卡"修改"面板中的"移动"按钮 ✛，选中"电视前端"模块，将其移动到主干线的顶端，如图 16-37 所示。

4）单击"默认"选项卡"修改"面板中的"延伸"按钮 ┤，将总线延长并修改，与"电视前端室"相连，结果如图 16-38 所示。

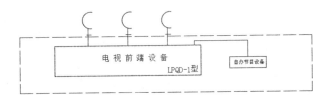

图16-36 绘制"电视前端室"模块

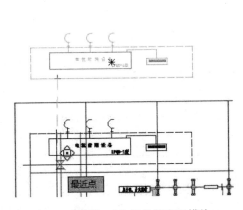

图16-37 插入"电视前端室"模块

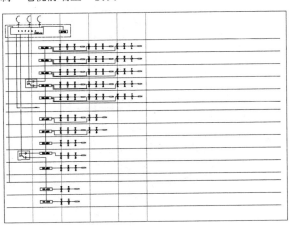

图16-38 修改总线连接"电视前端室"

📖16.2.5　文字标注

1）将"标注"图层设置为当前图层，单击"默认"选项卡"注释"面板中的"文字样式"按钮，弹出"文字样式"对话框，将文字格式修改为"样式1"，然后在各个总线的位置添加文字标注。下面以"电视前端室"的标注方法为例进行讲解。首先单击菜单栏"格式"→"标注样式"命令，进行如下设置：

箭头：建筑标记；
箭头大小：2。

2）沿"电视前端室"的天线底部进行连续标注，如图16-39所示。

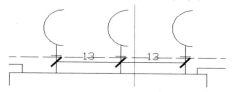

图16-39　连续标注

3）单击"默认"选项卡"修改"面板中的"分解"按钮，将标注分解，然后单击"默认"选项卡"修改"面板中的"删除"按钮，删除标注文字。单击"默认"选项卡"绘图"面板中的"直线"按钮，在左侧延长出一条标注线，将文字样式设置为"样式1"。单击"默认"选项卡"注释"面板中的"单行文字"按钮，输入标注文字，如图16-40所示。

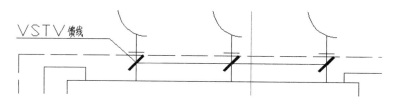

图16-40　标注文字

将所有文字标注完成后如图16-41所示。

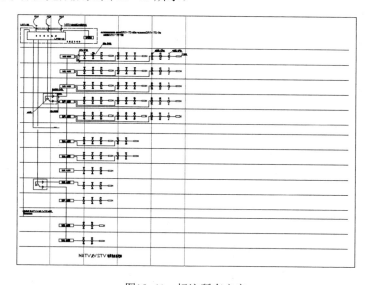

图16-41　标注所有文字

16.3　绘制闭路监视系统图

　　首先绘制第 10 层的图例和分支模块，再通过阵列或复制完成其他层，然后绘制控制器模块，最后标注文字。

📖16.3.1　绘制图例

　　在图库/"弱电布置图例"模块库中调入"电视摄像机"模块，利用基本绘图命令，绘制"打印机""显示器""录音机"等模块，如图 16-42 所示。

图16-42　绘制模块

📖16.3.2　绘制分支模块

　　将"电视摄像机"模块插入到图框右半部分的第 10 层中，然后利用"阵列"和"复制"等命令将其复制到其他各层，结果如图 16-43 所示。

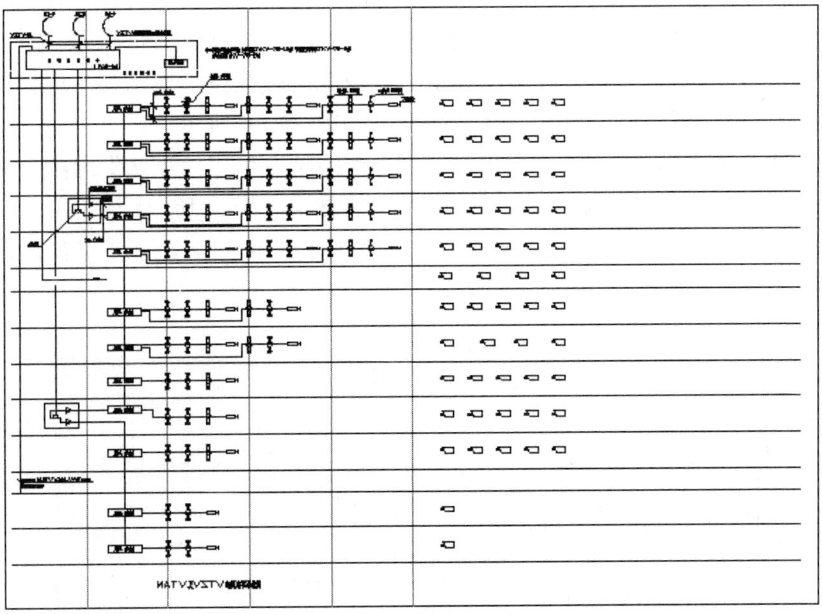

图16-43　插入"电视摄像机"模块

📖16.3.3　绘制主线

　　1）把"线路"图层设置为当前图层，在刚刚插入的各层"电视摄像机"模块的右边，单击"默认"选项卡"绘图"面板中的"直线"按钮／，绘制垂直的总线，由地下 3 层贯通到顶层，如图 16-44 所示。

2）单击"默认"选项卡"绘图"面板中的"直线"按钮 ⁄，在顶层将总线与"电视摄像机"用水平线（分支线）相连，如图 16-45 所示。

3）将分支线连接好后，单击"默认"选项卡"修改"面板中的"复制"按钮 ⅋，将图中的分支线复制到以下各层，各层均按照图 16-45 所示的方式进行连接。并按照摄像机数目的不同进行调整。这里可以利用"移动"等功能进行绘制。

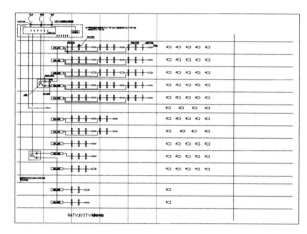

图16-44　绘制总线　　　　　　　　　　　图16-45　连接分支线与总线

4）单击"特性"面板中的"线型控制"选项，在下拉选项中选择"其他"，弹出"线型管理器"对话框，单击"加载"按钮，弹出"加载或重载线型"对话框，选择所需要的点画线，在"线型"中加载"ISO dash dot"线型，如图 16-46 所示。

5）关闭"线型管理器"，将点画线设置为当前线型，单击"默认"选项卡"绘图"面板中的"直线"按钮 ⁄，绘制-3 层～5 层的另外一条总线，如图 16-47 所示。

6）单击"默认"选项卡"修改"面板中的"复制"按钮 ⅋，将"电视摄像机"复制到屋顶，如图 16-48 所示。

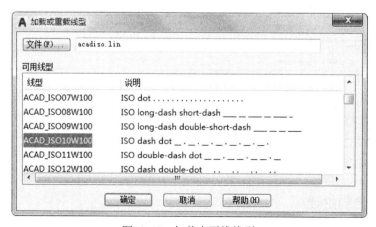

图16-46　加载点画线线型

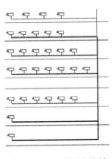

图16-47 绘制总线

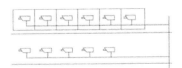

图16-48 复制"电视摄像机"

16.3.4 绘制控制器模块

1）将当前线型设置为"ISO dash"线型，即虚线。将当前图层设置为"设备"层。在1～3层图形右侧空白处，单击"默认"选项卡"绘图"面板中的"矩形"按钮□，绘制一个 70mm×60mm 的矩形，再单击"默认"选项卡"修改"面板中的"修剪"按钮，修剪其中的楼层线，绘制的控制器模块外轮廓如图 16-49 所示。

2）单击"默认"选项卡"绘图"面板中的"矩形"按钮□，在矩形的中心绘制一个 60mm×10mm 的矩形，并且将开始时调入的"显示器"和"录像机"等模块插入到适当的位置，如图 16-50 所示。单击"默认"选项卡"绘图"面板中的"直线"按钮，绘制控制器内部的线路，注意中间矩形上部的左侧小矩形用点画线绘制其连接的线路，结果如图 16-51 所示。

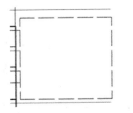

图16-49 绘制控制器模块外轮廓

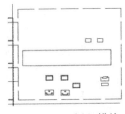

图16-50 插入模块

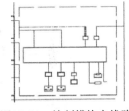

图16-51 绘制模块内线路

16.3.5 文字标注

1）将"标注"图层设置为当前图层，设置文字的高度为 1.5、字体为仿宋体。这里可以将相同的文字通过"复制"和"阵列"命令进行复制，以节省绘图步骤和时间。标注文字后，图形如图 16-52 所示。

2）在各个层线的右端插入层号，如图 16-53 所示。

3）删除多余的辅助线（可以利用 qselect 命令）。输入命令后弹出"快速选择"对话框，在"特性"框中选择"颜色"，在"值"下拉列表中选择 "颜色8"，如图 16-54 所示。单击"确定"按钮，选择辅助线，如图 16-55 所示。

4）单击"默认"选项卡"修改"面板中的"删除"按钮，将辅助线和部分图形删除，结果如图 16-56 所示，至此，图形基本绘制完成。

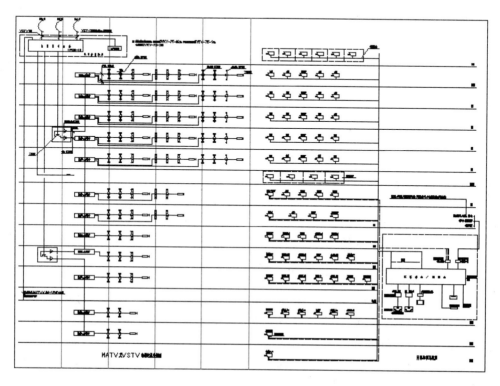

图16-52　文字标注

图16-53　插入层号

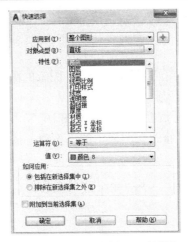

图16-54 "快速选择"对话框

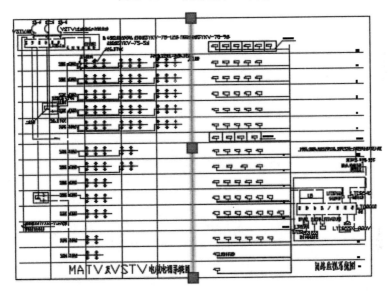

图16-55 选择辅助线

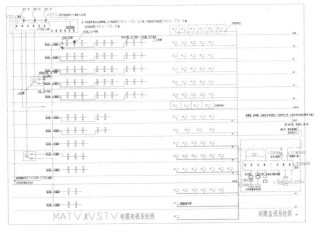

图16-56 完成基本图形

16.4 插入图框

1）将图层转换到"图签"图层，然后绘制 A3 图纸的图幅和图框，大小为 420mm×297mm 和 395mm×287mm，如图 16-57 所示。

2）打开"图库"，插入"标题栏"模块，如图 16-58 所示。

3）单击"默认"选项卡"修改"面板中的"移动"按钮✛，选择所有图形，移动到图框中，结果如图 16-59 所示。

图16-57　绘制图框

图16-58　插入标题栏

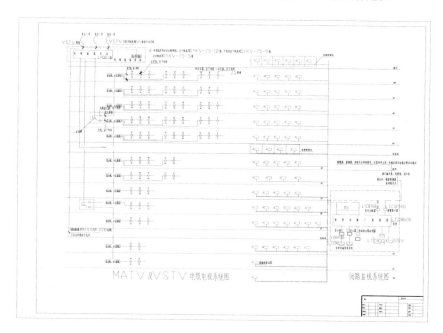

图16-59　插入图框

第 **17** 章

综合布线及无线寻呼系统图

综合布线系统是一个用于语音、数据、影像和其他信息传输的布线系统。它的结构紧凑，便于管理，可提高传输的可靠性和灵活性，是今后智能建筑发展的方向。综合布线系统的设计要遵循标准、开放、方便、可靠和经济的原则。本章绘制的综合布线系统为某综合楼的综合布线系统图。另外，本章还讲解了无线寻呼系统图的绘制方法。

学 习 要 点

- ◎ 绘图准备、绘制图例
- ◎ 绘制综合布线系统图及无线寻呼系统图
- ◎ 插入图框

17.1 绘图准备

在 AutoCAD 中以无样板模式建立一新文件，保存为"综合布线及无线寻呼系统图"。

打开"图层特性管理器"对话框，新建"轴线""设备""线路""标注"和"图签"5 个新的图层，并分别用不同的颜色表示，如图 17-1 所示。

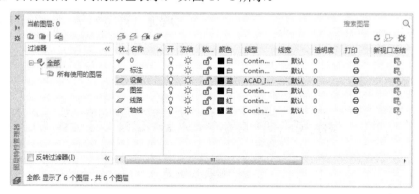

图17-1　设置图层

本图采用 A3 图纸，图框为 420mm×297mm，所以绘图区域限制在 350mm×250mm 的范围内比较合适。

1）将图层转换到"轴线"图层，单击"默认"选项卡"绘图"面板中的"矩形"按钮 □，绘制一个 350mm×250mm 的矩形，如图 17-2 所示。

2）单击"默认"选项卡"修改"面板中的"分解"按钮 ⬚，分解矩形，选中矩形底边，单击"默认"选项卡"绘图"面板中的"定数等分"按钮 ⬚，将底边分为 5 等份，

3）单击"默认"选项卡"绘图"面板中的"直线"按钮 ⟋，过等分点绘制 4 条辅助线，将矩形分为 5 等份。注意，辅助线的颜色可以通过颜色设置选择为浅灰色，以区别辅助线与绘图线。这里继续用前面用的"颜色 8"进行绘制，如图 17-3 所示。

图17-2　绘制矩形　　　　　　　图17-3　绘制辅助线

4）辅助线绘制完成后，绘制楼层线。这里可以借用前面的楼层线，将其复制到本图中。打开"MATV 及 VSTV 电缆电视及闭路监视系统图"，选择其楼层线及楼层编号，如图 17-4 所示。

5）按 Ctrl+C 键进行复制，回到"综合布线及无线寻呼系统图"中，按 Ctrl+V 键进行粘贴，结果如图 17-5 所示。

6）本图的综合布线系统图部分将占用绘图区域左侧的 3 个区域。单击"默认"选项卡

"修改"面板中的"修剪"按钮 ✂，将多余的楼层线进行剪切，然后单击"默认"选项卡"修改"面板中的"移动"按钮 ✛，移动图层编号到楼层线的最右边，如图 17-6 所示。

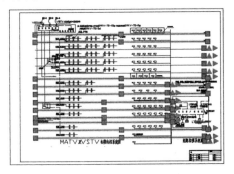

图17-4　选择楼层线及楼层编号

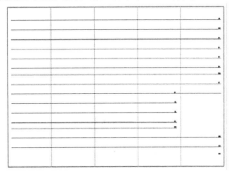

图17-5　复制楼层线

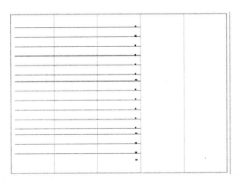

图17-6　修剪楼层线并移动楼层编号

17.2 绘制图例

📖 17.2.1　绘制跳线架

1）将图层转换为"设备"图层，单击"默认"选项卡"绘图"面板中的"矩形"按钮 ▢，绘制一个 3mm×8mm 的矩形，再单击"默认"选项卡"修改"面板中的"复制"按钮 ⏷，复制到另一侧，间距取 6～10mm，如图 17-7 所示。

2）单击"默认"选项卡"绘图"面板中的"直线"按钮 ⟋，在距矩形上下边缘各 1mm 的位置绘制两条水平线，将水平线与矩形的交点形成的矩形对角线相连，如图 17-8 所示。

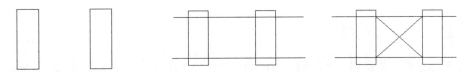

图17-7　绘制矩形并复制　　　　　图17-8　绘制水平线及对角线

3）单击"默认"选项卡"修改"面板中的"删除"按钮 ⌫，删除辅助的水平线，绘制完成的跳线架如图 17-9 所示。单击"默认"选项卡"块"面板中的"创建"按钮 ⬚，将其保存为"跳线架"模块。

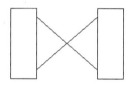

图17-9　绘制跳线架

📖17.2.2　绘制电脑模块

1）单击"默认"选项卡"绘图"面板中的"矩形"按钮 □，在图中绘制一个 3mm×2.5mm 的矩形，再单击"默认"选项卡"修改"面板中的"偏移"按钮，进行偏移操作，如图 17-10 所示。命令行的操作与提示如下：

```
命令：_offset↙
当前设置：删除源=否　图层=源　OFFSETGAPTYPE=0
指定偏移距离或［通过(T)/删除(E)/图层(L)］〈通过〉: 0.3↙
选择要偏移的对象，或［退出(E)/放弃(U)］〈退出〉:（选择矩形）
指定要偏移的那一侧上的点，或［退出(E)/多个(M)/放弃(U)］〈退出〉:（在矩形的内部单击）
选择要偏移的对象，或［退出(E)/放弃(U)］〈退出〉:↙
```

2）单击"默认"选项卡"绘图"面板中的"直线"按钮，在显示器的中心处绘制一中心线作为辅助线（可以打开"捕捉"工具栏，利用"中点捕捉"功能进行绘制）。单击"默认"选项卡"绘图"面板中的"矩形"按钮 □，绘制两个矩形，尺寸分别为 2mm×0.3mm 和 4mm×1mm，然后单击"默认"选项卡"修改"面板中的"移动"按钮，将其移动到显示器的下方，并以中点对中，如图 17-11 所示。

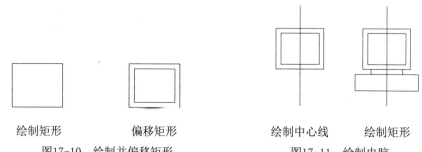

绘制矩形　　　　　偏移矩形　　　　　　　绘制中心线　　　　绘制矩形

图17-10　绘制并偏移矩形　　　　　　　图17-11　绘制电脑

3）单击"默认"选项卡"修改"面板中的"删除"按钮，删除辅助的中心线，再单击"默认"选项卡"绘图"面板中的"创建块"按钮，将其保存为"电脑"模块。

📖17.2.3　绘制电话模块

1）单击"默认"选项卡"绘图"面板中的"矩形"按钮 □，绘制一个 3mm×2mm 的矩形，再单击"默认"选项卡"绘图"面板中的"直线"按钮，绘制其中中心线，如图 17-12 所示。然后选择矩形，将其底边的左侧向左拉伸一部分，形成直角梯形，如图 17-13 所示。

2）拉伸完成后，单击"默认"选项卡"修改"面板中的"分解"按钮，将梯形分解，再单击"默认"选项卡"修改"面板中的"镜像"按钮，将梯形左侧斜边以中心线为对称轴镜像到右侧，如图 17-14 所示。

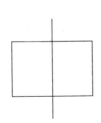

正交: 0.6838 < 180°

图17-12　绘制矩形及中心线　　　　图17-13　拉伸成形直角梯形

3）单击"默认"选项卡"修改"面板中的"删除"按钮 ，删除右侧竖直边，再单击"默认"选项卡"修改"面板中的"延伸"按钮 ，延长底边，形成等腰梯形，如图 17-15 所示。

图17-14　镜像斜边 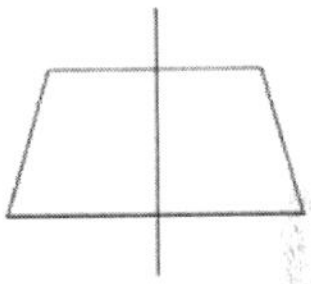　　　　　　　　　图17-15　形成等腰梯形

4）单击"默认"选项卡"绘图"面板中的"直线"按钮 ，在距离梯形上边 1/5 左右处绘制一条水平线，并使其中点位于中心线上，如图 17-16 所示。然后单击"默认"选项卡"绘图"面板中的"圆弧"按钮 ，通过水平线两端点和中心线上一点绘制圆弧，如图 17-17 所示。

5）单击"默认"选项卡"修改"面板中的"修剪"按钮 ，进行裁剪，然后单击"默认"选项卡"修改"面板中的"删除"按钮 ，删除中心线，完成电话的绘制，如图 17-18 所示。

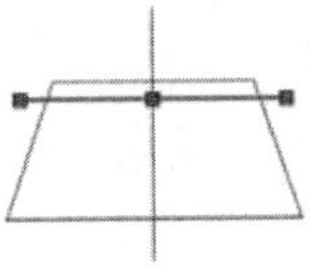

图17-16　绘制水平线 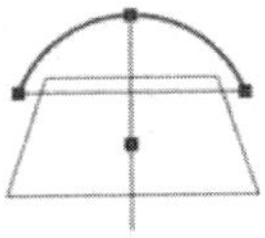　　　　图17-17　绘制圆弧　　　　图17-18　电话绘制完成

6）单击"默认"选项卡"绘图"面板中的"创建块"按钮 ，将其保存为"电话"模块。

📖17.2.4　绘制其他模块

用基本的绘图命令绘制以下模块，并从 "MATV 及 VSTV 电缆电视及闭路监视系统图"中复制"打印机"模块到本图中，如图 17-19 所示。

　LIU-100A　　　HUB　　

图17-19　其他模块

17.3 绘制综合布线系统图

　　将 17.2 节绘制的模块移动到适当位置，然后绘制连接线路和特殊层的分支线，再绘制网络机房和电话机房，最后进行文字标注。

📖 17.3.1 插入模块

　　1）插入模块前需要将各个模块移动到指定的位置。首先移动"跳线架"和"电脑"模块。单击"默认"选项卡"修改"面板中的"移动"按钮✥，选中"跳线架"模块，移动到第 10 层的左数第二区域的右侧，如图 17-20 所示。

　　2）单击"默认"选项卡"修改"面板中的"移动"按钮✥，选择"电脑"模块，将其移动到第三区域的右侧，如图 17-21 所示。

图17-20　插入"跳线架"模块　　　　　　　　图17-21　插入"电脑"模块

　　3）插入其他模块，如图 17-22 所示。将第 10 层的图形模块插入完毕，调整各模块位置如图 17-23 所示。

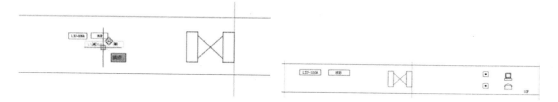

图17-22　插入其他模块　　　　　　　　　　图17-23　调整模块位置

　　4）复制 6～10 层模块。单击"默认"选项卡"修改"面板中的"矩形阵列"按钮▦，选中所有模块，设置为 5 行 1 列，将行间距设置为-15，进行矩形阵列，结果如图 17-24 所示。

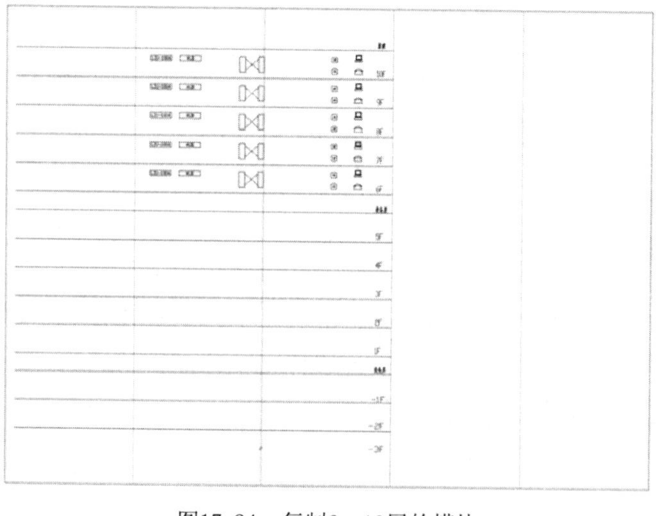

图17-24　复制6～10层的模块

5）用同样的方法，将模块复制到其他各层，注意中间的设备层、-2F 和-3F 层的模块与其他层有所不同，结果如图 17-25 所示。

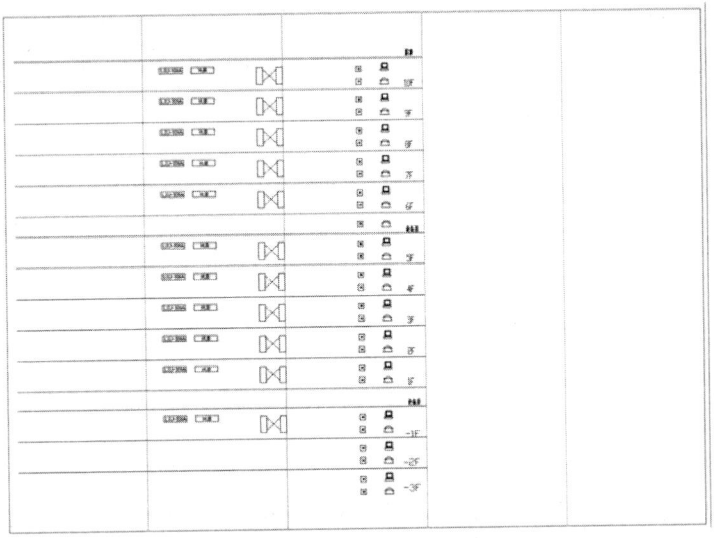

图17-25　复制各层模块

17.3.2　绘制线路

1）绘制总线。将"线路"图层设置为当前图层，单击"默认"选项卡"绘图"面板中的"直线"按钮 ⁄，将线宽设定为 0.5mm，在一、二区域处绘制两条竖直总线，如图 17-26 所示。

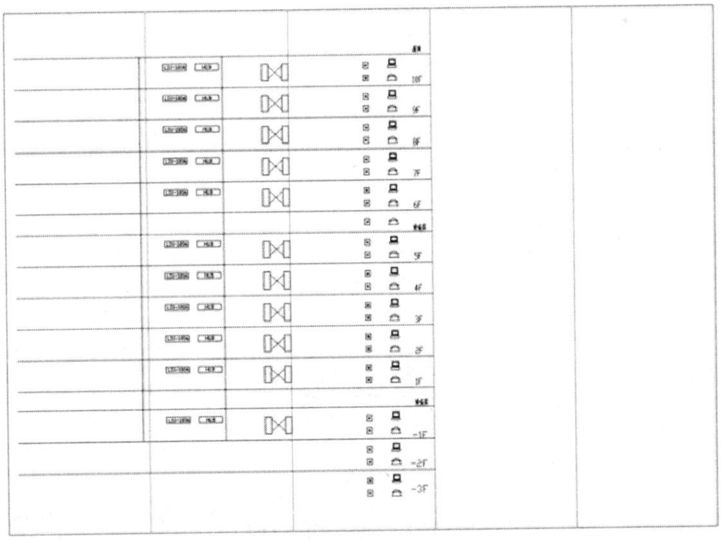

图17-26　绘制总线

继续绘制分支线，同样采用先绘制一层中的线路，然后进行复制的方法。下面还以第 10 层为例进行说明。

2）单击"默认"选项卡"绘图"面板中的"直线"按钮 ⁄，将线宽设置为 0.3mm，然后用中点捕捉命令，用直线将模块相连，如图17-27所示。

3）单击"默认"选项卡"绘图"面板中的"直线"按钮，在第二条主线和支线交接的位置插入45°的小斜线，绘制的节点如图17-28所示。单击"默认"选项卡"修改"面板中的"打断"按钮，在第三条总线和分支线的交点处断开分支线，断开的节点如图17-29所示。

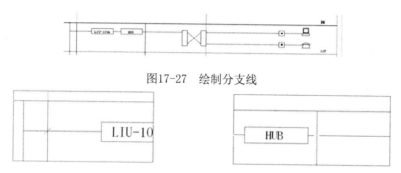

图17-27　绘制分支线

图17-28　绘制节点　　　　　　图17-29　断开节点

4）单击"默认"选项卡"修改"面板中的"复制"按钮，将刚绘制的的分支线（见图17-30）复制到其他各层（可以将复制的基点选择为层线与竖直辅助线的交点，这样可以方便地确定复制的位置），结果如图17-31所示。

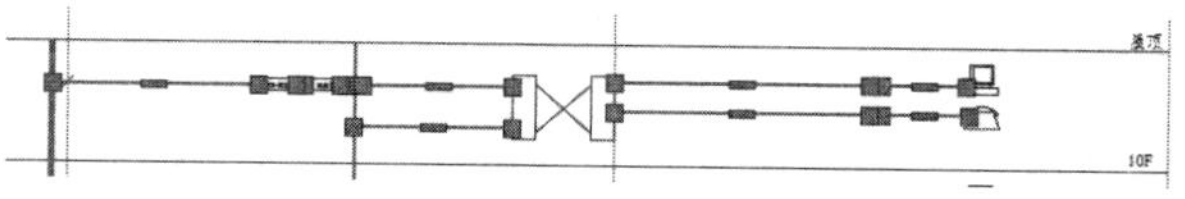

图17-30　分支线

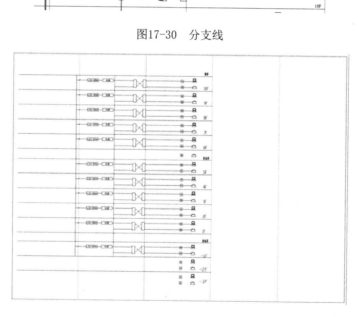

图17-31　复制分支线

17.3.3　绘制特殊层的分支线

屋顶和-2、-3及第4层的元件及线路有所区别，应分别绘制。首先绘制屋顶的分支线及元件。复制插座和电脑、电话模块至屋顶，然后由第 10 层的跳线架引出分支线进行连接，如图 17-32 所示。

第 4 层和-2、-3 层的分支线与屋顶类似，分别如图 17-33 和图 17-34 所示。

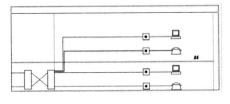

图17-32　屋顶分支线

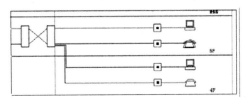

图17-33　第4层分支线

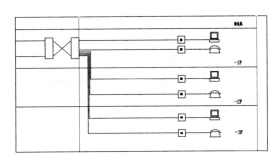

图17-34　第-2、-3层分支线

17.3.4　绘制网络机房、电话机房

1）转换到"设备"图层，并将"线宽"设置为"ByLayer"，打开"线型管理器"对话框，单击"加载"按钮，选择虚线线型"ACAD_ISO02W100"，如图 17-35 所示。

2）单击"确定"按钮，将虚线线型设置为当前线型。单击"默认"选项卡"绘图"面板中的"矩形"按钮 □，在第 3～5 层之间的左侧区域绘制一个 40mm×40mm 的矩形，如图 17-36 所示。

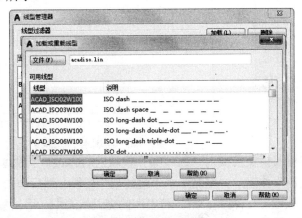

图17-35　加载虚线线型

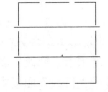

图17-36　绘制矩形

3）选择矩形，单击鼠标右键，选择"特性"，将"线型比例"设置为 0.3，如图 17-37 所示。修改线性比例后的矩形如图 17-38 所示。

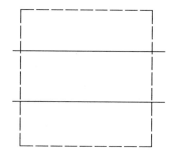

图17-37 "特性"选项板   图17-38 修改线型比例后的矩形

4）单击"默认"选项卡"修改"面板中的"修剪"按钮，将矩形所包含的楼层线在矩形的右侧剪切掉，结果如图 17-39 所示。

5）单击"默认"选项卡"修改"面板中的"分解"按钮，选择矩形，将其分解，然后单击"默认"选项卡"绘图"面板中的"定数等分"按钮，选择左侧的边，将其等分为 3 段。然后切换到"轴线"图层，单击"默认"选项卡"绘图"面板中的"直线"按钮，用"颜色 8"直线绘制 2 条水平辅助线，如图 17-40 所示。

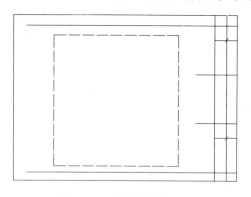

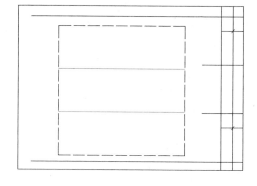

图17-39 剪切楼层线   图17-40 绘制水平辅助线

6）由于图形大小的限制，在插入模块前要对"跳线架"模块进行修改。首先单击"默认"选项卡"修改"面板中的"复制"按钮，复制一个"跳线架"模块，然后单击"默认"选项卡"修改"面板中的"分解"按钮，将其分解，将中间的交叉线选中，用鼠标选择关键点，进行修改，如图 17-41 所示。

7）单击"默认"选项卡"修改"面板中的"移动"按钮，移动左侧矩形，重新生成新的"跳线架"模块，然后单击"默认"选项卡"修改"面板中的"复制"按钮，将新生的"跳线架"模块进行复制，将其右侧的矩形重合到原模块的左侧矩形上，结果如图 17-42 所示。

8）插入"跳线架""电脑"及"打印机"模块，结果如图 17-43 所示。

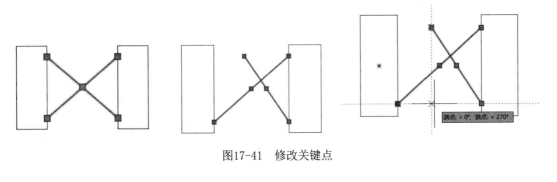

图17-41　修改关键点

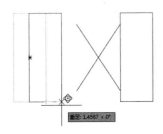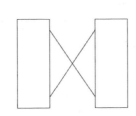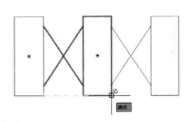

图17-42　修改"跳线架"模块

9）单击"默认"选项卡"绘图"面板中的"直线"按钮 ，将图层转换为"线路"图层，"线宽"设置为 0.3mm，绘制网络、电话机房与主线的连接线，并绘制"网络交换机"和"PABX"装置，结果如图 17-44 所示。

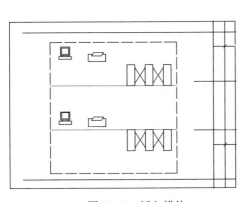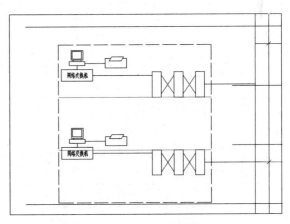

图17-43　插入模块　　　　　　　图17-44　绘制线路

📖 17.3.5　文字标注

1）将"标注"图层设置为当前图层，单击菜单栏"格式"→"文字样式"选项，打开"文字样式"对话框，将字高设置为 1.5。单击"默认"选项卡"注释"面板中的"多行文字"按钮 **A**,在第 10 层输入要标注的文字,如图 17-45 所示。

2)单击"默认"选项卡"修改"面板中的"复制"按钮 🥌,进行复制,并进行相应的修改。标注完成各层文字后的图形如图 17-46 所示。

3)用同样的方法标注机房(注意在没有空间的地方引出直线进行标注),结果如图 17-47所示。

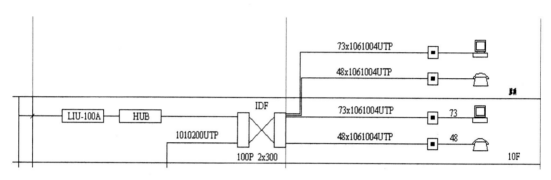

图17-45 标注文字

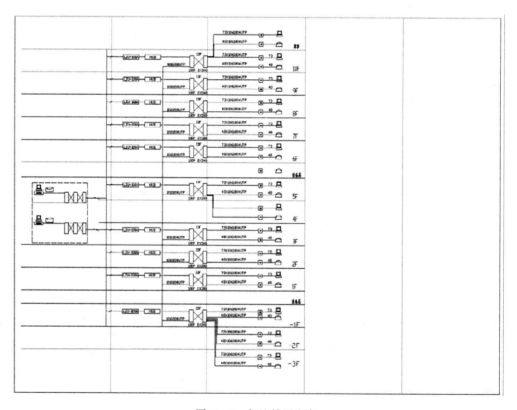

图17-46 标注楼层文字

至此,综合布线系统图绘制完毕,结果如图 17-48 所示。

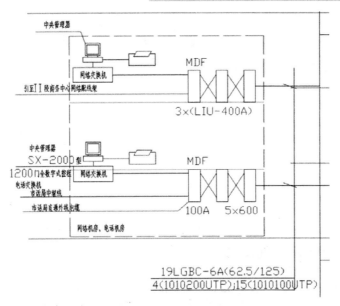

图17-47　机房文字标注

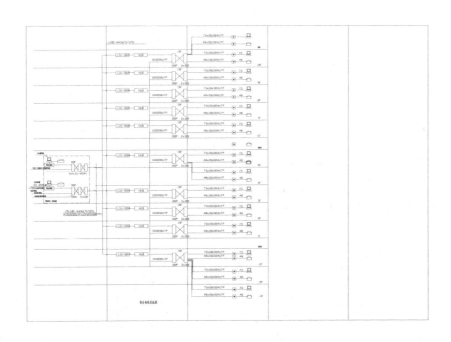

图17-48　综合布线系统图

17.4　绘制无线寻呼系统图

17.4.1　绘制基本图例

转换到"设备"图层，单击"默认"选项卡"绘图"面板中的"矩形"按钮 □，绘制一个 4mm×6mm 的矩形，然后单击"默认"选项卡"绘图"面板中的"直线"按钮 ⁄，在距上边 1mm 处绘制一水平直线，完成"寻呼接收机"模块的绘制，如图 17-49 所示。单击"默认"选项卡"绘图"面板中的"插入块"按钮 🗗，从图库/"弱电布置图例"中调入"天线"模块，如图 17-50 所示。

图17-49　"寻呼接收机"模块　　　　图17-50　"天线"模块

📖17.4.2　绘制机房区域模块

1）将当前线型设置为"ISO dash"虚线线型，单击"默认"选项卡"绘图"面板中的"矩形"按钮 □，将线型比例设置为 0.3，绘制一个 70mm×40mm 用来表示机房的矩形，如图 17-51 所示。

图17-51　绘制机房

2）同样用虚线绘制三个矩形，将中心区域标出，删除辅助线，如图 17-52 所示。

3）单击"默认"选项卡"绘图"面板中的"矩形"按钮 □，在大矩形的右上角绘制一个 20mm×15mm 用来表示前端室的小矩形，如图 17-53 所示。

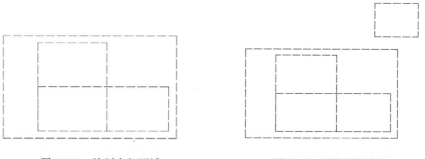

图17-52　绘制内部区域　　　　　　图17-53　绘制前端室

📖17.4.3　绘制设备

1）将线型还原为"ByLayer"，并将线宽修改为 0.5mm，单击"默认"选项卡"绘图"面板中的"矩形"按钮 □ ，绘制两种规格的矩形，分别为 4mm×15mm 和 4mm×10mm，作为设备的标志框，如图 17-54 所示。

2）单击"默认"选项卡"注释"面板中的"多行文字"按钮 **A**，在刚绘制的设备框中输入文字，如图 17-55 所示。

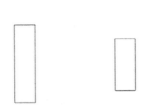

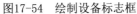

图17-54 绘制设备标志框　　　　　　　　　　　　　　图17-55 输入文字

可以看到，文字的间距太大，而且位置不是正中，需要调整。可以选择文字，单击鼠标右键，选择"特性"选项，弹出"特性"对话框，如图 17-56 所示。将文字的行间距设置为 2，将文字的位置设置为"正中"，结果如图 17-57 所示。

图17-56 "特性"对话框　　　　　　　　　　图17-57 调整文字

3）全部设备名称输入后，将其复制移动到相应的机房区域内，并用捕捉和追踪功能对齐，结果如图 17-58 所示。

4）在左侧插入"电话"模块，右侧插入"天线"和"寻呼接收机"模块，并单击"默认"选项卡"修改"面板中的"删除"按钮 ，删除外框，结果如图 17-59 所示。

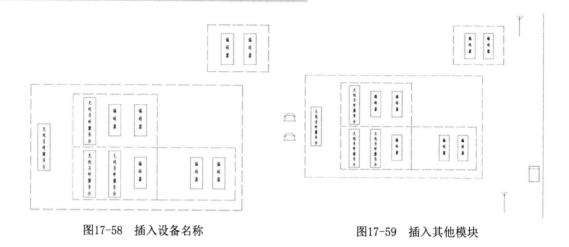

图17-58　插入设备名称　　　　　　　　　图17-59　插入其他模块

17.4.4　绘制线路

　　将图层转换为"线路"图层，单击"默认"选项卡"绘图"面板中的"直线"按钮，线宽设置为 0.5mm，绘制设备之间的线路（可以利用"中点捕捉"等功能进行绘制）。"电话"模块之间的线路用虚线进行连接。绘制完成后的图形如图 17-60 所示。

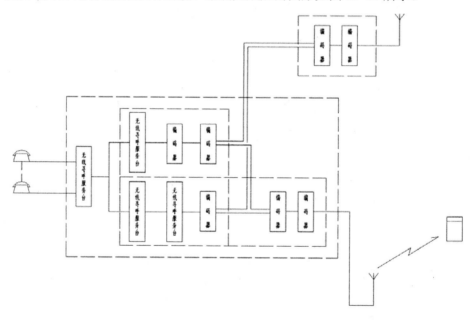

图17-60　绘制线路

17.4.5　文字标注

　　1）单击"默认"选项卡"注释"面板中的"多行文字"按钮 A，标注文字，如图 17-61 所示。

　　2）单击"默认"选项卡"修改"面板中的"移动"按钮 ✛，将"无线寻呼系统图"移动到系统图中，如图 17-62 所示。

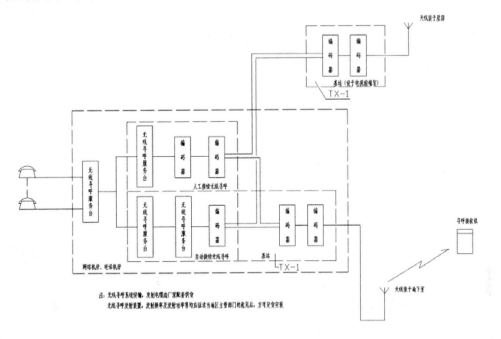

图17-61　标注文字

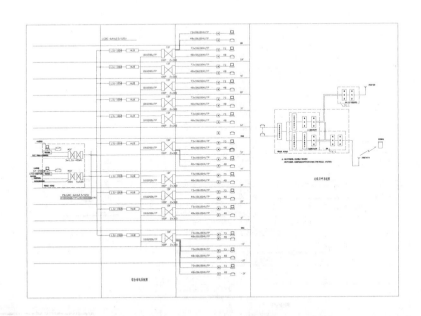

图17-62　插入系统图

　插入图框

1）将图层转换到"图签"图层，单击"默认"选项卡"绘图"面板中的"矩形"按钮 ▭，

绘制 A3 图纸的图框和图幅，大小分别为 420mm×297mm 和 395mm×287mm，如图 17-63 所示。

2）单击"默认"选项卡"绘图"面板中的"插入块"按钮 ，打开图库中的标题栏模块，将其插入到图中合适的位置，如图 17-64 所示。

图17-63　绘制图框

图17-64　插入标题栏

3）单击"默认"选项卡"修改"面板中的"移动"按钮 ，选择所有图形，移动到图框中，结果如图 17-65 所示。

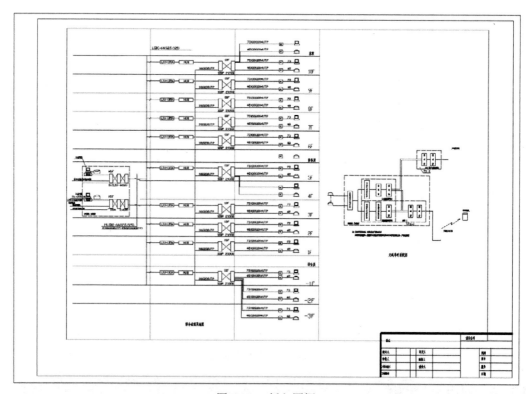

图17-65　插入图框

4）单击"默认"选项卡"修改"面板中的"删除"按钮 ，删除多余的辅助线，即完成"综合布线及无线寻呼系统图"的绘制，结果如图 17-66 所示。

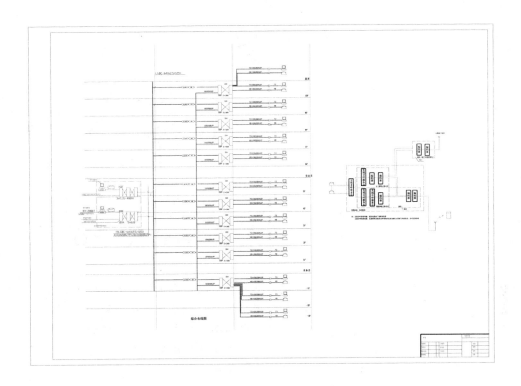

图17-66　完成"综合布线及无线寻呼系统图"的绘制

第 18 章

居民楼电气平面图

建筑电气平面图是建筑设计单位提供给施工单位和使用单位，用于电气设备安装和电气设备维护管理的电气图，是电气施工图中的最重要图样之一。电气平面工程图描述表达的对象是照明设备及其供电线路。

本章将以某居民楼标准层电气平面图为例，详细讲述电气平面图的绘制过程，并讲述关于电气照明平面图的相关知识和绘制技巧。

学 习 要 点

◎ 居民楼电气设计说明

◎ 居民楼电气照明平面图

18.1 居民楼电气设计说明

18.1.1 设计依据

1）建筑概况。本工程为绿荫水岸名家 5 号多层住宅楼工程，地下一层为储藏室，地上 6 层为住宅，总建筑面积为 3972.3㎡，建筑主体高度为 20.85m，预制楼板局部为现浇楼板。

2）建筑、结构等专业提供的其他设计资料。

3）建设单位提供的设计任务书及相关设计说明。

4）中华人民共和国现行主要规程规范及设计标准。

5）中华人民共和国现行主要规范。

《民用建筑电气设计规范》（JGJ 16－2008）。

《建筑设计防火规范》（GB 50016－2006）。

《住宅设计规范》（GB 50096－2011）。

《住宅建筑规范》（GB 50368－2005）。

《建筑物防雷设计规范》（GB 50057－2010）。

18.1.2 设计范围

1）主要设计内容：供配电系统、建筑物防雷和接地系统、电话系统、有线电视系统、宽带网系统、可视门铃系统等。

2）多功能可视门铃系统应该根据甲方选定的产品要求进行穿线，系统的安装和调试由专业公司负责。

3）有线电视、电话和宽带网等信号来源应由甲方与当地主管部门协商解决。

18.1.3 供配电系统

1）本建筑为普通多层建筑，其用电均为三级负荷。

2）楼内电气负荷及容量如下：

三级负荷：安装容量 234.0kW；计算容量 140.4kW。

3）楼内低压电源均为室外变配电所采用三相四线铜芯铠装绝缘体电缆埋地，系统采用 TN-C-S 制，放射式供电，电源进楼处采用一 40×4 镀锌扁钢重复接地。

4）计量：在各单元一层集中设置电表箱进行统一计量和抄收。

5）用电指标：根据工程具体情况及甲方要求，用电指标为每户单相住宅 6kW/8kW。

6）照明插座和空调插座采用不同的回路供电，普通插座回路均设漏电保护装置。

18.1.4 线路敷设及设备安装

1）线路敷设：室外强弱干线采用铠装绝缘电缆直接埋地敷设，进楼后穿墙壁电线管暗敷设，埋深为室外地坪下 0.8m，所有电线均穿厚墙壁电线管或阻燃硬质 PVC 管沿墙、楼板或屋顶保温层暗敷设。

2）设备安装：除平面图中特殊注明外，设备均为靠墙、靠门框或居中均匀布置，其安装方式及安装高度均参见"主要电气设备图例表"，若位置与其他设备或管道位置发生冲突，可在取得设计人员认可后根据现场实际情况做相应调整。

3）电气平面图中，除图中已经注明的外，灯具回路为 2 根线，插座回路均为 3 根线，使用 BV-2.5 导线，2～3 根导线穿 PVC16，4～5 根导线穿 PVC20。

4）图中所有配电箱尺寸应与成套厂配合后确定，嵌墙安装箱据此确定其留洞大小。

18.1.5 建筑物防雷和接地系统及安全设施

1）根据《建筑物防雷设计规范》（GB 50057－2010），本建筑应属于第三类防雷建筑物，采用屋面避雷网、防雷引下线和自然接地网组成建筑物防雷和接地系统。

2）本楼防雷装置采用屋脊、屋檐避雷带和屋面暗敷避雷线形成避雷网，其避雷带采用 ϕ10 镀锌圆钢，支高 0.15m，支持卡子间距 1.0m 固定（转角处 0.5m）；其他突出屋面的金属构件均应与屋面避雷网做可靠的电气连接。

3）本楼防雷引下线利用结构柱四根上下焊通的 ϕ10mm 以上的主筋充当，上、下分别与屋面避雷网和接地网做可靠的电气连接，建筑物四角和其他适当位置的引下线在室外地面上 0.8m 处设置接地电阻测试卡子。

4）接地系统为建筑物地圈梁内两层钢筋中各两根主筋相互形成的地网。

5）在室外部分的接地装置相互焊接处均应刷沥青防腐。

6）本楼采用强弱电联合接地系统，接地电阻应不小于 1Ω。若实测结果不满足要求，应在建筑物外增设人工接地极或采取其他降阻措施。

7）配电箱外壳等正常情况下不带电的金属构件均应与防雷接地系统做可靠的电气连接。

8）本楼应做总等电位联结，总等电位板由纯铜板制成，应将建筑物内保护干线、设备进线总管及进出建筑物的其他金属管道进行等电位联结，总等电位联结线采用 BV-25、PVC32，总等电位联结均采用等电位卡子，禁止在金属管道上焊接。

9）卫生间做局部等电位联结，采用一 25×4 热镀锌扁钢引至局部等电位箱（LEB）。局部等电位箱底边距地 0.3m 嵌墙安装，将卫生间内所有金属管道和金属构件联结。具体做法参见《等电位联结安装》（15D502）。

18.1.6 电话系统、有线电视、网络系统

1）每户按两对电话线考虑，在客厅、卧室等处设置插座，由一层电话分线箱引两对电话线至住户集中布线箱，再由住户集中布线箱引至每个电话插座。

2）在客厅、主卧设置电视插座，电视采用分配器一分支器系统，图像清晰度不低于 4 级。

3）在一层楼梯间设置网络交换机，每户在书房设置一个网络插座。

4）室内电话线采用 RVS-2×0.5，电视线采用 SYWV-75-5，网线采用超五类非屏蔽双绞线。所有弱电分支线路均穿硬质 PVC 管沿墙或楼板暗敷。

📖18.1.7　可视门铃系统

1）本工程采用总线制多功能可视门铃系统，各单元主机可通过电缆相互连成一个系统，并将信号接入小区管理中心。

2）每户在住户门厅附近挂墙设置户内分机。

3）每户住宅内的燃气泄漏报警、门磁报警、窗磁报警、紧急报警按键等信号均引入对讲分机，再由对讲分机引出，通过总线引至小区管理中心。

📖18.1.8　其他内容

图中有关做法及未尽事宜均应参照《国家建筑标准设计——电气部分》和国家其他规程规范执行，有关人员应密切合作、避免漏埋或漏焊。

18.2　居民楼电气照明平面图

照明平面图应清楚地表明灯具、开关、插座、线路的具体位置和安装方法，但对同一方向、同一档次的导线只用一根线表示。

照明控制接线图包括原理接线图和安装接线图。原理接线图比较清楚地表明了开关、灯具的连接与控制关系，但不具体表示照明设备与线路的实际位置。在照明平面图上表示的照明设备连接关系图是安装接线图。灯具和插座都是与电源进线的两端并联，相线必须经过开关后再进入灯座。零线直接接到灯座，保护接地线与灯具的金属外壳相连接。这种连接法耗用导线多，但接线可靠，是目前工程广泛应用的安装接线方法，如线管配线和塑料护套配线等。当灯具和开关的位置改变、进线方向改变时，都会使用导线根数变化。所以，要真正看懂照明平面图，就必须了解导线数的变化规律，掌握照明线路设计的基本知识。

📖18.2.1　电气照明平面图概述

1. 电气照明平面图表示的主要内容

1）照明配电箱的型号、数量、安装位置、安装标高，以及配电箱的电气系统。

2）照明线路的配线方法、敷设位置、线路的走向，导线的型号、规格及根数，导线的连接方法。

3）灯具的类型、功率、安装位置、安装方式及安装标高。

4）开关的类型、安装位置、离地高度、控制方式。

5）插座及其他电器的类型、容量、安装位置、安装高度等。

2. 图形符号及文字符号的应用

电气照明施工平面图是简图，它采用图形符号和文字符号来描述图中的各项内容。电气照明线路、相关的电气设备图形符号及其相关标注的文字符号所表示的意义将于后续文字中做相关的介绍。

3. 照明的线路及设备位置的确定方法

照明线路及其设备一般采用图形符号和标注文字相结合的方式来表示，在电气照明施工平面图中不表示线路及设备本身的尺寸、形状，但必须确定其敷设和安装的位置。其平面位置是根据建筑平面图的定位轴线和某些构筑物的平面位置来确定，而垂直位置（即安装高度）一般采用标高、文字符号等方式来表示。

4．电气照明平面图的绘制步骤

1）画房屋平面（外墙、房间、楼梯等）。

2）在电气工程CAD制图中，对于新建结构往往会由建筑专业设计人员提供建筑施工图，对于改建、改造建筑则需要新绘制其建筑施工图。

3）画配电箱、开关及电气设备。

4）画各种灯具、插座、吊扇等。

5）画进户线及各电气设备、开关、灯具、灯具间的连接线。

6）对线路、设备等附加文字标注。

7）附加必要的文字说明。

📖 18.2.2　设置图层、颜色、线型及线宽

根据《房屋建筑制图统一标准》（GB/T50001—2017），表18-1列出了电气工程照明图层名称。

表18-1　电气工程照明图层名称

中文名称	英文名称	中文说明	英文说明
电气-照明	E-LITE	照明	Lighting
电气-照明-特殊	E-LITE-SPCL	特殊照明	Special lighting
电气-照明-应急	E-LITE-EMER	应急照明	Emergency lighting
电气-照明-出口	E-LITE-EXIT	出口照明	Exit lighting
电气-照明-顶灯	E-LITE-CLHG	吸顶灯	Ceiling-mounted lighting
电气-照明-壁灯	E-LITE-WALL	壁灯	Wall-mounted lighting
电气-照明-楼层	E-LITE-FLOR	楼层照明(灯具)	Floor-mounted lighting
电气-照明-简图	E-LITE-OTLN	背景照明简图	Lighting outline for background(optional)
电气-照明-室内	E-LITE-ROOF	室内照明	Roof lighting
电气-照明-户外	E-LITE-SITE	户外照明	Site lighting
电气-照明-开关	E-LITE-SWCH	照明开关	Lighting switches
电气-照明-线路	E-LITE-CIRC	照明线路	Lighting circuits
电气-照明-编号	E-LITE-NUMB	照明回路编号	Luminaries identification and texts
电气-照明-线盒	E-LITE-JBOX	接线盒	Junction box
电气-电源	E-POWER	电源	Power
电气-电源-墙座	E-POWER	电源	Power
电气-电源-顶棚	E-POWER-WALL	墙上电源与插座	Power wall outlets and receptacles

（续）

中文名称	英文名称	中文说明	英文说明
电气-电源-电盘	E-POWER-CLNG	顶棚电源插座与装置	Power ceiling receptacles and devices
电气-电源-设备	E-POWER-PANL	配电盒	Power panels
电气-电源-电柜	E-POWER-EQPM	电源设备	Power equipment
电气-电源-线号	E-POWER-SWBD	配电柜	Power switchboard
电气-电源-电路	E-POWER-NUMB	电路编号	Power circuit numbers
电气-电源-暗管	E-POWER-CIRC	电路	Power circuits
电气-电源-总线	E-POWER-URAC	暗管	Underfloor raceways
电气-电源-户外	E-POWER-BUSW	总线	Busways
电气-电源-户内	E-POWER-SITE	户外电源	Site power
电气-电源-简图	E-POWER-ROOF	户内电源	Roof power
电气-电源-线盒	E-POWER-OTLN	电源简图	Power outline for background
电气-电源-接线盒	E-POWER-JBOX	电源接线盒	Junction box

本节绘制的居民楼电气照明平面图如图 18-1 所示。

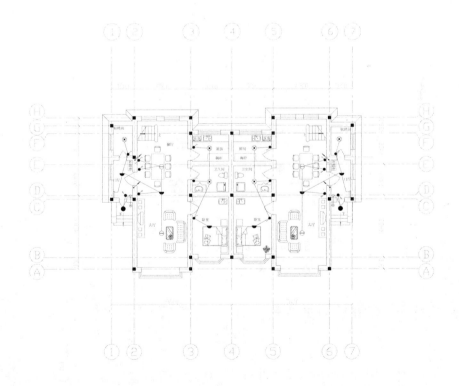

图18-1　居民楼电气照明平面图

1）单击"默认"选项卡"图层"面板中的"图层特性"按钮，弹出"图层特性管理器"对话框，如图 18-2 所示。单击"新建图层"按钮，将新建图层名修改为"轴线"。

2）单击"轴线"图层的图层颜色，弹出"选择颜色"对话框，如图 18-3 所示。选择红色为轴线图层颜色，单击"确定"按钮。

3）单击"轴线"图层的图层线型，弹出"选择线型"对话框，如图 18-4 所示。单击"加载"按钮，弹出"加载或重载线型"对话框，如图 18-5 所示。选择"CENTER"线型，单击"确定"按钮。返回到"选择线型"对话框，选择"CENTER"线型，单击"确定"按钮，完成线型的设置。

图18-2 "图层特性管理器"对话框

图18-3 "选择颜色"对话框

图18-4 "选择线型"对话框

图18-5 "加载或重载线型"对话框

用同样方法创建其他图层，如图 18-6 所示。

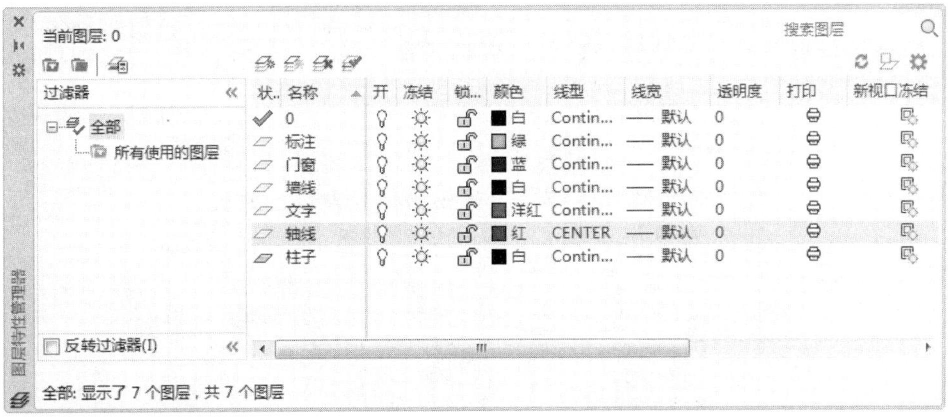

图18-6　"图层特性管理器"对话框

📖18.2.3　绘制轴线

1）将"轴线"图层设置为当前图层，单击"默认"选项卡"绘图"面板中的"直线"按钮 ⟋，绘制长度为 30000mm 的水平轴线和长度为 23000mm 的垂直轴线，如图 18-7 所示。

图18-7　绘制轴线

①说明

使用"直线"命令时，若为正交直线，可单击"正交"按钮，根据正交方向提示，直接输入下一点的距离，而不需要输入@符号；若为斜线，则单击"极轴"按钮，右击"极轴"按钮，弹出极轴角度窗口，可设置斜线的捕捉角度，此时，图形即进入了自动捕捉所需角度的状态。该方法可大大提高制图时输入直线长度的效率。

右击"对象捕捉"按钮，如图18-8所示，在弹出的快捷菜单中选择"对象捕捉设置"命令，如图18-9所示，弹出"草图设置"对话框，如图18-10所示。在该对话框中可进行对象捕捉设置。"捕捉对象"功能的使用可以极大地提高制图速度。使用"对象捕捉"功能可指定对象上的精确位置，如使用"对象捕捉"可以绘制到圆心或多段线中点的直线。

若执行某命令后提示输入某一点（如起始点、中心点或基准点等），都可以使用"对象捕捉"。默认情况下，当光标移动到对象的捕捉位置时，将显示标记和工具栏提示。此功能称为AutoSnap（自动捕捉），其提供了视觉提示，指示哪些对象捕捉正在使用。

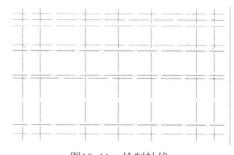

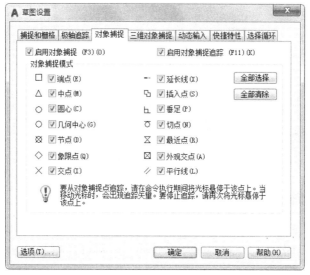

图18-8　"状态栏"按钮　　　　　　　　　图18-9　右键快捷菜单

图18-10　"草图设置"对话框

2）单击"默认"选项卡"修改"面板中的"偏移"按钮⊆，将竖直轴线向右偏移 1800 mm。命令行操作与提示如下：

命令：OFFSET
当前设置：删除源=否　图层=源　OFFSETGAPTYPE=0
指定偏移距离或［通过(T)/删除(E)/图层(L)］<1800.0000>：1800↙
选择要偏移的对象，或［退出(E)/放弃(U)］<退出>：(选择竖直轴线)
指定要偏移的那一侧上的点，或［退出(E)/多个(M)/放弃(U)］<退出>：(向右侧偏移)
选择要偏移的对象，或［退出(E)/放弃(U)］<退出>：

重复"偏移"命令，将竖直轴线向右偏移，设置偏移距离为 4500mm、3300mm、3300mm、4500mm、1800mm。将水平轴线向上偏移，设置偏移距离为 900mm、4500mm、300mm、2400mm、560mm、1840mm、600mm、600mm，结果如图 18-11 所示。

3）绘制轴号。

①将"标注"图层设置为当前图层，单击"默认"选项卡"绘图"面板中的"圆"按钮⊙，绘制一个圆。

图18-11　绘制轴线

说明

处理字样重叠，可以在标注样式中进行相关设置，这样计算机会自动处理，但处理效果有时不太理想。也可以单击"标注"工具栏"编辑标注文字"按钮△来调整文字位置。

在将AutoCAD中的图形粘贴或插入到Word或其他软件中时，可能会发现圆变成了正多边形，此时，只需用VIEWRES命令，将它设置得大一些，即可改变图形质量。命令行操作与提示如下：

```
命令：VIEWRES↙
是否需要快速缩放？[是(Y)/否(N)] <Y>:↙
输入圆的缩放百分比 (1-20000) <1000>: 5000↙
正在重生成模型。
```

VIEWRES 命令使用短矢量控制圆、圆弧、椭圆和样条曲线的外观，矢量数目越大，圆或圆弧的外观越平滑。例如，如果创建了一个很小的圆然后将其放大，它可能显示为一个多边形。使用 VIEWRES 命令增大缩放百分比并重生成图形，可以更新圆的外观并使其平滑。减小缩放百分比会有相反的效果。

上述操作也可以执行如下路径实现：单击菜单栏"工具"→"选项"，弹出"选项"对话框，在"显示"选项卡"显示精度"选项组中进行设置，如图18-12所示。

②单击菜单栏中的"绘图"→"块"→"定义属性"选项，弹出"属性定义"对话框，如图18-13所示。单击"确定"按钮，在圆心位置写入一个块的属性值，结果如图18-14所示。

说明

插入块中的对象若保留原特性，可以继承所插入的图层的特性，或继承图形中的当前特性设置。

插入块时，块中对象的颜色、线型和线宽通常保留其原设置而忽略图形中的当前设置。但是，可以创建其对象继承当前颜色、线型和线宽设置的块。这些对象具有浮动特性。

图18-12　设置"显示精度"

图18-13　"属性定义"对话框　　　　　　　图18-14　在圆心位置写入属性值

插入块参照时，对于对象的颜色、线型和线宽特性的处理有三种选择：

1）块中的对象不从当前设置中继承颜色、线型和线宽特性。不管当前设置如何，块中对象的特性都不会改变。

对于此选择，建议分别为块定义中的每个对象设置颜色、线型和线宽特性，而不要在创建这些对象时使用"BYBLOCK"或"BYLAYER"作为颜色、线型和线宽的设置。

2）块中的对象仅继承指定给当前图层的颜色、线型和线宽特性。

对于此选择，在创建要包含在块定义中的对象之前，需将当前图层设置为0，将当前颜色、线型和线宽设置为"BYLAYER"。

3）对象继承已明确设置的当前颜色、线型和线宽特性，即这些特性已设置成取代指定给当前图层的颜色、线型和线宽。如果未进行明确设置，则继承指定给当前图层的颜色、线型和线宽特性。

对于此选择，在创建要包含在块定义中的对象之前，需将当前颜色或线型设置为"BYBLOCK"。

③单击"默认"选项卡"绘图"面板中的"创建块"按钮🔲，弹出"块定义"对话框，如图18-15所示。在"名称"文本框中写入"轴号"，指定圆心为基点，然后选择整个圆和刚才的"轴号"标记为对象，单击"确定"按钮，弹出如图18-16所示的"编辑属性"对话框，输入轴号为"1"，单击"确定"按钮，轴号效果图如图18-17所示。

④采用上述方法绘制出图形所有轴号，结果如图18-18所示。

🖊说明

修改轴号内的文字时，只需双击文字（命令：ddedit），即弹出闪烁的文字编辑符（同Word），在此模式下用户即可输入新的文字。

图18-15 "块"对话框

图18-16 "编辑属性"对话框

图18-17 输入轴号

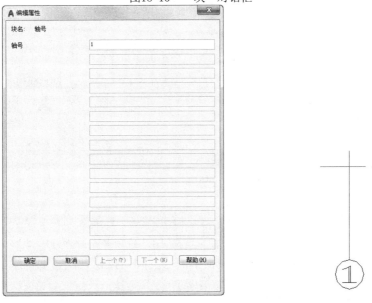

图18-18 标注轴号

18.2.4 绘制柱子

1) 将"柱子"图层设置为当前图层。单击"默认"选项卡"绘图"面板中的"矩形"按钮 ⬚，在空白处绘制 240 mm×240 mm 的矩形，结果如图 18-19 所示。

图18-19 绘制矩形

2) 单击"默认"选项卡"绘图"面板中的"图案填充"按钮▩，弹出"图案填充创建"选项卡，如图 18-20 所示，选择"SOLID"图案，单击"拾取点"按钮▦，进行填充，完成柱子的绘制，结果如图 18-21 所示。

图18-20 "图案填充创建"选项卡

3) 单击"默认"选项卡"修改"面板中的"复制"按钮 ⬚，将上步绘制的柱子复制到如图 18-22 所示的位置。命令行操作与提示如下：

```
命令：_copy
选择对象：（选择柱子）
选择对象：
当前设置：复制模式 = 多个
指定基点或 [位移(D)/模式(O)] <位移>：（捕捉柱子上边线的中点）
指定第二个点或 [阵列(A)] <使用第一个点作为位移>：（第二根水平轴线和偏移后轴线的交点）
指定第二个点或 [阵列(A)/退出(E)/放弃(U)] <退出>：
```

图18-21 绘制柱子

注意

AutoCAD提供的点（ID）、距离（Distance）、面积（area）查询功能，给图形的分析带来了很大的方便。利用该功能，用户可以及时查询相关信息并进行修改。可依次单击菜单栏"工具"→"查询"→"距离"等来执行上述命令。

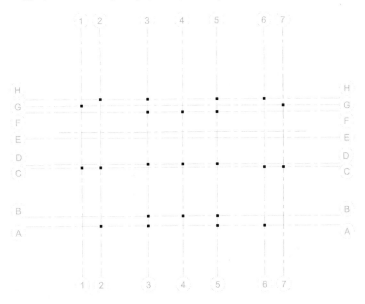

图18-22　插入柱子

18.2.5　绘制墙线、门窗、洞口

1．绘制建筑墙体

1）将"墙线"图层设置为当前图层。单击菜单栏中的"格式"→"多线样式"命令，弹出如图18-23所示的"多线样式"对话框，单击"新建"按钮，弹出如图18-24所示的"创建新的多线样式"对话框，输入"新样式名"为"360"，单击"继续"按钮，弹出如图18-25所示的"新建多线样式：360"对话框，在"偏移"文本框中输入240mm和-120mm，单击"确定"按钮，返回到"多线样式"对话框。

2）单击菜单栏中的"绘图"→"多线"选项，绘制接待室大厅两侧墙体。命令行操作与提示如下：

```
命令：_MLINE
当前设置：对正 = 上，比例 = 20.00，样式 = 360
指定起点或 [对正(J)/比例(S)/样式(ST)]：S✓
输入多线比例 <20.00>：1（比例设置为1）✓
当前设置：对正 = 上，比例 = 1.00，样式 = 360
指定起点或 [对正(J)/比例(S)/样式(ST)]：J✓
输入对正类型 [上(T)/无(Z)/下(B)] <上>：Z✓
当前设置：对正 = 无，比例 = 1.00，样式 = 360
指定起点或 [对正(J)/比例(S)/样式(ST)]：（指定轴线间的相交点）
指定下一点：（沿轴线绘制墙线）
```

指定下一点或 [放弃(U)]: （继续绘制墙线）

......

图18-23 "多线样式"对话框

图18-24 "创建新的多线样式"对话框

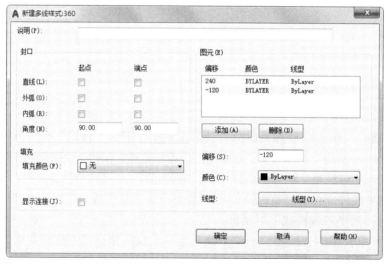

图18-25 "新建多线样式：360"对话框

单击菜单栏中的"修改"→"对象"→"多线"选项，对绘制的墙体进行编辑操作，结果如图 18-26 所示。

2．绘制洞口

1）将"门窗"图层设置为当前图层。单击"默认"选项卡"修改"面板中的"分解"按钮，将墙线分解。单击"默认"选项卡"修改"面板中的"偏移"按钮，选取轴线 2 向右偏移 600mm、1200mm，如图 18-27 所示。

2）单击"默认"选项卡"绘图"面板中的"直线"按钮，绘制竖直短线，然后单击"默认"选项卡"修改"面板中的"删除"按钮，删除偏移轴线，再单击"默认"选项卡"修改"面板中的"修剪"按钮✂，修剪掉多余图形，结果如图 18-28 所示。

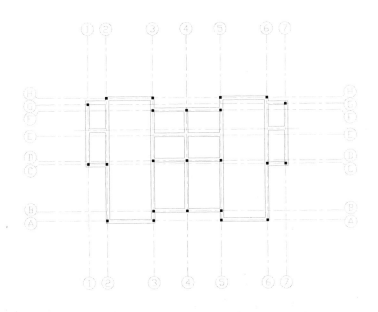

图18-26　绘制墙体

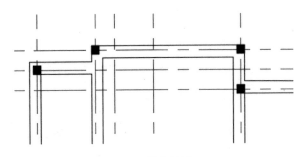

图18-27　偏移轴线

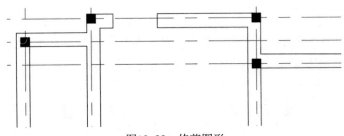

图18-28　修剪图形

① 注意

有些门窗的尺寸已经标准化，所以在绘制门窗洞口时应该查阅相关标准，选取合适的尺寸。

3）利用上述方法绘制出图形中所有门窗洞口，结果如图 18-29 所示。

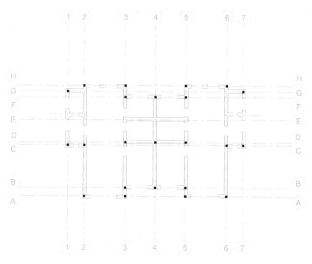

图18-29 绘制门窗洞口

说明

使用"修剪"命令，通常在选择修剪对象时，是逐个单击选择，这样有时会效率不高。要比较快地实现修剪的过程，可以这样操作：执行"修剪"命令"TR"或"TRIM"，命令行提示"选择修剪对象"时不选择对象，继续按Enter键或空格键，系统则默认选择全部对象。这样做可以很快地完成修剪过程。

3．绘制窗线

1）将"门窗"图层设置为当前图层。单击"默认"选项卡"绘图"面板中的"直线"按钮 ，绘制一段直线，如图 18-30 所示。

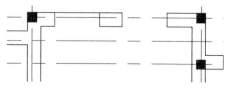

图18-30 绘制直线

2）单击"默认"选项卡"修改"面板中的"偏移"按钮 ，选择上步绘制的直线向下偏移，设置偏移距离为 120mm、120mm、120mm，如图 18-31 所示。

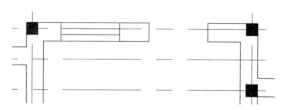

图18-31 偏移直线

3）利用上述方法绘制其余窗线，结果如图 18-32 所示。

4）单击"默认"选项卡"绘图"面板中的"圆弧"按钮 和"直线"按钮 ，绘制门，如图 18-33 所示。

5）单击"默认"选项卡"绘图"面板中的"创建块"按钮，弹出"块定义"对话框，在"名称"文本框中输入"单扇门"，如图 18-34 所示。

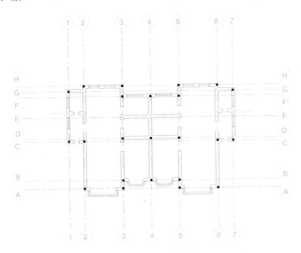

图18-32　完成窗线绘制

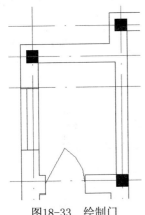

图18-33　绘制门

图18-34　定义"单扇门"图块

6）单击"默认"选项卡"绘图"面板中的"插入块"按钮，在下拉菜单中选择"其他图形中的块"，打开"块"选项板，如图 18-35 所示。

图18-35　"块"选项板

7）在"名称"下拉列表中选择"单扇门"，指定任意一点为插入点，在平面图中插入所有单扇门图形，结果如图 18-36 所示。

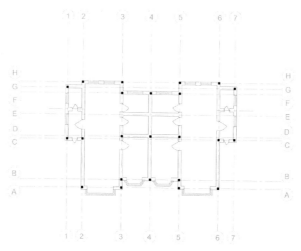

图18-36　插入单扇门

8）单击"默认"选项卡"绘图"面板中的"矩形"按钮 ⬜，绘制一个 420mm×1575mm 的矩形，如图 18-37 所示。

9）单击"默认"选项卡"绘图"面板中的"直线"按钮 ⟋，绘制直线，如图 18-38 所示。

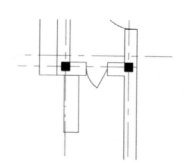

图18-37　绘制矩形

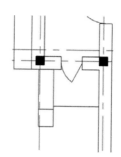

图18-38　绘制直线

10）单击"默认"选项卡"修改"面板中的"偏移"按钮 ⟆，向下偏移直线，设置偏移距离为 250mm，连续偏移 3 次，完成台阶的绘制。单击"默认"选项卡"修改"面板中的"镜像"按钮 ⬿，选择台阶向右镜像，结果如图 18-39 所示。

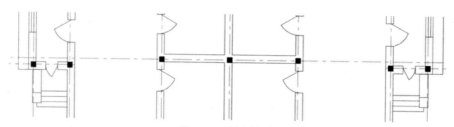

图18-39　绘制台阶

11）单击"默认"选项卡"绘图"面板中的"直线"按钮 ⟋，在图形内绘制长度为 1640mm 的直线，如图 18-40 所示。

12）单击"默认"选项卡"修改"面板中的"偏移"按钮⚬，将直线向上偏移1100mm，结果如图18-41所示。

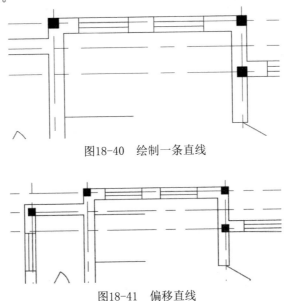

图18-40　绘制一条直线

图18-41　偏移直线

13）单击"默认"选项卡"绘图"面板中的"直线"按钮／，绘制连接两水平直线的竖直直线，如图18-42所示。

14）单击"默认"选项卡"修改"面板中的"偏移"按钮⚬，将上步绘制的竖直直线连续向左偏移，设置偏移距离为250mm，结果如图18-43所示。

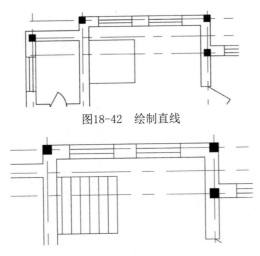

图18-42　绘制直线

图18-43　偏移直线

15）单击"默认"选项卡"修改"面板中的"圆角"按钮⌒，对图形进行倒圆角，设置圆角距离为125mm，结果如图18-44所示。

16）利用前面所学知识绘制楼梯折弯线，如图18-45所示。

17）单击"默认"选项卡"修改"面板中的"修剪"按钮⚡，将上步绘制的图形进行修剪，结果如图18-46所示。

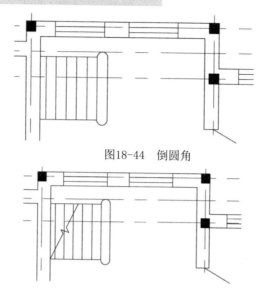

图18-44　倒圆角

图18-45　绘制楼梯折弯线

18）单击"默认"选项卡"绘图"面板中的"多段线"按钮，指定其起点宽度及端点宽度绘制楼梯指引箭头，如图18-47所示。

19）单击"默认"选项卡"修改"面板中的"镜像"按钮 ⚠，将绘制好的楼梯进行镜像，结果如图18-48所示。

20）将"家具"图层设置为当前图层。单击"默认"选项卡"绘图"面板中的"插入块"按钮，插入"源文件/图库/餐椅"，结果如图18-49所示。

图18-46　修剪图形

图18-47　绘制楼梯指引箭头

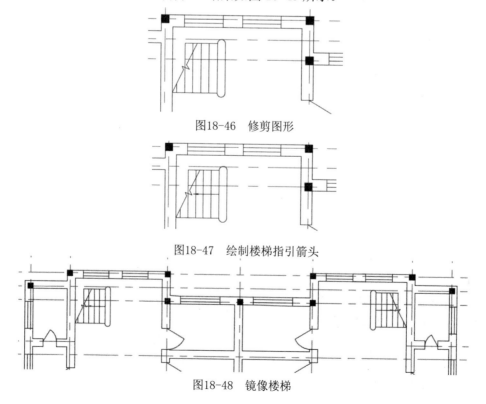

图18-48　镜像楼梯

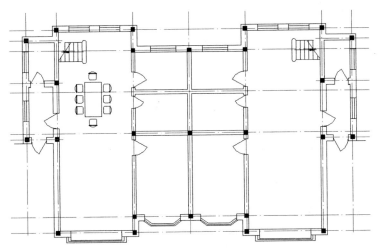

图18-49 插入餐椅

21）利用上述方法插入所有图块。单击"默认"选项卡"修改"面板中的"偏移"按钮 ⊆，选取外墙线向外偏移 500 mm，再单击"默认"选项卡"修改"面板中的"修剪"按钮 ⊁，修剪掉多余线段。单击"默认"选项卡"绘图"面板中的"直线"按钮 ⁄，绘制其余线段，完成图形的绘制，结果如图 18-50 所示。

①注意

本例图形为左右对称图形，所以也可以先绘制左边图形，然后利用镜像命令得到右边图形。

在建筑制图时，常会应用到一些标准图块，如卫具、桌椅等，此时可以从AutoCAD设计中心直接调用所需要的建筑图块。

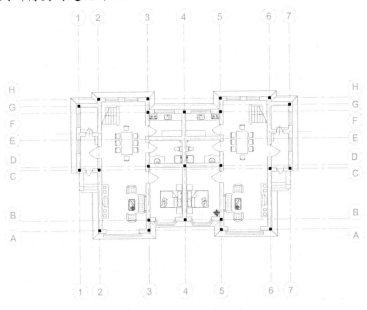

图18-50 插入全部图块

18.2.6 标注尺寸

1．设置标注样式

1）将"标注"图层设置为当前图层。单击菜单栏"格式"→"标注样式"按钮，弹出"标注样式管理器"对话框，如图 18-51 所示。

2）单击"新建"按钮，弹出"创建新标注样式"对话框，输入"新样式名"为"建筑平面图"，如图 18-52 所示。

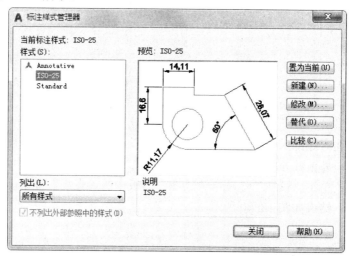

图18-51 "标注样式管理器"对话框

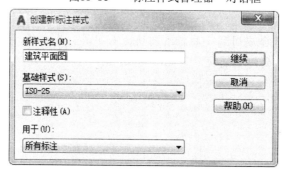

图18-52 "创建新标注样式"对话框

3）单击"继续"按钮，弹出"新建标注样式：建筑平面图"对话框，设置各个选项卡参数如图 18-53 所示。单击"确定"按钮，返回到"标注样式管理器"对话框，将"建筑平面图"置为当前。

2．标注图形

单击"默认"选项卡"注释"面板中的"线性"按钮和"连续"按钮，标注尺寸，结果如图 18-54 所示。

注意

1）如果改变现有文字样式的方向或字体文件，则当图形重生成时所有具有该样式的文字对象都将使用新值。

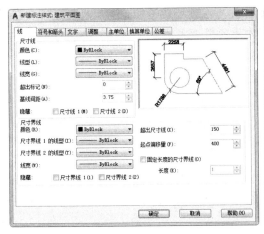
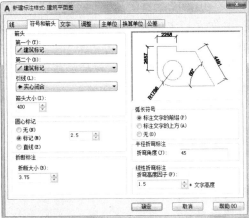

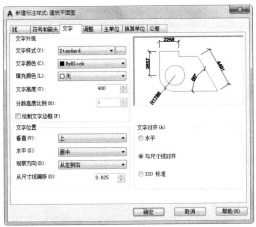
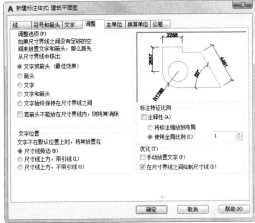

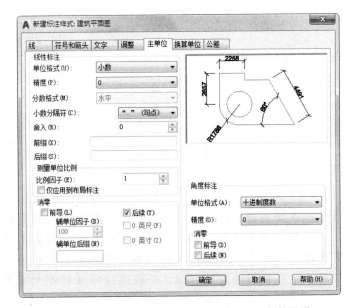

图18-53 "新建标注样式：建筑平面图"参数设置

2）在AutoCAD提供的"TrueType"字体中，大写字母可能不能正确反应指定的文字高度。只有在"字体名"中指定"SHX"文件，才能使用"大字体"。只有"SHX"文件可以创建"大字体"

3）读者应掌握字体文件的加载方法以及解决乱码现象的方法。

说明

在标注图样尺寸及文字时，一个好的习惯是首先设置文字样式，即先准备好写字的字体。

可利用DWT模板文件创建某专业CAD制图的统一文字及标注样式，以方便下次制图时直接调用，而不必重复设置样式。也可以从CAD设计中心查找所需的标注样式，直接导入新建的图纸中。

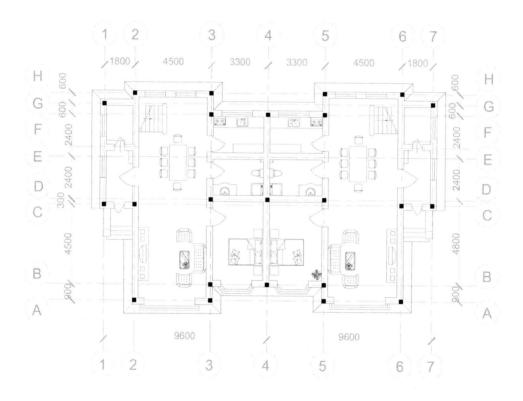

图18-54　标注尺寸

说明

连续标注与线性标注的区别：连续标注只需在第一次标注时指定标注的起点，下次标注就会自动以上次标注的末点作为起点，因此连续标注时只需连续指定标注的末点。而线性标注需要每标注一次都要指定标注的起点及末点，其相对于连续标注效率较低。连续标注常用于建筑轴网的尺寸标注，一般连续标注前都先采用线性标注进行定位。

📖18.2.7 绘制照明电气元件

下面对图例符号的绘制做简要介绍。首先将图层定义为"电气-照明"，设置好颜色和线型（中粗实线），然后设置线宽为0.5b（此处取0.35mm）。

ⓘ注意

电气设备布置应满足生产、生活功能，使用合理及施工方便。全部的配电箱、灯具、开关、插座等电气配件应按国家标准图形符号绘制。在配电箱旁应标出其编号及型号，必要时还应标注其进线。在照明灯具旁应用文字符号标出灯具的数量、型号、灯泡功率、安装高度、安装方式等。相关的电气标准中均提供了电气元件的标准图例，应能够熟练掌握各电气元件的图例特征。

1. 绘制单相二、三孔插座

1）新建"电气-照明"图层并设置为当前图层。单击"默认"选项卡"绘图"面板中的"圆弧"按钮⌒，绘制一段圆弧，如图18-55所示。

2）单击"默认"选项卡"绘图"面板中的"直线"按钮╱，在圆弧内绘制一条直线，如图18-56所示。

图18-55　绘制圆弧

图18-56　绘制直线

3）单击"默认"选项卡"绘图"面板中的"图案填充"按钮▨，用"SOLID"图案填充圆弧，如图18-57所示。

4）单击"默认"选项卡"绘图"面板中的"直线"按钮╱，在圆弧上方绘制一段水平直线和一竖直直线，如图18-58所示。

三孔插座的绘制方法同上。

2. 绘制三联翘板开关

1）单击"默认"选项卡"绘图"面板中的"圆"按钮⊙，绘制一个圆，如图18-59所示。

2）单击"默认"选项卡"绘图"面板中的"图案填充"按钮▨，用"SOLID"图案填充圆图形，如图18-60所示。

图18-57　填充图形

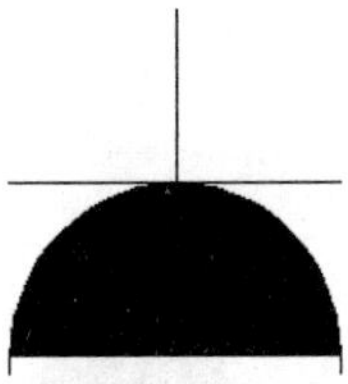

图18-58　绘制直线

图18-59　绘制圆

图18-60　填充圆

3）单击"默认"选项卡"绘图"面板中的"直线"按钮 ，在圆上方绘制一条斜向直线，如图 18-61 所示。

4）单击"默认"选项卡"绘图"面板中的"直线"按钮 ，绘制几条与刚绘制的斜向直线垂直的水平直线，如图 18-62 所示。

图18-61　绘制斜向直线

图18-62　绘制直线

3．绘制单联双控翘板开关

1）单击"默认"选项卡"绘图"面板中的"圆"按钮 ，绘制一个圆，如图 18-63 所示。

2）单击"默认"选项卡"绘图"面板中的"图案填充"按钮 ，用"SOLID"图案将圆填充，如图 18-64 所示。

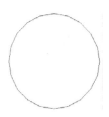

图18-63　绘制圆

图18-64　填充圆

3）单击"默认"选项卡"绘图"面板中的"直线"按钮 ，绘制一段斜向直线和与其垂直的直线，如图 18-65 所示。

4）单击"默认"选项卡"修改"面板中的"镜像"按钮 ，镜像上步绘制的直线，结果如图 18-66 所示。

4．绘制环形荧光灯

1）单击"默认"选项卡"绘图"面板中的"圆"按钮 ，绘制一个圆，如图 18-67 所示。

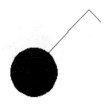

图18-65　绘制直线

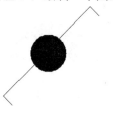

图18-66　镜像直线

2）单击"默认"选项卡"绘图"面板中的"直线"按钮 ，在圆内绘制一条直线，如图18-68所示。

3）单击"默认"选项卡"修改"面板中的"修剪"按钮 ，修剪图形如图18-69所示。

图18-67 绘制圆

图18-68 在圆内绘制一条直线

4）单击"默认"选项卡"绘图"面板中的"图案填充"按钮 ，用"SOLID"图案填充图形，如图18-70所示。

图18-69 修剪图形

图18-70 填充图形

5．绘制花吊灯

1）单击"默认"选项卡"绘图"面板中的"圆"按钮 ，绘制一个圆，如图18-71所示。

2）单击"默认"选项卡"绘图"面板中的"直线"按钮 ，在圆内中心处绘制一条直线，如图18-72所示。

3）单击"默认"选项卡"修改"面板中的"旋转"按钮 ，选择上步绘制的直线进行旋转复制，设置角度为15°和-15°，结果如图18-73所示。

图18-71 绘制圆

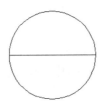

图18-72 绘制直线

图18-73 旋转直线

6．绘制防水、防尘灯

1）单击"默认"选项卡"绘图"面板中的"圆"按钮 ，绘制一个圆，如图18-74所示。

2）单击"默认"选项卡"修改"面板中的"偏移"按钮 ，将圆向内偏移，如图18-75所示。

3）单击"默认"选项卡"绘图"面板中的"直线"按钮 ，在圆内绘制交叉直线，如图18-76所示。

图18-74 绘制圆

图18-75 偏移圆

4）单击"默认"选项卡"修改"面板中的"修剪"按钮 ，修剪圆内直线，如图 18-77 所示。

5）单击"默认"选项卡"绘图"面板中的"图案填充"按钮 ，将上步偏移的小圆用"SOLID"图案进行填充，如图 18-78 所示。

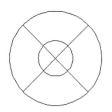　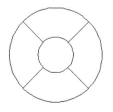　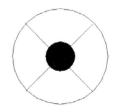

图18-76　绘制交叉直线　　　　图18-77　修剪直线　　　　图18-78　填充圆

7．绘制门铃

1）单击"默认"选项卡"绘图"面板中的"圆"按钮 ，绘制一个圆，如图 18-79 所示。

2）单击"默认"选项卡"绘图"面板中的"直线"按钮 ，在圆内绘制一条直线，如图 18-80 所示。

3）单击"默认"选项卡"修改"面板中的"修剪"按钮 ，修剪圆图形，如图 18-81 所示。

　　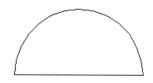

图18-79　绘制圆　　　图18-80　绘制直线　　　　图18-81　修剪圆

注意

以上用到的各AutoCAD命令虽为基本操作，但若能灵活运用，掌握其使用技巧制图时可以达到事半功倍的效果。

4）单击"默认"选项卡"绘图"面板中的"直线"按钮 ，绘制两条竖直直线，如图 18-82 所示。

5）单击"默认"选项卡"绘图"面板中的"直线"按钮 ，绘制一条水平直线，如图 18-83 所示。

图18-82　绘制两条竖直直线　　　　　　图18-83　绘制水平直线

单击"默认"选项卡"修改"面板中的"复制"按钮 ，将绘制的图例复制到电气照明平面图中（其余图例可调用源文件/图库中的图例），结果如图 18-84 所示。

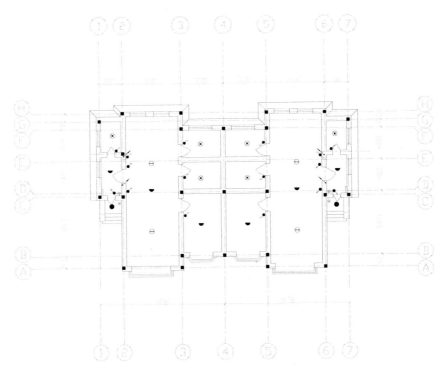

图18-84 布置图例

18.2.8 绘制线路

在图纸上绘制完各种电气设备符号后，就可以绘制线路，将各电气元件通过导线合理地连接起来了。

1）新建"线路"图层，并将其设置为当前图层。设置线型为中粗实线。

2）绘制导线。

①单击"状态栏"（见图 18-85）中的"对象捕捉"按钮和 "正交"按钮，打开对象捕捉模式和正交模式，以便于绘制直线。

模型 ⊞ ⋮⋮ ▾ ┼ ∟ ☉ ▾ ⊼ ▾ ∠▢ ▾ ≡ ⊠ ⊀ ⋏ 1:1 ▾ ⚙ ▾ ┼ ▭ ▾ ▱ ⊘ ⊠ ⊡ ☰

图18-85 状态栏

②右击"对象捕捉"按钮，选择"对象捕捉"选项，弹出"草图设置"对话框，选择"对象捕捉"选项卡，单击右侧的"全部选择"按钮即可选中所有的对象捕捉模式。要注意的是，当线路复杂时，为避免自动捕捉干扰制图，仅勾选其中的几项即可。开启捕捉模式的快捷键为 F9。

③单击"默认"选项卡"绘图"面板中的"多段线"按钮 或直线按钮 ，绘制连接各电气设备的线路，结果如图 18-86 所示。

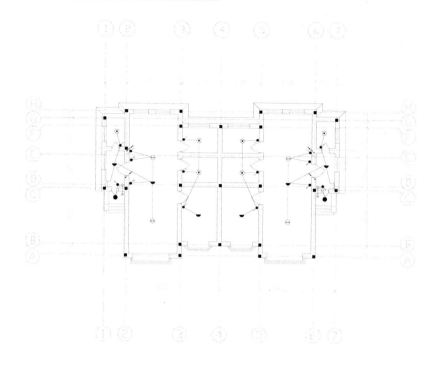

图 18-86　绘制线路

⚠️说明

1）在绘制线路前应按室内配线的敷线方式，规划出较为理想的线路布局。绘制线路时，应用中粗实线绘制干线和支线，连接配电箱至各灯具、插座及所有用电设备构成回路，并将开关至灯具的导线一并绘出。当灯具采用开关集中控制时，连接开关的线路应绘制在最接近灯具处。另外，还需要在单线条上画出细斜面，用来表示线路的导线根数，并在线路的上侧和下侧用文字符号标注出干线和支线编号，以及导线型号、根数、截面、敷设部位和敷设方式等。当导线采用穿管敷设时，还要标明穿管的品种和管径。

2）线路的连接应遵循电气元件的控制原理，一个开关控制一盏灯的线路连接方式与一个开关控制两盏灯的线路连接方式是不同的。

第 **19** 章

居民楼辅助电气平面图

除了前面讲述的电气照明平面图外，居民楼的电气平面图还包括插座及等电位平面图，接地及等电位平面图以及首层电话、有线电视及电视监控平面图等。

本章将以这些电气平面图设计实例为基础，重点介绍电气平面图的 AutoCAD 制图全过程，由浅及深，从制图理论至相关电气专业知识。

 学 习 要 点

- ◎ 插座及等电位平面图
- ◎ 接地及等电位平面图
- ◎ 首层电话、有线电视及电视监控平面图

19.1 插座及等电位平面图

一般建筑电气工程照明平面图应表达出插座等（非照明电气）电气设备，但有时可能因工程庞大，电气化设备布置复杂，为求建筑照明平面图表达清晰，可将插座等一些电气设备归类，单独绘制（根据图纸深度，分类分层次）。

📖19.1.1 设计说明

插座平面图主要应表达的内容包括插座的平面布置、线路、文字标注（种类、型号等）、管线等。

插座平面图的一般绘制步骤（基本同照明平面图的绘制）如下：

1）画房屋平面（外墙、门窗、房间、楼梯等）。

电气工程CAD制图中，对于新建结构往往会由建筑专业设计人员提供建筑图，对于改建、改造建筑则需进行建筑图绘制。

2）画配电箱、开关及电力设备。

3）画各种插座等。

4）画进户线及各电气设备的连接线。

5）对线路、设备等附加文字标注。

6）附加必有的文字说明。

📖19.1.2 绘图步骤

本节将绘制的插座及等电位平面图如图19-1所示。

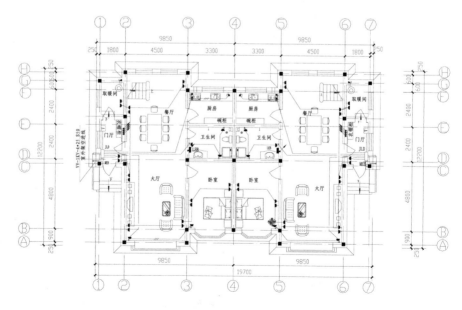

图19-1 插座及等电位平面图

1．打开文件

单击"快速访问"工具栏中的"打开"按钮☐，打开"源文件/第 18 章/居民楼电气照明平面图"，如图 19-2 所示。将其另存为"插座及等电位平面图"。

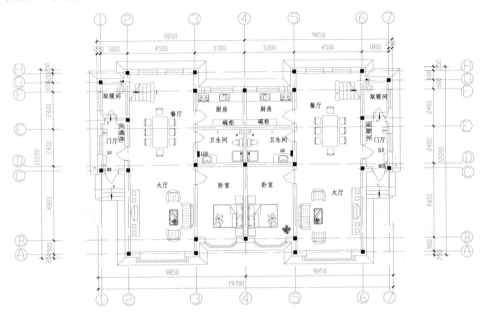

图19-2　居民楼电气照明平面图

2．绘制插座与开关图例

插座与开关都是照明电气系统中的常用设备。插座按供电电压分为单相插座与三相插座，按其安装方式分为明装插座与暗装插座。若不加说明，明装插座一律距地面 1.8m，暗装插座一律距地面 0.3m。开关分为分扳把开关、按钮开关、拉线开关。扳把开关分单连开关和多连开关，若不加说明，安装高度一律距地 1.4m，拉线式开关分普通开关和防水开关，安装高度距地 3m 或距顶 0.3m。

以洗衣机三孔插座为例，其 AutoCAD 制图步骤如下：

1）单击"默认"选项卡"绘图"面板中的"圆"按钮◯，绘制一个半径为 165mm 的圆，（制图比例为 1：100，A4 图纸上实际尺寸为 1.25 mm），如图 19-3 所示。

2）单击"默认"选项卡"修改"面板中的"修剪"按钮，剪去下半圆，如图 19-4 所示。

图19-3　绘制圆　　　　　　　　　　图19-4　修剪圆

3）单击"默认"选项卡"绘图"面板中的"直线"按钮，在圆内绘制一条直线，如图 19-5 所示。

4）单击"默认"选项卡"绘图"面板中的"图案填充"按钮，选择"SOLID 图案"填充半圆，如图 19-6 所示。

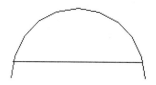

图19-5 绘制一条直线

图19-6 填充图形

5）单击"默认"选项卡"绘图"面板中的"直线"按钮，在半圆上方绘制一条水平直线和一条竖直直线，如图19-7所示。

6）单击"默认"选项卡"注释"面板中的"多行文字"按钮 A，标注文字，如图 19-8 所示。

图19-7 绘制直线

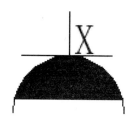

图19-8 标注文字

其他类型插座的绘制方法基本相同。各种插座图例如图 19-9 所示。

序号	图例	名称	规格及型号	单位	数量	备注
1	XI	洗衣机三孔插座	220V、10A	个		距离1.4m暗装
2	WI	卫生间二、三孔插座	220V、10A密闭防水型	个		距离1.4m暗装
3	IR	电热三孔插座	220V、150A密闭防水型	个		距离1.4m暗装
4	I	厨房二三孔插座	220V、10A密闭防水型	个		距离1.4m暗装
5	IK	空调插座	220V、15A	个		距离1.4m暗装

图19-9 各种插座图例

注意

可以灵活利用CAD设计中心，其库中预存了许多各专业的标准设计单元，这些设计单元对标注样式、表格样式、布局、块、图层、外部参照、文字样式、线型等都做了专业的绘制。使用这些设计单元时，可通过设计中心来直接调用，快捷键Ctrl+2。

注意

重复利用和共享图形是有效管理AutoCAD电子制图的基础。使用AutoCAD设计中心可以管理块参照、外部参照、光栅图像以及来自其他源文件或应用程序的内容。不仅如此，如果同时打开多个图形，还可以在图形之间复制和粘贴内容（如图层定义）来简化绘图过程。

3. 绘制局部等电位端子箱

1）单击"默认"选项卡"绘图"面板中的"矩形"按钮 □，绘制一个矩形，如图 19-10 所示。

2）单击"默认"选项卡"绘图"面板中的"图案填充"按钮，选择"SOLID图案"填充矩形，如图 19-11 所示。

图19-10 绘制一个矩形

图19-11 填充一个矩形

在绘图区域中，通过拖动图 19-12 右侧区域中的模块、双击或单击鼠标右键并选择"插入为块""附着为外部参照"或"复制"，可以在图形中插入块、填充图案或附着外部参照。还可以通过拖动或单击鼠标右键向图形中添加其他内容（如图层、标注样式和布局），可以从设计中心将块和填充图案拖动到工具选项板中。

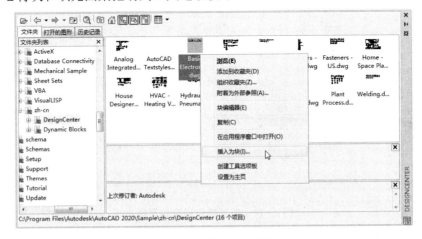

图19-12 设计中心模块

4. 图形符号的平面定位布置

新建"电源-照明（插座）"图层，并将其设置为当前图层。

通过"复制"等命令，按设计意图，将插座、配电箱等图例复制到该居民楼首层的相应位置。插座的定位与房间的使用要求有关，配电箱、插座等贴着门洞的墙壁设置，如图 19-13 所示。

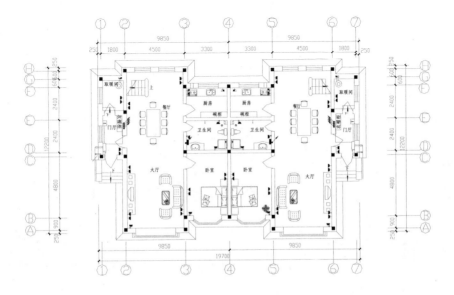

图19-13 首层插座布置

5．绘制线路

在图纸上插入配电箱和插座符号后，就可以绘制线路了。线路的绘制可参考18.2.8小节。绘制完成的线路，如图19-14所示。

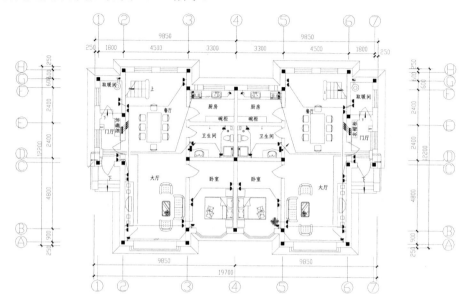

图19-14 首层插座线路布置图

6．标注、附加说明

1）将"标注"图层设置为当前图层。

2）文字标注和尺寸标注可参照前面介绍的方法。标注完成后的首层插座平面图如图19-1所示。

按照上述方法绘制的二层插座平面图如图19-15所示。

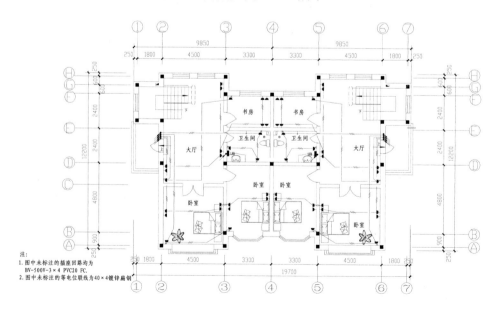

图19-15 二层插座平面图

19.2 接地及等电位平面图

建筑物的金属构件及引进、引出金属管路应与总电位接地系统可靠连接。两个总等电位端子箱之间采用镀锌扁钢连接。

📖 19.2.1　设计说明

1）本实例在建筑物外南侧 6 m 土壤电阻率较小处设置人工接地装置，接地装置埋深 1.0m。

2）接地装置采用圆钢作为接地极和接地线。

3）接地装置采用焊接连接，需做防腐处理。

4）重复接地、保护接地、设备接地共用同一接地装置。接地电阻小于 1Ω，若实测大于 1Ω 需增加接地极。

5）本实例在每一电源进户处设置一总等电位端子箱。

6）卫生间内设等电位端子箱，做局部等电位连接。局部等电位端子箱与总等电位端子箱采用镀锌扁钢连接。

📖 19.2.2　接地装置

接地装置包括接地体和接地线两部分。绘制完成的接地及等电位平面图如图 19-16 所示。

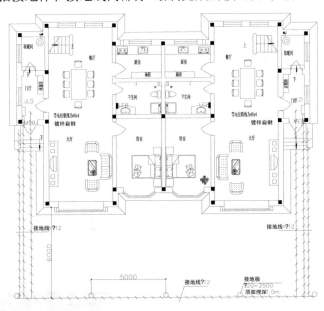

图19-16　接地及等电位平面图

1. 接地体

埋入地中并直接与大地接触的金属导体称为接地体，其可以把电流导入大地。自然接地体，是指兼作接地体用的埋于地下的金属物体，如直接与大地接触的各种金属构件、金属井管、钢筋混凝土建筑物的基础、金属管道和设备等都可成为自然接地体，其分为垂直埋设和水平埋设两种。在建筑物中可选用钢筋混凝土基础内的钢筋作为自然接地体。为达到接地的目的，人为埋入地中的金属件（如钢管、角管、圆钢等）称为人工接地体。在使用自然、人工两种接地体时，应设测试点和断接卡，以便于分开测量两种接地体。

2. 接地线

电力设备或电线杆等的接地螺栓与接地体或零线连接用的金属导体称为接地线。接地线应尽量采用钢质材料，如建筑物的金属结构（结构内的钢筋、钢构件等）和生产用的金属构件（吊车轨道、配线钢管、电缆的金属外皮、金属管道等），但应保证上述材料有良好的电气通路。有时接地线因连接多台设备而被分为两段，其中与接地体直接连接的一段称为接地母线，与设备连接的一段称为接地线。

1）单击"快速访问"工具栏中的"打开"按钮，打开"源文件\第 19 章\首层平面图"，如图 19-17 所示。将其另存为"接地及等电位平面图"。

2）单击"默认"选项卡"绘图"面板中的"矩形"按钮 囗，绘制 375 mm×150 mm 的矩形，如图 19-18 所示。

3）单击"默认"选项卡"绘图"面板中的"图案填充"按钮，将矩形填充为黑色，完成局部等电位电子箱的绘制，如图 19-19 所示。

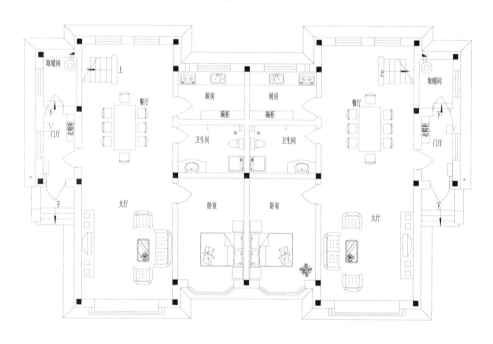

图19-17　首层平面图

图19-18　绘制矩形

图19-19　填充矩形

4）剩余图例的绘制方法与局部等电位电子箱的绘制方法基本相同，如图 19-20 和图 19-21 所示。

居民楼辅助电气平面图 | 第 19 章

图19-20　计量漏电箱（560×235）　　　图19-21　总等电位端子箱（375×150）

5）单击"默认"选项卡"修改"面板中的"移动"按钮✛，选择前面绘制的图例，将其移动到图形的指定位置，如图 19-22 所示。

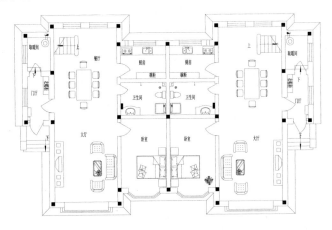

图19-22　插入图例

6）单击"默认"选项卡"绘图"面板中的"直线"按钮，绘制连接图例的线路，如图 19-23 所示。

7）将上步绘制的线路对应的图层关闭，单击"默认"选项卡"绘图"面板中的"直线"按钮及"圆"按钮，绘制接地线，如图 19-24 所示。

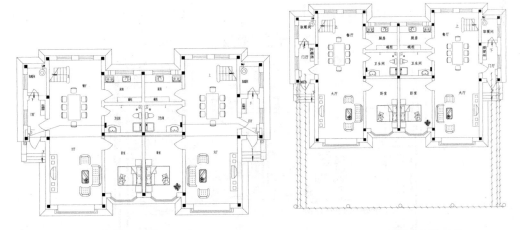

图19-23　绘制线路　　　　　　　　　　图19-24　绘制接地线

8）单击"默认"选项卡"注释"面板中的"线性"按钮，标注尺寸，如图 19-25 所示。

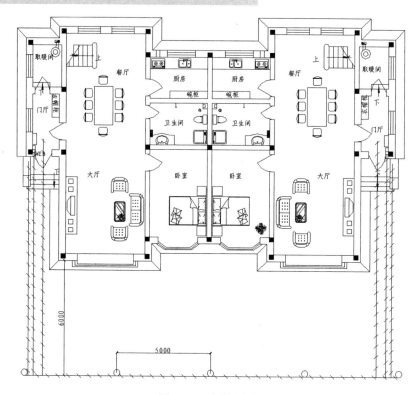

图19-25　标注尺寸

9）单击"默认"选项卡"注释"面板中的"多行文字"按钮 **A**，为接地及等电位平面图添加文字说明，结果如图 19-26 所示。

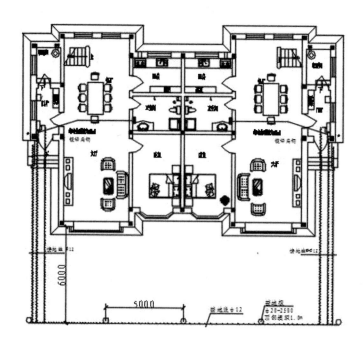

图 19-26　添加文字说明

19.3 首层电话、有线电视及电视监控平面图

监控主机设备包括监视器和录像机。由摄像机到监视器预留 PVC40 塑料管，用于传输线路敷设，钢管沿墙暗敷。

1）电话电缆由室外网架空进户。

2）电话进户线采用 HYV 型电缆穿钢管沿墙暗敷设引入电话分线箱，支线采用 RVS-2×0.5 穿阻燃塑料管沿地面、墙、顶板暗敷设。

3）有线电视主干线采用 SYKV-75-16 型穿钢管架空进户。进户线沿墙暗敷设进入有线电视前端箱，支线采用 SKYV-75-5 型电缆穿阻燃塑料管沿地面、墙、顶板暗敷设。

4）电视监控系统采用单头单尾系统。在室外的墙上安装摄像机，安装高度室外距地面 4.0m，在客厅内设置监控主机。

5）弱电系统安装调试由专业厂家负责。

绘制完成的首层电话、有线电视及电视监控平面图如图 19-27 所示。

在图纸上插入电话、有线电视及电视监控设备符号后，就可以绘制线路了。线路的绘制可参照 18.2.8 小节，结果如图 19-27 所示。

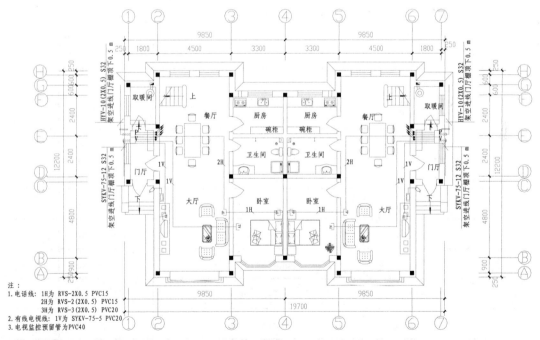

注：
1. 电话线：1H为 RVS-2X0.5 PVC15
   2H为 RVS-2（2X0.5）PVC15
   3H为 RVS-3（2X0.5）PVC20
2. 有线电视线：1V为 SYKV-75-5 PVC20
3. 电视监控预留管为 PVC40

图19-27 首层电话、有线电视及电视监控平面图

导线穿管方式以及导线敷设方式见表 19-1。

⚠ 注意

当线路用途清晰明了时，可以不标注线路的用途。

标注用文字符号见表 19-2～表 19-4。

表19-1 导线穿管方式以及导线敷设方式

	名称		名称
导线穿管方式	SC——焊接钢管	导线敷设方式	DE——直埋
	MT——电线管		TC——电缆沟
	PC——PVC塑料硬管		BC——暗敷在梁内
	FPC——阻燃塑料硬管		CLC——暗敷在柱内
	CT——桥架		WC——暗敷在墙内
	M——钢索		CE——暗敷在顶棚内
	CP——金属软管		CC——暗敷在顶棚内
	PR——塑料线槽		SCE——吊顶内敷设
	RC——镀锌钢管		F——地板及地坪下
			SR——沿钢索
			BE——沿屋架、梁
			WE——沿墙明敷

表19-2 标注线路用文字符号

序号	中文名称	英文名称	常用文字符号		
			单字母	双字母	三字母
1	控制线路	Control line		WC	
2	直流线路	Direct current line		WD	
3	应急照明线路	Emergency lighting ine		WE	WEL
4	电话线路	Telephone line	W	WF	
5	照明线路	Illuminating ine		WL	
6	电力设备	Power line		WP	
7	声道(广播)线路	Sound gate line		WS	
8	电视线路	TV.line		WV	
9	插座线路	Socket line		WX	

表19-3 线路敷设方式文字符号

序号	中文名称	英文名称	旧符号	新符号
1	暗敷	Concealed	A	C
2	明敷	Exposed	M	E

（续）

序号	中文名称	英文名称	旧符号	新符号
3	铝皮线卡	Aluminum clip	QD	AL
4	电缆桥架	Cable tray		CT
5	金属软管	Flexible metalic conduit		F
6	水煤气管	Gas tube	G	G
7	瓷绝缘子	Porcelain insulator	CP	K
8	钢索敷设	Supported by messenger wire	S	MR
9	金属线槽	Metallic raceway		MR
10	电线管	Electrical metallic tubing	DG	T
11	塑料管	Plastic conduit	SG	P
12	塑料线卡	Plastic clip	VJ	PL
13	塑料线槽	Plastic raceway		PR
14	钢管	Steel conduit	GG	S

表19-4　线路敷设部位文字符号

序号	中文名称	英文名称	旧符号	新符号
1	梁	Beam	L	B
2	顶棚	Ceiling	P	CE
3	柱	Column	Z	C
4	地面(楼板)	Floor	D	F
5	构架	Rack		R
6	吊顶	Suspended ceiling		SC
7	墙	Wall	Q	W

弱电布线注意事项：

1）为避免干扰，弱电线和强电线应保持一定距离。国家标准规定，电源线及插座与电视线及插座的水平间距不应小于50cm。

2）充分考虑潜在需求，预留插口。

3）为方便日后检查维修，尽量把电话线、网络等集中在一个方便检查的位置，从一个位置再分到各个房间。

4）单击"默认"选项卡"注释"面板中的"多行文字"按钮 **A**，为线路添加文字说明。本例完成所有文字标注的图形如图19-27所示。

按照上述方法绘制本例二层电话、有线电视及电视监控平面图，结果如图19-28所示。

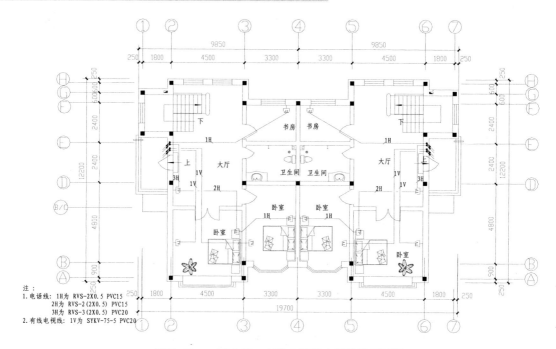

注：
1. 电话线：1H为 RVS-2X0.5 PVC15
   2H为 RVS-2 (2X0.5) PVC15
   3H为 RVS-3 (2X0.5) PVC20
2. 有线电视线：1V为 SYKV-75-5 PVC20

图19-28　二层电话、有线电视及电视监控平面图

第 **20** 章

居民楼电气系统图

本章将以居民楼电气系统图为例，详细讲述电气系统图的绘制过程。并讲述关于电气系统图的相关知识和绘制技巧。

   学 习 要 点

- ◎ 配电系统图
- ◎ 电话系统图
- ◎ 有线电视系统图

20.1 配电系统图

电气工程 CAD 制图中，对于新建结构往往会由建筑专业提供建筑施工图，本节讲述居民楼配电系统图的绘制，如图 20-1 所示。

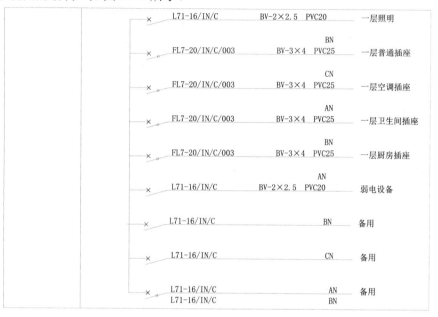

图20-1 配电系统图

1）单击"默认"选项卡"绘图"面板中的"矩形"按钮 □ ，绘制一个 1700mm×750mm 的矩形，如图 20-2 所示。

2）单击"默认"选项卡"修改"面板中的"分解"按钮 ，将上步绘制的矩形进行分解。单击"默认"选项卡"修改"面板中的"偏移"按钮 ，将矩形左侧竖直边线向内偏移，偏移距离为 200mm，如图 20-3 所示。

图20-2 绘制矩形   图20-3 偏移直线

3）单击"默认"选项卡"绘图"面板中的"直线"按钮 ，在矩形中间区域绘制一条竖直直线，如图 20-4 所示。

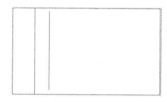

图20-4 绘制竖直直线

4）单击菜单栏中的"绘图"→"点"→"定数等分"选项，选取上步绘制的直线，将其定数等分成 8 份。

5）绘制回路。

①单击"默认"选项卡"绘图"面板中的"直线"按钮✏，从线段的端点绘制水平直线，长度为 50mm，如图 20-5 所示。

②在不按鼠标的情况下向右拉伸追踪线，在命令行中输入 500，设置中间间距为 50，单击鼠标左键在此确定点 1，如图 20-6 所示。

图20-5　绘制水平直线　　　　　　　　　　图20-6　绘制长度为500的线段

③选择"草图设置"对话框中的"极轴追踪"，在"增量角"下拉列表中选择 15°，如图 20-7 所示。单击"确定"按钮退出对话框。

④单击"默认"选项卡"绘图"面板中的"直线"按钮✏，取点 1 为起点，在 195° 追踪线上向左移动鼠标直至 195° 追踪线与竖向追踪线出现交点，选此交点为线段的终点，如图 20-8 所示。

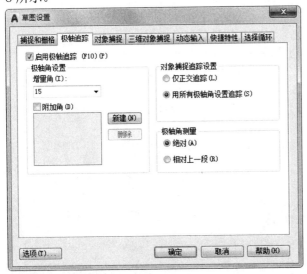

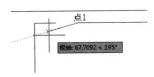

图20-7　设置15°角度捕捉　　　　　图20-8　绘制斜线段

6）单击"默认"选项卡"绘图"面板中的"矩形"按钮☐，在绘图区域内绘制一个正方形，如图 20-9 所示。

7）单击"默认"选项卡"绘图"面板中的"多段线"按钮⤳，设置线宽为 0.5，绘制正方形的对角线，如图 20-10 所示。单击"默认"选项卡"修改"面板中的"删除"按钮✎，删除正方形，结果如图 20-11 所示。

图20-9　绘制正方形

图20-10　绘制对角线

图20-11　删除正方形

8）单击"默认"选项卡"修改"面板中的"移动"按钮✛，选取交叉线的交点，移动到指定位置，如图 20-12 所示。

图20-12　移动交叉线

9）单击"默认"选项卡"注释"面板中的"多行文字"按钮 **A**，在回路中输入文字，如图 20-13 所示。

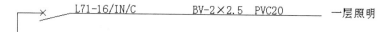

图20-13　标识文字

10）单击"默认"选项卡"修改"面板中的"复制"按钮，选取上面绘制的回路及文字，点取左端点为复制基点，依次复制到各个节点上，如图 20-14 所示。

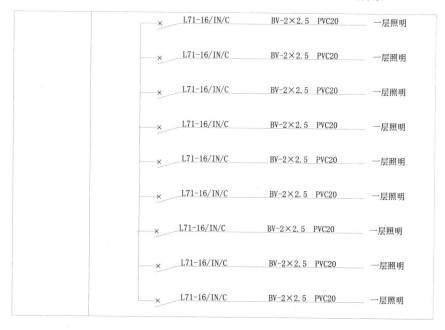

图20-14　复制其他回路

11）用右键单击要修改的文字，对其进行修改，结果如图 20-15 所示。

12）对于端部连接插座的回路，还必须配置有漏电断路器。单击"默认"选项卡"绘图"面板中的"椭圆"按钮，绘制一个椭圆，如图 20-16 所示。

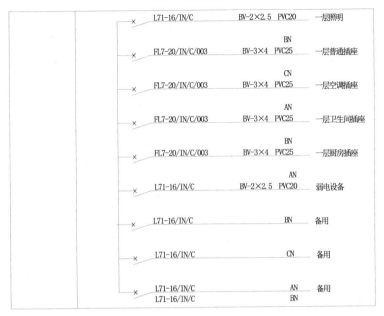

图20-15　修改文字

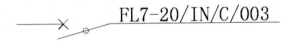

图20-16　绘制椭圆

13）单击"默认"选项卡"修改"面板中的"复制"按钮，选取上步绘制的椭圆进行复制，如图 20-17 所示。

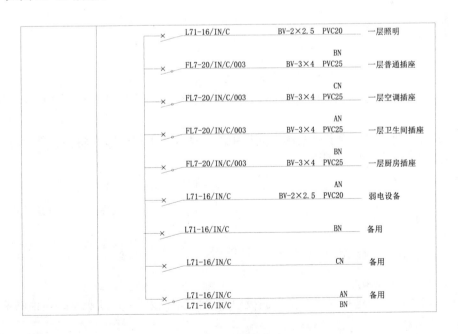

图20-17　复制椭圆

14）利用所学知识绘制其余图形，结果如图 20-18 所示。

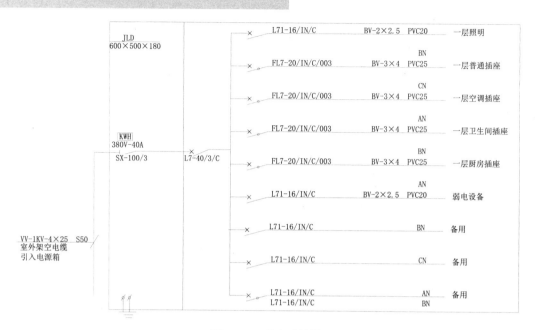

图20-18　配电系统图

20.2　电话系统图

本节将绘制的电话系统图如图20-19所示。

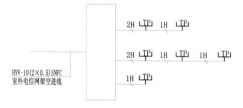

图20-19　电话系统图

1）单击"默认"选项卡"绘图"面板中的"矩形"按钮 □，绘制一个矩形，如图20-20所示。

2）单击"默认"选项卡"绘图"面板中的"插入块"按钮，将源文件/图库/电话端口插入到图中，如图20-21所示。

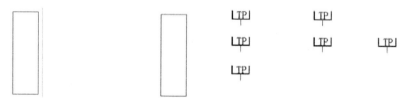

图20-20　绘制矩形　　　　　　　　　　图20-21　插入电话端口

3）单击"默认"选项卡"绘图"面板中的"直线"按钮，绘制室外电信网架空进线，如图20-22所示。

4）单击"默认"选项卡"注释"面板中的"多行文字"按钮 A，为电话系统图添加文字说明，结果如图20-19所示。

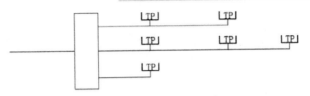

图20-22　绘制架空进线

说明

多数情况下，同一幅图中的文字可能采用的是同一种字体，但文字高度并不统一的，如标注的文字、标题文字、说明文字等的文字高度是不一致的，若在文字样式中文字高度缺省为0，则每次在用该样式输入文字时，系统都会提示输入文字高度。输入大于0.0的文字高度值则为该样式的字体设置了固定的文字高度，在使用该字体时，其文字高度是不允许改变的。

20.3　有线电视系统图

有线电视系统图一般采用图形符号和标注文字相结合的方式来表示，如图 20-23 所示。

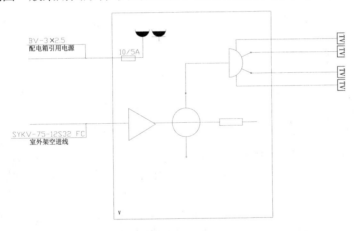

图20-23　有线电视系统图

1）单击"默认"选项卡"绘图"面板中的"矩形"按钮 ▢ ，绘制一个矩形，如图 20-24 所示。

2）单击"默认"选项卡"绘图"面板中的"矩形"按钮 ▢ ，在上步绘制的矩形内绘制一个小的矩形，如图 20-25 所示。

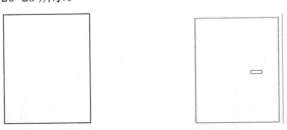

图20-24　绘制矩形　　　　　图20-25　绘制小矩形

3）单击"默认"选项卡"绘图"面板中的"圆"按钮 ⊙ ，绘制一个圆，如图 20-26 所示。

4）单击"默认"选项卡"绘图"面板中的"多边形"按钮⬠，绘制一个三角形，如图 20-27 所示。

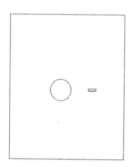

图20-26　绘制圆

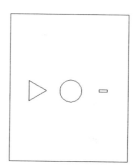

图20-27　绘制三角形

5）单击"默认"选项卡"绘图"面板中的"圆"按钮⊙，绘制一个圆，如图 20-28 所示。

6）单击"默认"选项卡"绘图"面板中的"直线"按钮╱，在上步绘制的圆内绘制一条垂直直线，如图 20-29 所示。

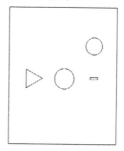

图20-28　绘制圆

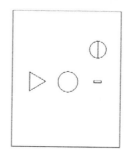

图20-29　绘制垂直直线

7）单击"默认"选项卡"修改"面板中的"修剪"按钮✂，将圆的左半部分修剪掉，如图 20-30 所示。

8）单击"默认"选项卡"块"面板中的"插入"按钮，选择"单相二、三孔插座"及"TV"，再单击"默认"选项卡"修改"面板中的"复制"按钮，复制图形到有线电视系统图内，如图 20-31 所示。

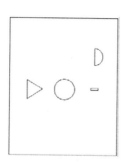

图20-30　修剪圆图形

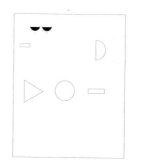

图20-31　复制图例

9）单击"默认"选项卡"绘图"面板中的"直线"按钮╱，绘制室内进户线，如图 20-32 所示。

10）单击"默认"选项卡"绘图"面板中的"圆"按钮⊘，在进户线上绘制小圆，如图 20-33 所示。

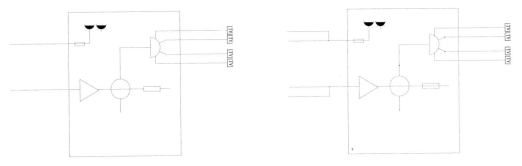

图20-32　绘制进户线　　　　　　　　　　　图20-33　绘制圆

11）单击"默认"选项卡"注释"面板中的"多行文字"按钮Ａ，为有线电视系统图添加文字说明，结果如图 20-23 所示。

第 **21** 章

某居民楼采暖平面图

采暖平面图是室内采暖施工图中的基本图样，表示室内采暖管网和散热设备的平面布置及相互连接关系。根据水平主管敷设位置的不同及工程的复杂程度，采暖施工图应分楼层绘制或进行局部详图绘制。本章将介绍某居民楼采暖平面图的具体绘制过程，进一步巩固前面所学的知识。

 学 习 要 点

- ◎ 采暖平面图概述
- ◎ 设计说明
- ◎ 建筑平面图绘制、采暖平面图绘制

21.1 采暖平面图概述

1. 采暖平面图表达的主要内容

室内采暖平面图主要表示采暖管道及设备在建筑平面中的布置，体现了采暖设备与建筑之间的平面位置关系，其表达的主要内容有：

1）室内采暖管网的布置，包括总管、干管、立管、支管的平面位置及其走向与空间的连接关系。

2）散热器的平面布置、规格、数量和安装方式及其与通道的连接方式；

3）采暖辅助设备（膨胀水箱、集气罐、疏水器等）、管道附件（阀门等）、固定支架的平面位置及型号、规格。

4）采暖管网中各管段的管径、坡度、标高等的标注，以及相关管道的编号。

5）热媒入（出）口及地沟（包括过门管沟）入（出）口的平面位置、走向及尺寸。

2. 图例符号及文字符号的应用

采暖施工图的绘制涉及很多的设备图例及一些设备的简化表达方式，如供热管道、回水管道、阀门、散热器等。关于这些图形符号及标注的文字符号的表征意义，后续章节中将顺带介绍。

3. 建筑室内采暖平面图的绘制步骤

1）建筑平面图。

2）管道及设备在建筑平面图中的位置。

3）散热器及附属设备在建筑平面图中的位置。

4）标注（设备规格、管径、标高、管道编号等）。

5）附加必要的文字说明（设计说明及附注）。

21.2 设计说明

工程验收应按照《建筑给水排水及采暖工程施工质量验收规范》（GB 50242—2002）执行。

1. 设计依据

1）《采暖通风与空气调节设计规范》（GB 50019—2015）.

2）《住宅设计规范》（GB 50096—2011）。

3）甲方提出的具体要求。

4）建筑专业人员提供的平、立、剖面图。

2. 设计范围

热水供暖系统。

3. 采暖系统设计说明

1）本图尺寸单位除标高以"m"计外其余均以"mm"计。管道标高指管道中心标高。

2）本工程采暖热媒为 85～60℃热水，单元采暖系统采用下供下回双管同程式系统；户内采暖系统采用下分双管式系统，实行分户热计量控制。楼梯间每户供回水处设置热计量表箱（内设锁闭阀、水过滤器、热量表）。采暖室外计算温度为-5 ℃。室内计算温度：客厅及卧室为 18℃，卫生间为 25℃。设计热负荷总计为 220kW，设计热负荷指标为 46W/m²。

3）管材：明装部分采用热镀锌钢管，连接方式为螺纹连接。

暗装部分采用 De25 无规共聚聚丙烯（PP-R）管，中间不得有接口，直接埋设于 50mm 厚结构层内。

散热器采用铸铁 760 型（内腔无砂），底距地 50mm（卫生间在浴盆位置不够时，底距地 1200），壁装。

管道穿墙及楼板时加套管，套管伸出楼板 20mm，其余与墙平齐。

4）防腐：热镀锌钢管管道，散热器、支架等均刷防锈漆一道，银粉漆两道。

5）保温：室外地下、楼梯间敷设管道采用 40mm 厚聚氨酯保温，外加 5mm 玻璃钢做保护层。

6）系统试验压力为 0.6MPa。

7）管网标高须同外网协调一致。

8）室内敷设支管安装试压完毕后，应做红线标记，以防止住户装修时损坏。

4．资料及其他

中国建筑工业出版社出版的《实用供热空调设计手册》。

通过本章的学习，读者可以掌握建筑平面的基本设计方法和技巧，也可以熟悉 AutoCAD 在设计建筑平面图过程中的具体应用技巧。

21.3　建筑平面图绘制

建筑平面图是建筑水暖电设计的基础。本章将以某城市六层普通住宅楼平面图设计为例讲述建筑平面图（见图 21-1）设计的基本思路和方法，为后面的建筑采暖平面图设计做必要的准备。

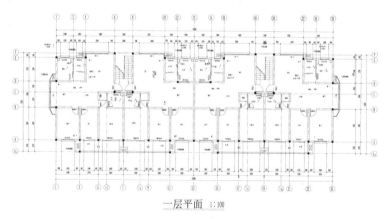

一层平面 1:100

图21-1　建筑平面图

21.3.1　设置绘图区域

理论上讲，AutoCAD 的绘图空间无限大，但为了规范绘图，使图形紧凑，绘图时要设定绘图区域。可以通过以下两种方法设定绘图区域。

1）可以先绘制一个已知大小的矩形，然后将所有的图形绘制在这个矩形的区域范围内。

2）单击菜单栏中的"格式"→"图形界限"选项或输入"LIMITS"命令来设定绘图区大小。命令行操作与提示如下：

命令：LIMITS
重新设置模型空间界限：
指定左下角点或［开(ON)/关(OFF)］〈0.0000, 0.0000〉：0, 0↙
指定右上角点〈420.0000, 297.0000〉：420000, 297000↙

这样绘图区域就设置好了。

21.3.2 设置图层、颜色、线型及线宽

绘图时应考虑图样要划分为哪些图层以及按什么样的标准划分。图层设置合理，会使图形信息更加清晰有序。

1）单击"默认"选项卡"图层"面板中的"图层特性"按钮，弹出"图层特性管理器"对话框，如图 21-2 所示。单击"新建图层"按钮，将新建图层名修改为"轴线"。

图21-2 "图层特性管理器"对话框

2）单击"轴线"图层的图层颜色，弹出"选择颜色"对话框，如图 21-3 所示。选择红色为轴线图层颜色，单击"确定"按钮。

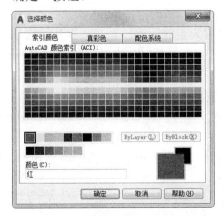

图21-3 "选择颜色"对话框

3）单击"轴线"图层的图层线型，弹出"选择线型"对话框，如图 21-4 所示。单击"加载"按钮，弹出"加载或重载线型"对话框，如图 21-5 所示。选择"CENTER"线型，单击"确定"按钮，完成线型的设置。

采用同样的方法创建其他图层，如图 21-6 所示。

图21-4 "选择线型"对话框   图21-5 "加载或重载线型"对话框

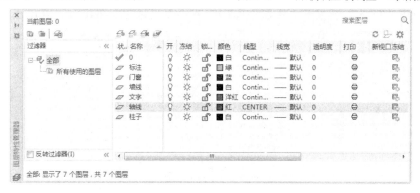

图21-6 "图层特性管理器"对话框

注意

0层不进行任何设置，也不应在0层绘制图样。

21.3.3 绘制轴线

1）将"轴线"图层设置为当前图层。单击"默认"选项卡"绘图"面板中的"直线"按钮，在状态栏中单击"正交"按钮，绘制长度为 50400mm 的水平轴线和长度为 22700mm 的竖直轴线。

2）选中上步创建的轴线，单击鼠标右键，在弹出的快捷菜单中选择"特性"，如图 21-7 所示，弹出"特性"对话框，修改"线型比例"为 30，如图 21-8 所示。轴线绘制结果如图 21-9 所示。

3）单击"默认"选项卡"修改"面板中的"偏移"按钮，将竖直轴线向右偏移 2400mm。命令行操作与提示如下：

```
命令: _offset
当前设置: 删除源=否   图层=源   OFFSETGAPTYPE=0
指定偏移距离或 [通过(T)/删除(E)/图层(L)] <914.9299>: 2400✓
```

选择要偏移的对象，或〔退出(E)/放弃(U)〕〈退出〉：（选择竖直轴线）
指定要偏移的那一侧上的点，或〔退出(E)/多个(M)/放弃(U)〕〈退出〉：（向右侧偏移）

图21-7　右键快捷菜单　　　　　图21-8　"特性"对话框　　　　　　图21-9　绘制轴线

4）重复"偏移"命令，将竖直轴线向右偏移，设置偏移距离（mm）为 1000、800、1900、1200、1100、1300、1300、1100、1200、2200、800、1000、2400，再将水平轴线向上偏移，设置偏移距离（mm）为 1500、4500、2100、1500、3300、600，结果如图 21-10 所示。

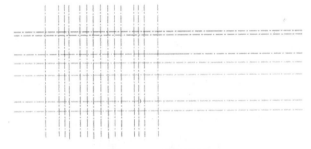

图21-10　偏移轴线

⊘注意

本例为对称图形，可先绘制左边轴线，然后利用镜像命令得到右侧图形。

5）单击"默认"选项卡"修改"面板中的"镜像"按钮⚏，镜像上步绘制的轴线，结果如图 21-11 所示。

⊘说明

镜像对创建对称的图样非常有用，其可以通过绘制半个对象，然后将其镜像得到另一半图形而不用绘制整个对象。

6）绘制轴号。

①单击"默认"选项卡"绘图"面板中的"圆"按钮⊙，绘制一个半径为 500mm 的圆，

圆心在轴线的端点，如图 21-12 所示。

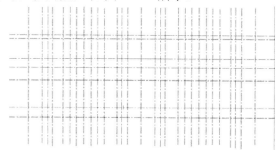

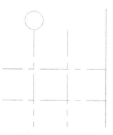

图21-11　镜像轴线　　　　　　　　　　　图21-12　绘制圆

②单击菜单栏中的"绘图"→"块"→"定义属性"选项，弹出"属性定义"对话框，如图 21-13 所示。单击"确定"按钮，在圆心位置写入一个块的属性值，结果如图 21-14 所示。

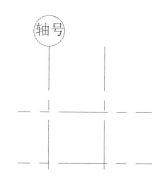

图21-13　"属性定义"对话框　　　　　　　图21-14　在圆心位置写入属性值

③单击"默认"选项卡"绘图"面板中的"创建块"按钮，弹出"块定义"对话框，如图 21-15 所示。在"名称"文本框中写入"轴号"，指定圆心为基点。选择整个圆和刚才的"轴号"标记为对象，单击"确定"按钮，弹出如图 21-16 所示的"编辑属性"对话框，输入"轴号"为"1"，单击"确定"按钮，结果如图 21-17 所示。

图21-15　"块定义"对话框

图21-16 "编辑属性"对话框

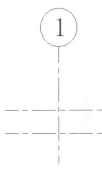

图21-17 输入轴号

④利用上述方法绘制出图形所有轴号，结果如图 21-18 所示。

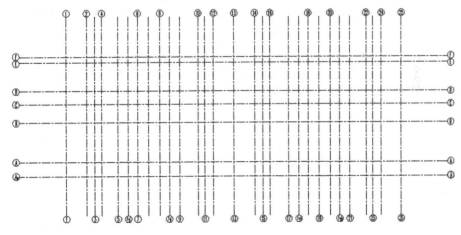

图21-18 标注轴号

21.3.4 绘制柱子

1）将"柱子"图层设置为当前图层。单击"默认"选项卡"绘图"面板中的"矩形"按钮 □，在空白处绘制 200mm×200mm 的矩形，结果如图 21-19 所示。

2）单击"默认"选项卡"绘图"面板中的"图案填充"按钮 ▧，弹出"图案填充创建"选项卡，如图 21-20 所示，选择"SOLID"图案，单击"拾取点"按钮 ⊞，进行填充，完成柱子的绘制，结果如图 21-21 所示。

图21-19　绘制矩形

图21-20　"图案填充创建"选项卡

图21-21　绘制柱子

⏚注意

选择对象时，若矩形框从左向右定义，即第一个选择的对角点为左侧的对角点，则矩形框内部的对象被选中，框外部及与矩形框边界相交的对象不会被选中。若矩形框从右向左定义，则矩形框内部及与矩形框边界相交的对象都会被选中。

3）利用上述方法完成240mm×360mm柱子的绘制，再单击"默认"选项卡"修改"面板中的"复制"按钮⏚，将绘制的柱子复制到如图21-22所示的位置。

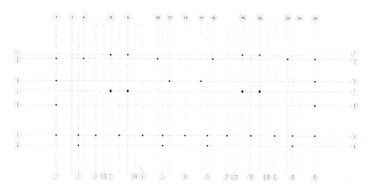

图21-22　复制柱子

⏚说明

正确选择"复制"的基点，对于图形定位是非常重要的。对于第二点的选择定位，用户可打开捕捉及极轴状态开关，利用自动捕捉有关点自动定位。节点是在AutoCAD中常用来作为定位、标注以及移动、复制等复杂操作的关键点，节点有效捕捉很重要。

在实际应用中会发现，有的时候在稍微复杂一点的图形中不出现节点，这给图形操作带来了不便。解决这个问题有个小窍门：当选择的图形不出现节点时，使用复制快捷键Ctrl+C，节点就会在选择的图形中显示出来。

📖21.3.5 绘制墙线、门窗洞口

1．绘制建筑墙体

1）将"墙线"图层设置为当前图层。单击菜单栏中的"格式"→"多线样式"命令，弹出如图21-23所示的"多线样式"对话框，单击"新建"按钮，弹出如图21-24所示的"创建新的多线样式"对话框，输入"新样式名"为"240"，单击"继续"按钮，弹出如图21-25所示的"新建多线样式：240"对话框，在"偏移"文本框中输入120和−120。单击"确定"按钮，返回到"多线样式"对话框。

图21-23　"多线样式"对话框

图21-24　"创建新的多线样式"对话框

图21-25　"新建多线样式：240"对话框

2）单击菜单栏中的"绘图"→"多线"选项，绘制接待室大厅的两侧墙体。命令行操作与提示如下：

```
命令：_MLINE
当前设置：对正 = 上，比例 = 20.00，样式 = 240
指定起点或［对正(J)/比例(S)/样式(ST)］：S↙
输入多线比例〈20.00〉：1（比例设置为1）↙
当前设置：对正 = 上，比例 = 1.00，样式 = 240
指定起点或［对正(J)/比例(S)/样式(ST)］：J↙
输入对正类型［上(T)/无(Z)/下(B)］〈上〉：Z↙
当前设置：对正 = 无，比例 = 1.00，样式 = 240
指定起点或［对正(J)/比例(S)/样式(ST)］：（指定轴线间的相交点）
指定下一点：（沿轴线绘制墙线）
指定下一点或［放弃(U)］：（继续绘制墙线）
……
```

结果如图 21-26 所示。

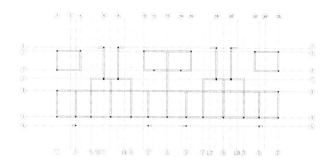

图21-26　绘制墙体

3）单击菜单栏中的"格式"→"多线样式"选项，弹出"多线样式"对话框，新建如图 21-27 所示的"新建多线样式：120"对话框，在偏移文本框中输入 60 和－60。单击"确定"按钮，返回到"多线样式"对话框。

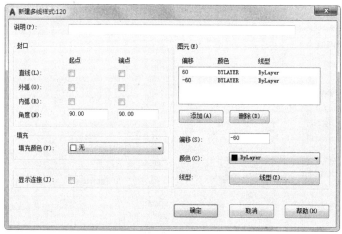

图21-27　"新建多线样式：120"对话框

4）单击菜单栏中的"绘图"→"多线"选项，绘制六层住宅一层平面图的内墙，然后利用上述方法绘制其余墙体，结果如图 21-28 所示。

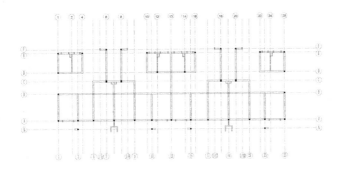

图21-28　绘制其余墙体

5）单击菜单栏中的"修改"→"对象"→"多线"选项，弹出"多线编辑工具"对话框，如图 21-29 所示。

图21-29　"多线编辑工具"对话框

6）对墙体进行多线编辑，结果如图 21-30 所示。

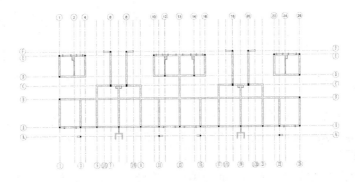

图21-30　编辑墙体

2．绘制洞口

1）将"门窗"图层设置为当前图层。单击"默认"选项卡"修改"面板中的"分解"

按钮 ⬚，将墙线进行分解。如图 21-31 所示。

2）单击"默认"选项卡"修改"面板中的"修剪"按钮 ⬚，修剪掉多余图形，再单击"默认"选项卡"修改"面板中的"删除"按钮 ⬚，删除多余直线，如图 21-32 所示。

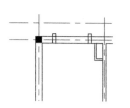

图21-31　分解墙线

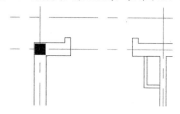

图21-32　修剪图形

3）利用上述方法绘制出所有门窗洞口，结果如图 21-33 所示。

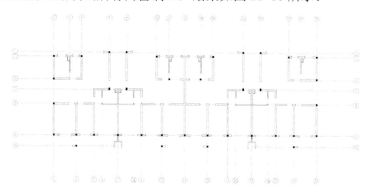

图21-33　绘制门窗洞口

3. 绘制窗线

1）单击"默认"选项卡"绘图"面板中的"直线"按钮 ⬚，绘制一段直线，如图 21-34 所示。

2）单击"默认"选项卡"修改"面板中的"偏移"按钮 ⬚，选择上步绘制的直线向下偏移，设置偏移距离（mm）为 190、60、90，结果如图 21-35 所示。

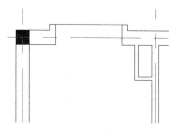

图21-34　绘制直线

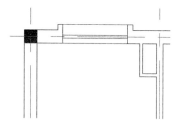

图21-35　偏移直线

3）利用上述方法绘制其余相同的窗线，结果如图 21-36 所示。

4. 绘制其他窗线

1）单击"默认"选项卡"绘图"面板中的"直线"按钮 ⬚，绘制一条直线，如图 21-37 所示。

2）单击"默认"选项卡"修改"面板中的"偏移"按钮 ⬚，选取上步绘制的直线，向下偏移 90mm、60mm、90mm，结果如图 21-38 所示。

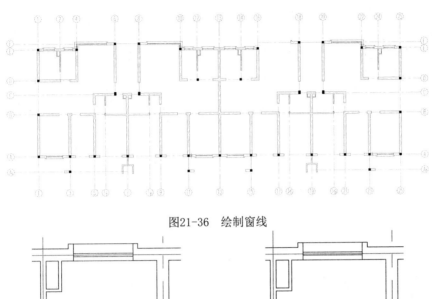

图21-36　绘制窗线

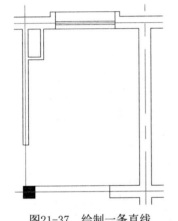

图21-37　绘制一条直线

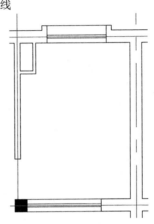

图21-38　偏移直线

3）利用上述方法完成图形中所有窗线的绘制，结果如图 21-39 所示。

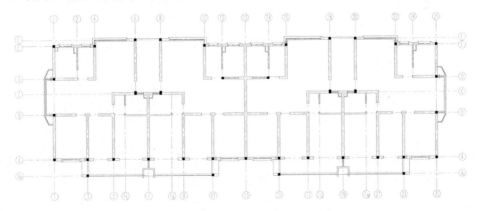

图21-39　绘制窗线

5．绘制单扇门

1）单击"默认"选项卡"绘图"面板中的"矩形"按钮▢，绘制一个 900mm×50mm 的矩形，如图 21-40 所示。

2）单击"默认"选项卡"绘图"面板中的"圆弧"按钮╱，绘制一段弧线，如图 21-41 所示。

ⓘ 说明

绘制圆弧时，注意指定合适的端点或圆心，指定端点的时针方向即为绘制圆弧的方向。例如，要绘制图21-41所示的下半圆弧，则起始端点应在左侧，终端点应在右侧，此时端点的时针方向为逆时针，即得到相应的逆时针圆弧。

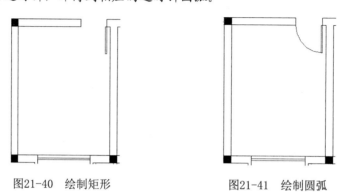

图21-40　绘制矩形　　　　　　　　图21-41　绘制圆弧

3）单击"默认"选项卡"绘图"面板中的"创建块"按钮，弹出"块定义"对话框，在"名称"文本框中输入"单扇门"。单击"拾取点"按钮（见图 21-42），选择"单扇门"的任意一点为基点，再单击"选择对象"按钮，选择全部对象。

图21-42　"块定义"对话框

4）单击"默认"选项卡"绘图"面板中的"插入块"按钮，在下拉菜单中选择"其他图形中的块"，打开"块"选项板，如图 21-43 所示。

ⓘ 说明

插入块中的对象可以保留原特性，可以继承所插入的图层的特性，或继承图形中的当前特性设置。

插入块时，块中对象的颜色、线型和线宽通常保留其原设置而忽略图形中的当前设置。但是，可以创建其对象继承当前颜色、线型和线宽设置的块。这些对象具有浮动特性。

插入块参照时，对于对象的颜色、线型和线宽特性的处理，有三种选择：

1) 块中的对象不从当前设置中继承颜色、线型和线宽特性。不管当前设置如何，块中对象的特性都不会改变。

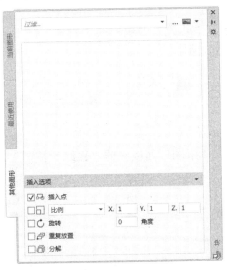

图21-43 "块"选项板

对于此选择，建议分别为块定义中的每个对象设置颜色、线型和线宽特性，而不要在创建这些对象时使用"BYBLOCK"或"BYLAYER"作为颜色、线型和线宽的设置。

2) 块中的对象仅继承指定给当前图层的颜色、线型和线宽特性。

对于此选择，在创建要包含在块定义中的对象之前，需将当前图层设置为 0，将当前颜色、线型和线宽设置为"BYLAYER"。

3) 对象继承已明确设置的当前颜色、线型和线宽特性，即这些特性已设置成取代指定给当前图层的颜色、线型和线宽。如果未进行明确设置，则继承指定给当前图层的颜色、线型和线宽特性。

对于此选择，在创建要包含在块定义中的对象之前，将当前颜色或线型设置为"BYBLOCK"。

5) 在"名称"下拉列表中选择"单扇门"，指定任意一点为插入点，在平面图中插入所有单扇门图形，结果如图21-44所示。

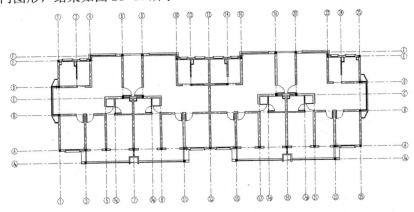

图21-44 插入单扇门

6．绘制推拉门

1）单击"默认"选项卡"绘图"面板中的"矩形"按钮□，绘制一个 780mm×60mm 的矩形，如图 21-45 所示。

2）单击"默认"选项卡"修改"面板中的"复制"按钮⅗，复制上步绘制的矩形，并移动到指定位置，如图 21-46 所示。

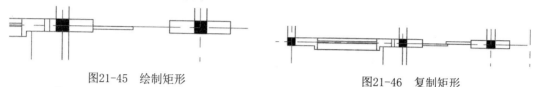

图21-45　绘制矩形

图21-46　复制矩形

3）单击"默认"选项卡"绘图"面板中的"直线"按钮⁄，绘制一条直线，如图 21-47 所示。

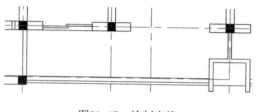

图21-47　绘制直线

🛈说明

AutoCAD提供了强大的夹点编辑功能，该功能集成了复制、旋转、镜像、拉伸、拉长、缩放等多种编辑功能，具体操作方法是：直接选中要编辑的对象，这些对象显示蓝色的编辑夹点，在其中一个夹点上再次单击鼠标选中此夹点，这时在命令行提示下进入编辑模式，可以按空格键来选择需要的编辑模式。

4）利用上述方法绘制所有的双扇推拉门及单扇推拉门，结果如图 21-48 所示。

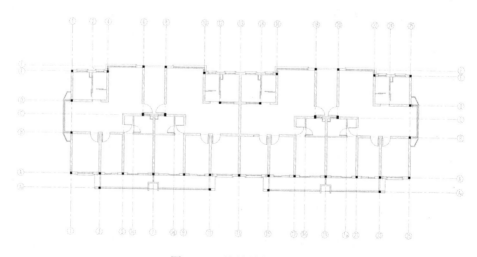

图21-48　绘制所有推拉门

7．绘制空调机隔板

1）单击"默认"选项卡"绘图"面板中的"直线"按钮⁄，在图中绘制一段长度为

800mm 的直线，再绘制一条长为 500mm 的竖直直线，绘制完成的空调机隔板如图 21-49 所示。

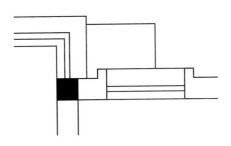

图21-49　绘制空调机隔板

2）利用相同方法绘制出所有空调机隔板，如图 21-50 所示。

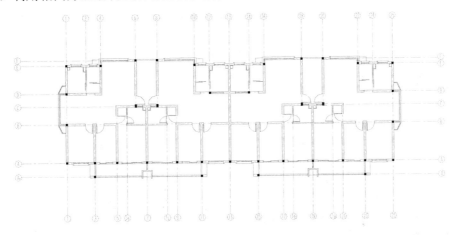

图21-50　绘制所有空调机隔板

8. 绘制空调

1）单击"默认"选项卡"绘图"面板中的"矩形"按钮 ▢，绘制一个 600mm×250mm 的矩形，如图 21-51 所示。

2）单击"默认"选项卡"绘图"面板中的"直线"按钮 ◢，在上步绘制的矩形内绘制对角线，完成空调的绘制，如图 21-52 所示。

图21-51　绘制矩形　　　　　　　　图21-52　绘制空调

3）单击"默认"选项卡"修改"面板中的"复制"按钮 ⌖，选择上步绘制的空调，进行复制，结果如图 21-53 所示。

9. 绘制楼梯

1）单击"默认"选项卡"绘图"面板中的"矩形"按钮 ▢，绘制一个 3270mm×200mm

的矩形，如图 21-54 所示。

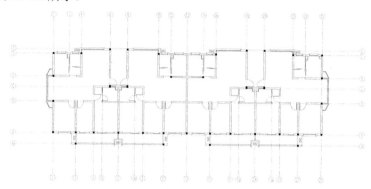

图21-53　复制空调

2）单击"默认"选项卡"修改"面板中的"偏移"按钮⬚，选取上步绘制的矩形向内偏移 50mm，如图 21-55 所示。

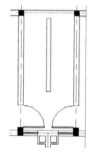 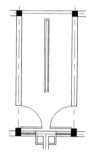

图21-54　绘制矩形　　　　　　　　图21-55　偏移矩形

3）单击"默认"选项卡"绘图"面板中的"直线"按钮⟋，选取矩形中点为起点，绘制一条水平直线，如图 21-56 所示。

4）单击"默认"选项卡"修改"面板中的"偏移"按钮⬚，选取上步绘制的直线，分别向上、向下连续偏移，设置偏移距离为 260mm，结果如图 21-57 所示。

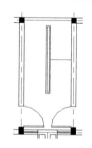 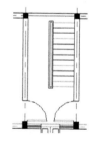

图21-56　绘制直线　　　　　　　　图21-57　偏移直线

5）单击"默认"选项卡"修改"面板中的"镜像"按钮⚠，镜像上步偏移的直线，如图 21-58 所示。

6）单击"默认"选项卡"绘图"面板中的"直线"按钮⟋和"默认"选项卡"修改"面板中的"修剪"按钮⚞，绘制楼梯折弯线，如图 21-59 所示。

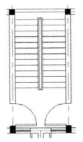

图21-58　镜像直线

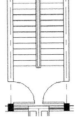

图21-59　绘制折弯线

7）单击"默认"选项卡"修改"面板中的"偏移"按钮⊑，将上步绘制的线段向内偏移 30mm，如图 21-60 所示。

8）单击"默认"选项卡"修改"面板中的"修剪"按钮下，修剪楼梯图形，如图 21-61 所示。

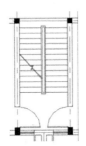

图21-60　偏移折弯线

图21-61　修剪楼梯图形

9）单击"默认"选项卡"修改"面板中的"复制"按钮ஃ，复制绘制好的楼梯到指定位置，如图 21-62 所示。

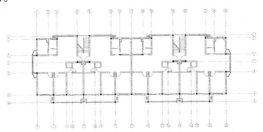

图21-62　复制楼梯

21.3.6　标注尺寸

1. 设置标注样式

1）将"标注"图层设置为当前图层。单击菜单栏"格式"→"标注样式"按钮◄◄，弹出"标注样式管理器"对话框，如图 21-63 所示。

2）单击"新建"按钮，弹出"创建新标注样式"对话框，输入"新样式名"为"建筑"，如图 21-64 所示。

3）单击"继续"按钮，弹出"新建标注样式：建筑"对话框，选择各个选项卡，设置参数如图 21-65 所示。单击"确定"按钮，返回到"标注样式管理器"对话框，将"建筑"

样式置为当前。

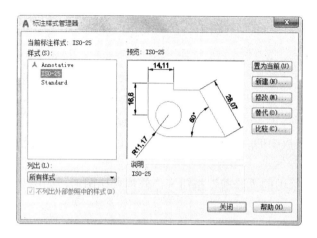

图21-63 "标注样式管理器"对话框　　　　　　图21-64 "创建新标注样式"对话框

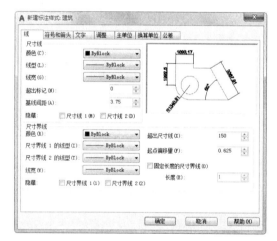

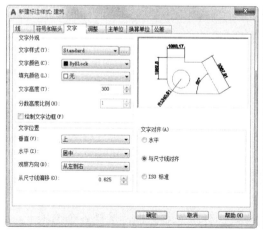

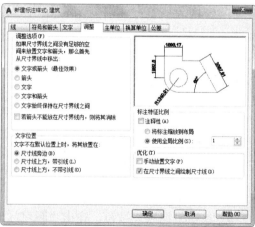

图21-65 "新建标注样式：建筑"对话框

2．标注图形

1）单击"默认"选项卡"注释"面板中的"线性"按钮和"连续"按钮，标注第一道尺寸，如图 21-66 所示。

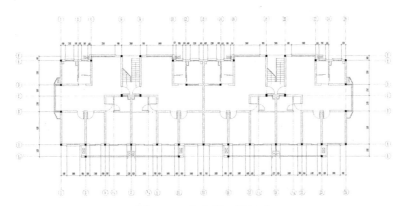

图21-66　标注第一道尺寸

2）单击"默认"选项卡"注释"面板中的"线性"按钮，标注总尺寸，如图 21-67 所示。

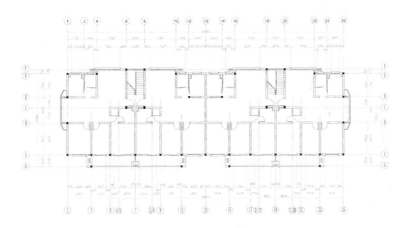

图21-67　标注总尺寸

3）单击"默认"选项卡"注释"面板中的"多行文字"按钮 **A**，为图形添加文字说明，结果如图 21-1 所示。

ⓘ说明

要处理字样重叠的问题时，可以在标注样式中进行相关设置，这样计算机会自动处理，但处理效果有时不太理想，也可以单击"标注"工具栏中的"编辑标注文字"按钮来调整文字位置。

当 AutoCAD 文件打开时，若出现字体乱码"？"号，可采用安装相应字体或进行字体替换的方式来解决。

六层住宅其他层与上述一层的绘制方法相同，这里不再详细阐述，结果如图 21-68～图 21-73 所示。

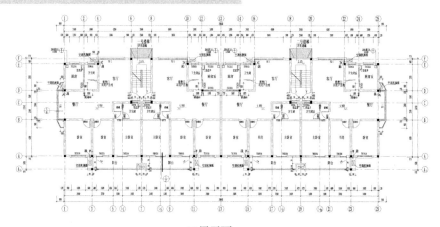

二层平面 1:100

图21-68 六层住宅二层平面图

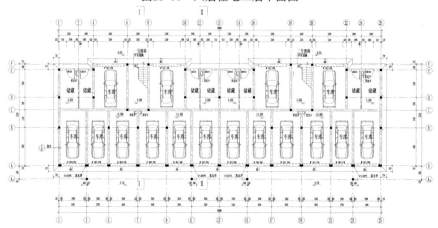

架空层平面 1:100

图21-69 六层住宅架空层平面图

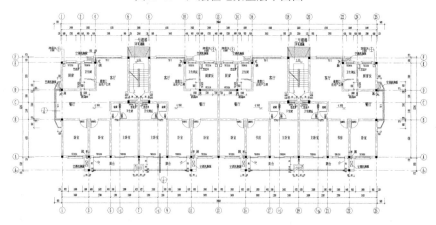

屋顶层平面 1:100

图21-70 六层住宅屋顶层平面图

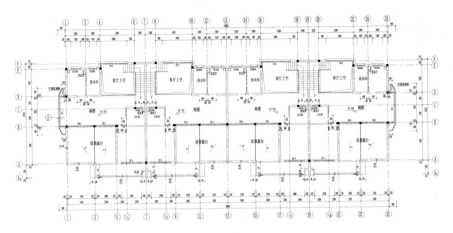

阁楼平面 1:100

图21-71 六层住宅阁楼平面图

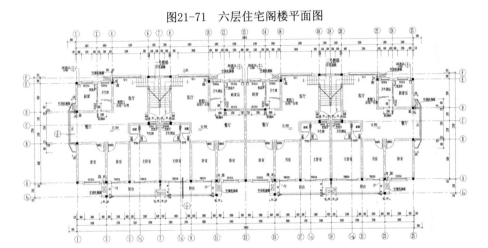

六层平面 1:100

图21-72 六层住宅六层平面图

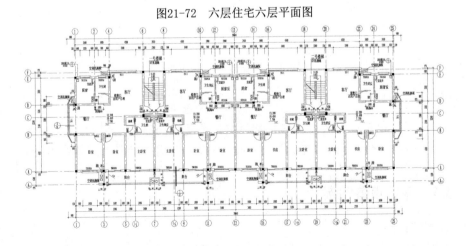

标准层平面 1:100

图21-73 六层住宅标准层平面图

21.4 采暖平面图绘制

绘制完建筑平面图后，可以在此基础上进行采暖平面图绘制，如图 21-74 所示。

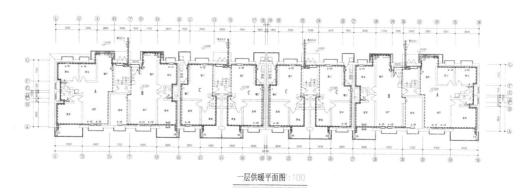

一层供暖平面图1:100

图21-74　采暖平面图

21.4.1　绘图准备

单击"快速访问"工具栏中的"打开"按钮 ，打开"源文件/第 21 章/一层供暖平面图"，如图 21-75 所示，将其另存为"采暖平面图"。

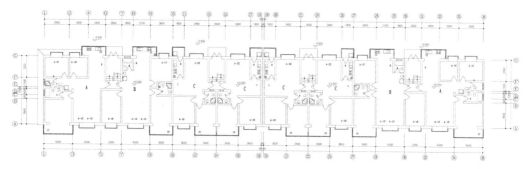

图21-75　一层供暖平面图

说明

空格键的灵活运用：默认情况下按空格键可重复AutoCAD的上一个命令，故用户在连续采用同一个命令操作时，只需连续按空格键即可，而无需费时费力地连续单击同一命令。

21.4.2　采暖设备图例

1. 绘制截止阀

1)单击"默认"选项卡"绘图"面板中的"矩形"按钮 ，绘制一个矩形，如图 21-76 所示。

2)单击"默认"选项卡"绘图"面板中的"直线"按钮 ，在矩形内绘制对角线，如图

21-77 所示。

图21-76 绘制矩形

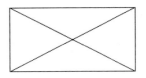

图21-77 绘制对角线

说明

对于非正交90°轴线，可使用"旋转" ↻ 命令将正交直线按角度旋转，调整为弧形斜交轴网，也可使用"构造线" ✐ 命令绘制定向斜线。

3）单击"默认"选项卡"修改"面板中的"修剪"按钮 ✂，对图形进行修剪，结果如图 21-78 所示。

2．绘制闸阀及锁闭阀

闸阀和锁闭阀的绘制方法与截止阀的绘制方法基本相同，这里不再赘述，结果如图 21-79 所示。

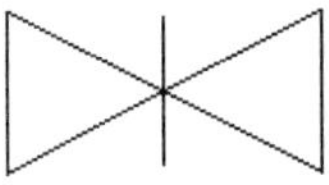

图21-78 修剪图形

闸阀

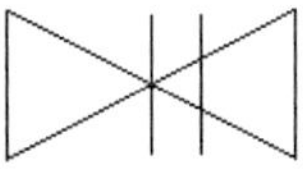

锁闭阀

图21-79 绘制闸阀和锁闭阀

3．绘制散热器

1）单击"默认"选项卡"绘图"面板中的"矩形"按钮 ▭，绘制一个矩形。单击"默认"选项卡"绘图"面板中的"直线"按钮 ✐，绘制一水平直线和垂直直线，如图 21-80 所示。

2）单击"默认"选项卡"注释"面板中的"多行文字"按钮 A，在图形上方标注文字，如图 21-81 所示。

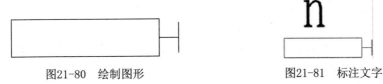

图21-80 绘制图形　　　　　　图21-81 标注文字

说明

使用"特性匹配"（matchprop）功能，可以将一个对象的某些或所有特性复制到其他对象。其菜单路径为：修改→特性匹配。

可以复制的特性类型包括（但不仅限于）颜色、图层、线型、线型比例、线宽、打印样式和三维厚度。

4．绘制自动排气阀

1）单击"默认"选项卡"绘图"面板中的"矩形"按钮 ▭，绘制一个矩形，再单击"默认"选项卡"绘图"面板中的"圆"按钮 ⊙，选取矩形短边中点为圆点，以短边为直径，绘制一个圆，如图 21-82 所示。

2）单击"默认"选项卡"修改"面板中的"分解"按钮 🗗，分解图形。单击"默认"选项卡"修改"面板中的"修剪"按钮 ⅓，对图形进行修剪，如图 21-83 所示。

3）单击"默认"选项卡"绘图"面板中的"直线"按钮 ∕，绘制两条竖直直线，如图 21-84 所示。

图21-82　绘制图形　　　　图21-83　修剪图形　　　图21-84　绘制竖直直线

5．绘制过滤器

1）单击"默认"选项卡"绘图"面板中的"矩形"按钮 ▭，绘制一个矩形，如图 21-85 所示。

2）单击"默认"选项卡"绘图"面板中的"直线"按钮 ∕，绘制直线，如图 21-86 所示。

图21-85　绘制矩形　　　　　　　图21-86　绘制连续直线

 说明

绘图时，可以使用新的对象捕捉修饰符来查找任意两点之间的中点。例如，在绘制直线时，可以按住Shift键并单击鼠标右键，弹出如图21-87所示的快捷菜单。单击"中点"选项，再在图形中指定两点。即可绘制以这两点之间的中点为起点的直线。

3）单击"默认"选项卡"修改"面板中的"分解"按钮 🗗，分解矩形。单击"默认"选项卡"修改"面板中的"修剪"按钮 ⅓，修剪图形，结果如图 21-88 所示。

6．绘制热量表

1）单击"默认"选项卡"绘图"面板中的"矩形"按钮 ▭，绘制一个矩形。单击"默认"选项卡"绘图"面板中的"直线"按钮 ∕，在矩形内绘制一段斜向直线，如图 21-89 所示。

2）单击"默认"选项卡"绘图"面板中的"图案填充"按钮 ▨，填充三角形，结果如图 21-90 所示。

 说明

AutoCAD中鼠标各键的功能如下。

左键:

右键: 绘图区——快捷菜单或Enter功能;

1）当变量 SHORTCUTMENU设置为0时，绘图区右击为Enter功能。

2）当变量 SHORTCUTMENU 设置为大于0的数字时，绘图区右击出现快捷菜单。

中间滚轮：

1）旋转滚轮向前或向后，可实时缩放、拉近、拉远。

2）压住滚轮不放并拖拽，可实时平移。

3）双击 ZOOM 缩放。

图21-87　快捷菜单　　　图21-88　修剪图形　图21-89　绘制矩形和斜向直线　图21-90　填充三角形

7．绘制散热器恒温控制阀

1）单击"默认"选项卡"绘图"面板中的"直线"按钮／，绘制一条水平直线、一条竖直直线，如图 21-91 所示。

2）单击"默认"选项卡"绘图"面板中的"圆"按钮◯，绘制一个圆，如图 21-92 所示。

3）单击"默认"选项卡"绘图"面板中的"图案填充"按钮▨，将圆填充，如图 21-93 所示。

图21-91　绘制直线　　　　　图21-92　绘制一个圆　　　　图21-93　填充圆

8．绘制压力表

1）单击"默认"选项卡"绘图"面板中的"圆"按钮◯，绘制一个圆，如图 21-94 所示。

2）单击"默认"选项卡"绘图"面板中的"直线"按钮／，绘制几条直线，如图 21-95 所示。

9．绘制温度计

1）单击"默认"选项卡"绘图"面板中的"矩形"按钮▭，绘制一个矩形，如图 21-96 所示。

图21-94　绘制圆　　　　　　　　　　　图21-95　绘制直线

2）单击"默认"选项卡"绘图"面板中的"直线"按钮，绘制一条直线，如图 21-97 所示。

图21-96　绘制矩形　　　　　　　　　　　　　图21-97　绘制直线

📖 21.4.3　绘制热水给水管线

单击"默认"选项卡"修改"面板中的"复制"按钮，将绘制好的图例（没有绘制的图例可以运用所学知识自行绘制）按供暖工程设计布置的需要一一对应复制到相应位置（注意复制时选择合适的基点），结果如图 21-98 所示。当供暖图例为对称设置时，可以单击"默认"选项卡"修改"面板中的"镜像"按钮，镜像图形，以提高制图效率。

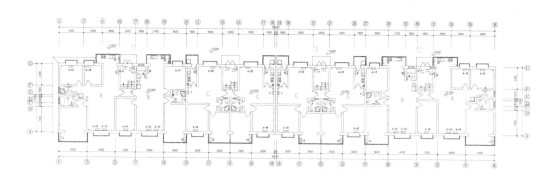

图21-98　插入图例

ⓘ 说明

可以将各种基本建筑单元制作成图块，然后插入到当前图形，这样有利于提高绘图效率，同时也增加了绘图的规范性和准确性。

以管线连接各采暖设备表达其连接关系。绘制管线线路前应注意其安装走向及方式，一般可顺时针绘制，以立管（或入口）为起始点。绘制热水给水管线采用粗实线，并采用单线表示法。

工程中直接采用立管将散热器连接起来。

热水回水管线的绘制同前所述，一般采用"直线"或"多段线"命令，绘制时需要捕捉端点，同时适当绘制一些辅助线。

明装部分采用热镀锌钢管，连接方式为螺纹连接，管线的连接如图 21-99 所示。

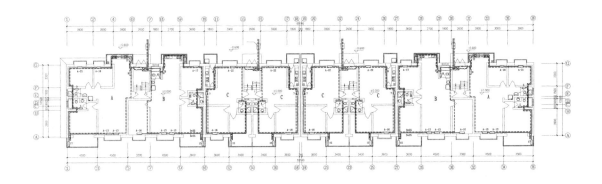

图21-99　管线连接

21.4.4　标注文字及相关的说明

单击"默认"选项卡"注释"面板中的"多行文字"按钮 A，为图形添加文字说明，结果如图 21-74 所示。

①注意

字体大多采用CAD制图中的大字体样式，对于同一套图纸，应尽量保持字体风格统一。

①注意

图元删除有三种方法：

1）"ERASE"：AutoCAD修改工具栏提供的"删除"快捷命令。

2）Delete键：位于操作键盘上的Delete键，删除方式同"ERASE"。

3）Ctrl+X键：Windows通用的快捷命令，直接将图元剪切删除。

①说明

AutoCAD默认的系统自动保存时间为120分钟。可将系统变量SAVETIME设置成一个较小的值，如10分钟，则系统每隔10分钟自动保存一次，这样可以避免由于误操作或机器故障导致图形文件数据丢失。

在文件保存时，应注意AutoCAD版本的选择，由于一般高版本兼容低版本，而低版本则不一定支持高版本，因此如果版本不对，可能会导致文件无法正常打开。

按照上述方法绘制本例其他层供暖平面图，如图 21-100～图 21-102 所示。

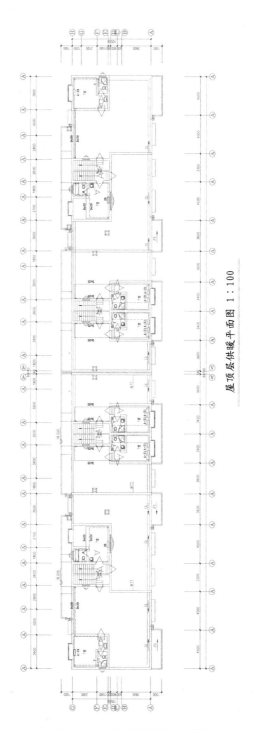

图21-100　屋顶层供暖平面图

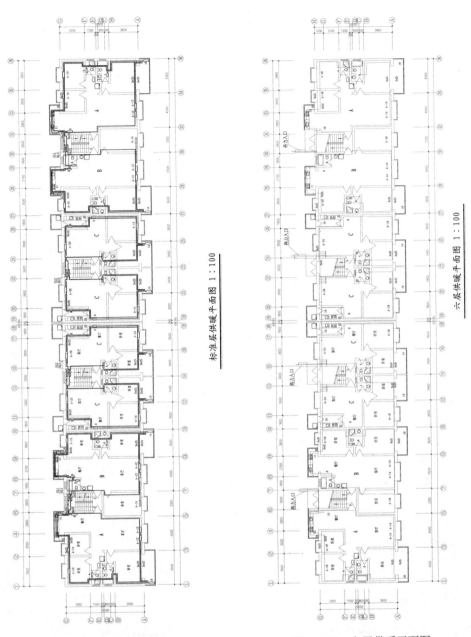

图21-101　标准层供暖平面图　　　　　图21-102　六层供暖平面图

第 **22** 章

某居民楼给水排水平面图

本章将结合建筑给水排水工程专业知识，介绍建筑给水排水工程施工图的绘制及其在AutoCAD中实现的基本操作方法及技巧，叙述工程制图中各种绘图手法在 AutoCAD 中的具体操作步骤以及注意事项，以引导读者正确设计和绘制建筑给水排水工程图。

 学 习 要 点

◎ 工程概括

◎ 室内平面图绘制

◎ 室内给水排水平面图绘制

22.1　工程概括

给水排水施工图是建筑工程图的组成部分，按其内容和作用不同，分为室内给水排水施工图和室外给水排水施工图。

22.1.1　设计说明

本工程为专家公寓 7 号住宅楼给水排水工程。设计供水压力为 0.3MPa，最高日用水量：住宅以 160 人计，最高日用水量为 40m³，最大每小时用水量为 3.75m³/h。

22.1.2　设计依据

1)《建筑给水排水设计标准》（GB 50015—2019)）。
2)《室外排水设计规范》[GB 50014—2006（2011 年版）]。
3)《室外给水设计标准》（GB 50013—2018）。
4)《建筑排水内螺旋管道工程技术规程》（T/CECS 94-2019）。
5)《建筑给水塑料管道工程技术规程》（CJJ/T 98—2014）。
6)《全国民用建筑工程设计技术措施：给水排水》（2009 年版）。

22.1.3　设计单位

本工程标高以"m"计，以首层室内坪为±0.000，其他以"mm"计.本设计给水管标高以管中心计，排水管标高以管内底计，系统图中 H 为洁具、阀门、水嘴所在楼层标高。

22.1.4　管材选用

给水管：单元进户管、楼内立管、分户给水管皆采用铝塑 PP-R 冷水管，1.0MPa，热熔连接。

热水管采用铝塑 PP-R 热水管，1.0MPa，标准工作温度 82 ℃，敷设于垫层内的热水管不应有接头，并采用 5mm 厚橡塑保温，其他明设部分热熔连接。

排水管：立管采用 UPVC 螺旋排水管；室内支管及埋地干管采用普通 UPVC 管，皆为白色，承插胶粘连接。

22.1.5　敷设连接

铝塑 PP-R 冷水管敷设在地面采暖构造层内，有分支时热熔连接，无分支时不应有接头，弯曲半径 $R \geqslant 5d$（d 为管道直径），其他部分热熔连接，铝塑 PP-R 与室外镀锌管连接采用专用管件。

📖22.1.6 设备选用（须采用节能型）

1）台式洗面器选用 98S19-24-25#，安装参考 98S19-41；洗脸盆选用 98S19-23-15 柱式，安装参考 98S19-29。

2）洗涤盆以市场成品双格不锈钢洗池绘制，安装参考 98S19-48，管道明设。

3）坐便器选用 98S19-88-3#，浴盆选用 98S19-69 之 19-1#，安装参考 98S19-619-73。

4）水表选用旋翼式，DN20，阀门皆选用铜球阀。

5）地漏选用 DN50，安装参考 98S19-154；清扫口安装参考 98S19-153；立管检查口距本层地面 1.0m。

6）所有设备甲方可自行选定，楼板预留洞以选定设备为准，可进行适当调整。

7）室内给水管道穿楼板、墙体时均设钢制套管，比管道大两号，穿墙时两端与饰面平，穿楼板时下端同楼板平，上端高出楼板 40mm。

8）下房层内明设的给水排水管道采用超细玻璃棉保温，厚度 30mm，外缠铝箔纸。

📖22.1.7 参照规范

1）排水立管必须设伸缩节，做法参见 98S19-158。

2）给水管道试压，参见《建筑给水排水及采暖工程施工质量验收规范》(GB 50242—2002)。

3）《建筑给水塑料管道工程技术规程》(CJJ/T 98—2014)。

4）其他未说明处按《建筑给水排水及采暖工程施工质量验收规范》(GB 50242—2002)执行。

5）本工程选用图集：98S（给水排水图集），98N（采暖图集）。

22.2 室内平面图绘制

本节绘制的室内平面图，如图 22-1 所示。首先绘制轴线，再绘制墙体、窗线以及洞口等，最后对图形进行标注。

AutoCAD 室内给水平面图绘制的基本设置按设置图幅、设置单位及精度、建立若干图层、设置对象样式的顺序依次展开。

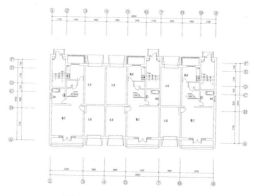

图22-1 室内平面图绘制

1. 图纸与图框

采用 A1 图纸，尺寸 $b \times 1 \times c \times a$ =594mm×841mm×10mm×25mm。b、1、c、a 四个参数在各图框中的尺寸见表 22-1。

表22-1　图框尺寸　（单位：mm）

尺寸代号	图纸代号				
	A0	A1	A2	A3	A4
$b \times 1$	841×1189	594×841	420×594	297×420	210×297
c	10			5	
a	25				

按 1:1 原尺寸绘制图框，图框矩形尺寸为 594mm×841mm，图框尺寸，在去掉图纸的边宽及装订侧边宽后，其尺寸为 574mm×806mm。

1）新建"图框"图层，并将其设置为当前图层，设置线型为粗实线，线宽 b=0.7mm。

2）单击"默认"选项卡"绘图"面板中的"矩形"按钮 ，绘制图框。命令行操作与提示如下：

```
命令：_RECTANG
指定第一个角点或 [倒角(C)/标高(E)/圆角(F)/厚度(T)/宽度(W)]：（在屏幕中指定一点）
指定另一个角点或 [面积(A)/尺寸(D)/旋转(R)]：D↙
指定矩形的长度 <10.0000>：841↙
指定矩形的宽度 <10.0000>：594↙
```

采用同样方法，绘制长为 806mm，宽为 574mm 的矩形，结果如图 22-2 所示。

图22-2　绘制图框

3）单击"默认"选项卡"修改"面板中的"移动"按钮 ，调整图框内框与外框间的边宽及装订侧边宽（单击"移动"按钮时注意"正交"模式 的运用）。绘制会签栏如图 22-3 所示。

		制图	设施
		图号	
制图		比例	1:125
审核		日期	2015.09

图22-3　会签栏

说明

使用"直线"命令时，若为正交直线，可单击"正交"按钮，根据正交方向提示，直接输入下一点的距离即可，而不需要输入@符号；若为斜线，则可单击"极轴追踪"按钮

（见图22-4），设置斜线角度，此时，图形即进入了自动捕捉所需角度的状态。该方法可大大提高制图时直线输入长度的速度。注意，"正交"按钮和"极轴追踪"按钮不能同时使用。

图22-4　"状态栏"按钮

4）单击"默认"选项卡"修改"面板中的"缩放"按钮，对图框进行缩放。图框缩放是因为 AutoCAD 比例制图的概念，手工制图时是在 1∶1 的纸质图纸中绘制缩小比例的图样，而在 AutoCAD 制图中则恰恰相反，即将图样按 1∶1 绘制，而将图框按放大比例绘制，即相当于"放大了标准图纸"。

根据本工程建筑制图比例 1∶195，因此比例为缩小比例，故只需将图框相对放大 195，图样即可按 1∶1 原尺寸绘制，从而获得 1∶195 的比例图纸。便于识读给水排水平面图宜采用与建筑平面图同比例进行绘制。

2. 图层设置

可根据工程的性质、规模等合理设置各图层，以达到便于制图的目的。图层数量太少，则绘制不便，图层太多也无必要。

图层的设置应根据《房屋建筑制图统一标准》（GB/T50001—2017）. 建筑给水工程的图层名称见表 22-2。

表22-2　给水工程图层名称

A3.6.1 冷热		
中文名	英文名	解释
给排-冷热	P-DOMW	生活冷热水系统（Domestic hot and cold water systems）
给排-冷热-设备	P-DOMW-EQPH	生活冷热水设备（Domestic hot and cold water equipment）
给排-冷热-热管	P-DOMW-HPIP	生活热水管线（Domestic hot water piping）
给排-冷热-冷管	P-DOMW-CPIP	生活冷水管线（Domestic cold water piping）

在"图层"工具栏上单击如图 22-5 所示的"图层特性管理器"按钮，在弹出"图层特性管理器"对话框中进行图层设置。

图22-5　"图层特性管理器"命令按钮

关于 AutoCAD 图层的命名，可根据专业需要进行调整设置。

注意

1）各图层设置不同颜色、线宽、状态等;

2）0层不进行任何设置，也不应在0层绘制图样, 如图22-6所示。

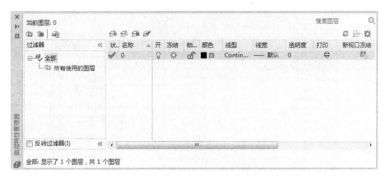

图22-6 "图层特性管理器"对话框

3. 文字样式

单击"默认"选项卡"注释"面板中的"文字样式"按钮A，在弹出的"文字样式"对话框中进行样式参数设置，如图 22-7 所示。设置的参数主要包括新建字体样式名称、字体高度、宽度因子。参数设置完成后，在左下角的预览窗口中可看到所设置的字体样式效果。

图22-7 "文字样式"对话框

这里采用土木工程 CAD 制图中常用的大字体样式，字体组合为"txt.shx + hztxt.shx"（若 CAD 字库中没有该字体，从 CAD 有关字体网站中下载并安装即可），高宽比设置为 0.7，此处暂不设置文字高度，其高度仍然为 0.000，样式名为默认的 Standard。若想另建其他样式的字体，可单击"新建"按钮，在弹出的"新建文字样式"对话框中输入样式名，进行新的字体样式组合及样式设置，如图 22-8 所示。

图22-8 "新建文字样式"对话框

4. 标注样式

1）单击"默认"选项卡"注释"面板中的"标注样式"按钮，弹出"标注样式管理器"对话框，如图 22-9 所示。可以单击"置为当前""新建""修改""替代""比较"按钮来完成标注样式的设置。此处单击"修改"按钮，在弹出的如图 22-10 所示的"修改标注样式"对话框中进行各参数设置。

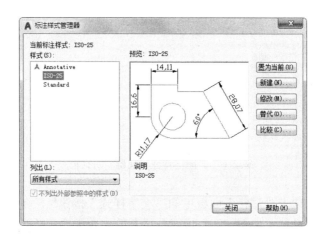

图22-9　"标注样式管理器"对话框

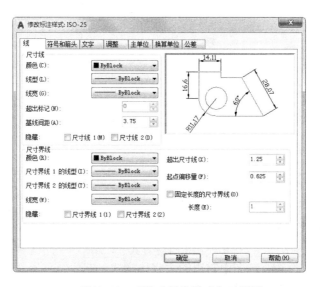

图22-10　"修改标注样式"对话框

2）可按照《房屋建筑制图统一标准》（GB/T50001—2017）的要求，对标注样式进行设置，包括"文字""主单位""符号和箭头"等。此处应注意各项涉及尺寸大小的都应以实际图纸上的尺寸乘以制图比例的倒数，即100，如需要在A4图纸上显示大小为3.5mm的字，则此处的字高应设置为350。此方法同图框的设置。

①　"线"选项卡：颜色、线型、线宽等均设置为"ByBlock"，即随层设置，其属性与"标注"图层属性相同。

②　"符号和箭头"选项卡：设置引线、箭头大小。

③　"文字"选项卡：设置文字样式、颜色、高度及位置。

④　"调整"选项卡：设置"使用全局比例"为100。

⑤　"主单位"选项卡：设置小数、精度。

如果一幅图中涉及几种不同的标注样式，则应相应建立不同的标注样式，以便于标注。

22.2.1　室内给水平面图的 CAD 实现

在绘制给水平面图前，首先要具备建筑平面图。对于新建结构，往往会由建筑专业技术人员提供建筑平面图；对于改建、改造建筑，若没有原建筑图，则需进行建筑平面图的 CAD 绘制。

本例为建筑给水排水工程图，建筑图的线宽可统一设置成细线，即 0.25b。给水排水工程图中各线型、线宽设置的要求可参见《建筑给水排水制图标准》（GB/T 50106—2010）及前述相关章节。

下面简述建筑平面图的绘制。建筑给水排水工程中的建筑图主要是指建筑平面图的轮廓线。

注意

定位轴线为点画线，线型设置如前所述。

22.2.2　设置图层、颜色、线型及线宽

绘图时应考虑图样需划分为哪些图层以及按什么样的标准划分。图层设置合理，会使图形信息更加清晰有序。

1）单击"默认"选项卡"图层"面板中的"图层特性"按钮，弹出"图层特性管理器"对话框，如图 22-11 所示。单击"新建图层"按钮，将新建图层名修改为"轴线"。

2）单击"轴线"图层的图层颜色，弹出"选择颜色"对话框，选择红色为轴线图层颜色，单击"确定"按钮。

图22-11　"图层特性管理器"对话框

说明

CAD制图时，若每次画图都要设定图层将很烦琐。此时可以复制其他图纸中已经设置好的图层来，以提高绘图的效率。方法如下：在某幅图中设定好图层，并在该图的各个图层上绘制线条，下次新建文件时，只要把该图复制粘贴到新图中，其图层也会相应被复制，再删除所复制的图样，就可以绘制新图了。这样做可省去重复设置图层的时间。该方法类似于模板文件的使用。

以上所有的图框及各图层、文字、标注设置都可以从样板文件DWT文件中调用，也可

以从AutoCAD设计中心▦调用，如图22-12所示。

由设计中心的列表可以看出，可以调用的选项包括：标注样式、表格样式、布局、块、图层、外部参照、文字样式、线型等。此外，还可以根据需要添加选项。

3）单击"轴线"图层的图层线型，弹出"选择线型"对话框，如图 22-13 所示，单击"加载"按钮，弹出"加载或重载线型"对话框，如图 22-14 所示，选择"CENTER"线型，单击"确定"按钮，完成线型的设置。

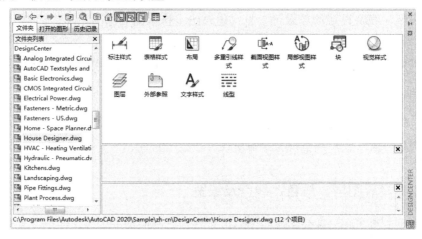

图22-12　设计中心

图22-13　"选择线型"对话框　　　　　图22-14　"加载或重载线型"对话框

采用同样方法创建其他图层，如图 22-15 所示。

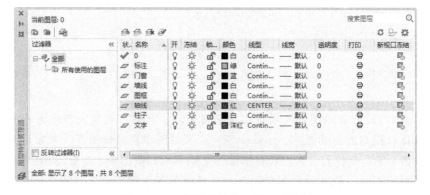

图22-15　"图层特性管理器"对话框

22.2.3 绘制轴线

1）单击"默认"选项卡"绘图"面板中的"直线"按钮／，绘制长度为43000mm的水平轴线和长度为29000mm的垂直轴线，如图22-16所示。

2）单击"默认"选项卡"修改"面板中的"偏移"按钮 ，将竖直轴线向右偏移2700mm。命令行操作与提示如下：

```
命令：_OFFSET
当前设置：删除源=否  图层=源  OFFSETGAPTYPE=0
指定偏移距离或 [通过(T)/删除(E)/图层(L)]〈通过〉：2700（偏移距离设置为2700）✓
选择要偏移的对象，或 [退出(E)/放弃(U)]〈退出〉：（选择竖直轴线）
指定要偏移的那一侧上的点，或 [退出(E)/多个(M)/放弃(U)]〈退出〉：（向右侧偏移）
```

3）重复"偏移"命令，将上步偏移后的竖直轴线向右偏移，设置偏移距离（mm）为3400、3900、3900、3400、2700、3900、3400、2700，然后将水平轴线向上偏移，设置偏移距离（mm）为5700、3000、1500、2700、1500，结果如图22-17所示。

说明

OFFSET（偏移）命令可将对象根据平移方向偏移一个指定的距离，创建一个与原对象相同或类似的新对象，它可操作的图元包括直线、圆、圆弧、多段线、椭圆、构造线、样条曲线等。当偏移一个圆时，可创建同心圆。当偏移一条闭合的多段线时，还可建立一个与原对象形状相同的闭合图形。"OFFSET"命令应用相当灵活，是AutoCAD修改命令中使用频率最高的一条命令。

在使用"OFFSET"命令时，可以通过两种方式创建新线段：一种是输入偏移的距离，这也是最常使用的方式；另一种是指定新线段通过的点，输入提示参数"T"，再捕捉该指定的点，这样就可在不知道偏移距离时绘出新的线段，而且还不易出错。

图22-16 绘制轴线

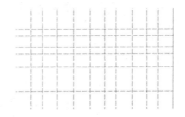

图22-17 偏移轴线

4）绘制轴号。

①单击"默认"选项卡"绘图"面板中的"圆"按钮 ，设置圆心为轴线的端点，绘制一个半径为500mm的圆。

②单击菜单栏中的"绘图"→"块"→"定义属性"选项，弹出"属性定义"对话框，如图22-18所示，单击"确定"按钮，在圆心位置写入一个块的属性值，结果如图22-19所示。

③单击"默认"选项卡"绘图"面板中的"创建块"按钮 ，弹出"块定义"对话框，如图22-20所示。在"名称"文本框中写入"轴号"，指定圆心为基点，再选择整个圆和刚才的"轴号"标记为对象，单击"确定"按钮。

图22-18　"属性定义"对话框

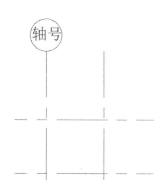

图22-19　在圆心位置写入块属性值

图22-20　"块定义"对话框

④弹出如图 22-21 所示的"编辑属性"对话框，输入轴号"1"，单击"确定"按钮，轴号效果图如图 22-22 所示。

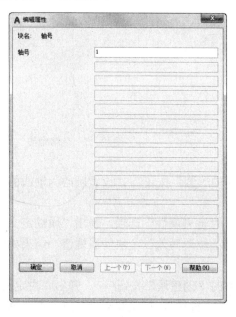

图22-21　"编辑属性"对话框

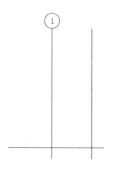

图22-22　输入轴号

⑤利用上述方法绘制出所有轴号，结果如图 22-23 所示。

⚠注意

AutoCAD提供的点（ID）、距离（Distance）、面积（Area）查询功能给图形的分析带来了很大的方便。利用该功能，用户可以即时查询相关信息并进行修改。可依次单击菜单栏"工具"→"查询"→"距离"等来执行上述命令。

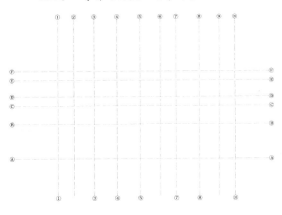

图22-23　标注轴号

22.2.4　绘制墙体、洞口、窗线、楼梯

1．绘制墙体

1）将"墙线"图层设置为当前图层。单击菜单栏中的"格式"→"多线样式"命令，弹出如图 22-24 所示的"多线样式"对话框，单击"新建"按钮，弹出"创建新的多线样式"对话框，输入"新样式名"为 370，单击"继续"按钮，弹出如图 22-25 所示的"新建多线样式：370"对话框，在偏移文本框中输入 250mm 和-120mm，单击"确定"按钮，返回到"多线样式"对话框。

图22-24　"多线样式"对话框

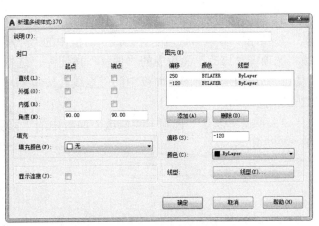

图22-25　设置多线样式

2）单击菜单栏中的"绘图"→"多线"选项，绘制墙体。命令行操作与提示如下：

命令：MLINE

```
当前设置: 对正 = 上，比例 = 20.00，样式 = 370
指定起点或 [对正(J)/比例(S)/样式(ST)]: S↙
输入多线比例 <20.00>: 1（设置比例）↙
当前设置: 对正 = 上，比例 = 1.00，样式 = 370
指定起点或 [对正(J)/比例(S)/样式(ST)]: J↙
输入对正类型 [上(T)/无(Z)/下(B)] <上>: Z（设置对正方式）↙
当前设置: 对正 = 无，比例 = 1.00，样式 = 370
指定起点或 [对正(J)/比例(S)/样式(ST)]:（指定轴线间的相交点）
指定下一点:
指定下一点或 [放弃(U)]:
```

用系统的方法设置 240 墙体，完成所有墙体的绘制，然后单击菜单栏中的"修改"→"对象"→"多线"选项，对绘制的墙体进行修剪，结果如图 22-26 所示。

ⓘ注意

绘制墙体时需要根据各处墙体厚度的不同对多线样式进行修改。

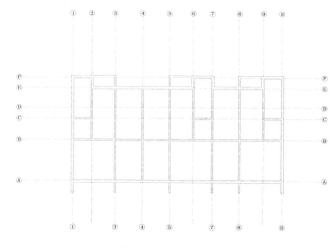

图22-26 绘制墙体

2．绘制洞口

1）将"门窗"图层设置为当前图层。

2）单击"默认"选项卡"修改"面板中的"分解"按钮 🗗，将墙线进行分解。单击"默认"选项卡"修改"面板中的"偏移"按钮 ⬚，选取轴线 9 向右偏移 750㎜、1950㎜。单击"默认"选项卡"绘图"面板中的"直线"按钮 ╱，在偏移轴线上绘制两条竖直直线，如图 22-27 所示。

3）单击"默认"选项卡"修改"面板中的"修剪"按钮 ⬚，修剪掉多余图形，结果如图 22-28 所示。

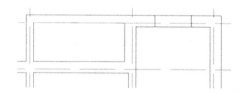

图22-27 偏移轴线并绘制竖直直线

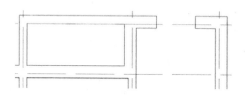

图22-28 修剪图形

①注意

有些门窗的尺寸已经标准化，所以在绘制门窗洞口时，应该查阅相关标准中门窗的尺寸。

4）利用上述方法绘制出所有门窗洞口，如图22-29所示。

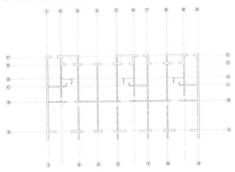

图22-29　绘制门窗洞口

3．绘制窗线

1）将"门窗"图层设置为当前图层。

2）单击"默认"选项卡"绘图"面板中的"直线"按钮／，绘制一段长度为750mm的直线。单击"默认"选项卡"修改"面板中的"偏移"按钮⊆，选择上步绘制的直线向下偏移，设置偏移距离（mm）为124、123、123，结果如图22-30所示。

3）利用上述方法绘制其余窗线，并利用前面章节讲述的方法绘制门，结果如图22-31所示。

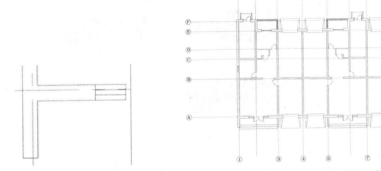

图22-30　绘制并偏移窗线　　　　图22-31　完成窗线及门的绘制

4．绘制楼梯

1）单击"默认"选项卡"绘图"面板中的"矩形"按钮□，绘制一个1450mm×60mm的矩形，如图22-32所示。

2）单击"默认"选项卡"绘图"面板中的"直线"按钮／，绘制一条水平直线，再单击"默认"选项卡"修改"面板中的"偏移"按钮⊆，偏移水平直线，设置间距为265mm，如图22-33所示。

3）单击"默认"选项卡"绘图"面板中的"直线"按钮／和"默认"选项卡"修改"面

板中的"修剪"按钮，绘制楼梯折弯线，如图 22-34 所示。

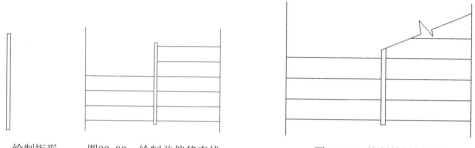

图22-32　绘制矩形　　图22-33　绘制并偏移直线　　图22-34　绘制楼梯折弯线

说明

灵活使用动态输入功能。

动态输入功能在光标附近提供了一个命令界面，以帮助用户专注于绘图区域。启用"动态输入"时，工具栏提示将在光标附近显示信息，该信息会随着光标移动而动态更新。当某条命令为活动状态时，工具栏提示将为用户提供输入的位置。

单击状态栏上的按钮可打开和关闭动态输入功能。使用快捷键F12也可以将其关闭。动态输入功能有三个组件："指针输入""标注输入"和"动态提示"。在按钮上单击鼠标右键，然后单击"动态输入设置"，如图22-35所示，弹出"草图设置"对话框中的"动态输入"选项卡，如图22-36所示，勾选相关选项，可以控制启用"动态输入"时每个组件所显示的内容。

图22-35　状态栏　　　　　　　　图22-36　"动态输入"选项卡

4）单击"默认"选项卡"绘图"面板中的"多段线"按钮，绘制楼梯指引箭头，如图 22-37 所示。

5）单击"默认"选项卡"修改"面板中的"复制"按钮，复制楼梯到指定位置，再结合所学知识完成剩余图形的绘制，如图 22-38 所示。

5．插入图块

1）新建"装饰"图层，并将其设置为当前图层。

2）单击"默认"选项卡"绘图"面板中的"插入块"按钮，插入"源文件/图库/洗手盆"，结果如图 22-39 所示。

3）采用上述方法插入全部图块，结果如图 22-40 所示。

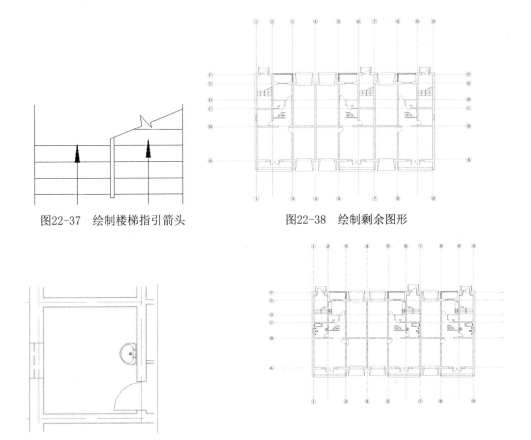

图22-37　绘制楼梯指引箭头　　　　　　图22-38　绘制剩余图形

图22-39　插入洗手盆　　　　　　图22-40　插入全部图块

说明

要使图块在插入后，图块各对象的颜色、线型与线宽都与图块插入层的图层设置相同，就在0层上用ByLayer颜色、ByLayer线型和ByLayer线宽制绘制图块，这样在0层上的ByLayer图块插入后，可使图块各对象的颜色、线型和线宽与图块插入层的图层设置一致。

22.2.5　标注尺寸

1. 设置标注样式

1）将"标"注图层设置为当前图层。

2）单击菜单栏中"格式"→"标注样式"按钮，弹出"标注样式管理器"对话框，如图 22-41 所示。

3）单击"新建"按钮，弹出"创建新标注样式"对话框，输入新样式名"建筑平面图"，如图 22-42 所示。

4）单击"继续"按钮，弹出"新建标注样式：建筑平面图"对话框，选择各个选项卡，分别进行设置，如图 22-43 所示。设置完参数后，单击"确定"按钮，返回到"标注样式管理器"对话框，将"建筑平面图"样式置为当前。

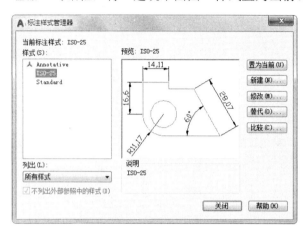

图22-41　"标注样式管理器"对话框　　　　图22-42　"创建新标注样式"对话框

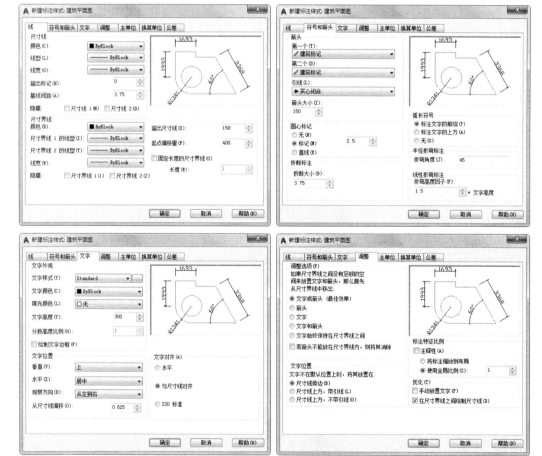

图 22-43　"新建标注样式：建筑平面图"对话框

图 22-43　"新建标注样式：建筑平面图"对话框（续）

2．标注图形

1）将"标注"图层设置为当前图层。单击"默认"选项卡"注释"面板中的"线性"按钮⊢⊣和"连续"按钮⊬⊦，标注图形尺寸，如图 22-44 所示。

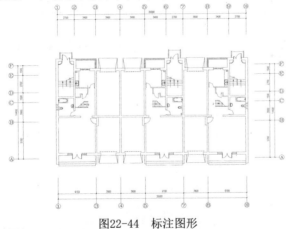

图22-44　标注图形

2）单击"默认"选项卡"注释"面板中的"多行文字"按钮 A，为图形添加文字说明，结果如图 22-1 所示。

⚠注意

1）如果改变现有文字样式的方向或字体文件，当图形重生成时所有具有该样式的文字对象都将使用新值。

2）在AutoCAD提供的TrueType字体中，大写字母可能不能正确反映指定的文字高度。只有在"字体名"中指定"SHX"文件才能使用"大字体"。只有"SHX"文件可以创建"大字体"。

说明

标注图样尺寸及文字时，一个好的制图习惯是首先设置"文字样式"，即先准备好文字的字体。

22.3 室内给水排水平面图绘制

住宅楼给水排水平面图是建筑工程一个很重要的组成部分，应能熟练地绘制给水排水平面图。

在室内平面图的基础上绘制的给水排水平面图如图 22-45 所示。

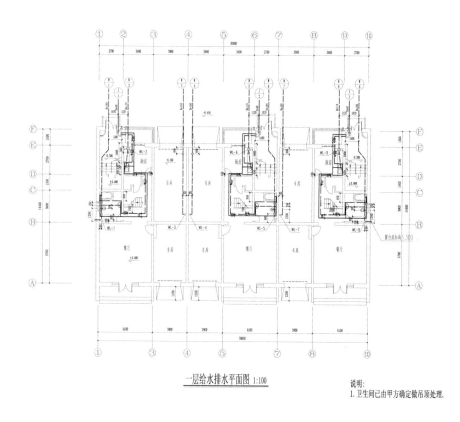

一层给水排水平面图 1:100

说明:
1. 卫生间已由甲方确定做吊顶处理.

图22-45　室内给水排水平面图

22.3.1 绘图准备

1）单击"快速访问"工具栏中的"打开"选项，弹出"选择文件"对话框，打开"源文件/第 22 章/平面一层"，如图 22-46 所示，将其另存为"室内给水排水平面图"。

2）单击"默认"选项卡"图层"面板中的"图层特性"按钮，弹出"图层特性管理器"对话框，新建图层，如图 22-47 所示。

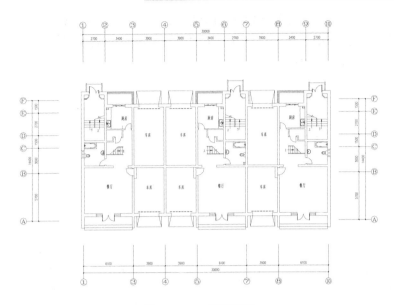

图22-46　一层平面图

图22-47　新建图层

📖 22.3.2　绘制给水排水设备图例

1. 绘制地漏

1）将"给水—设备"图层设置为当前图层。单击"默认"选项卡"绘图"面板中的"圆"按钮 ⊘ ，绘制一个半径为195mm的圆，如图 22-48 所示。

2）单击"默认"选项卡"绘图"面板中的"图案填充"按钮 ▨ ，填充圆，如图 22-49 所示。

⛔ 说明

在用"HATCH"图案填充时常常会出现找不到线段封闭范围的情况，尤其是.dwg文件本身比较大的时候。此时可以采用"LAYISO"（图层隔离）命令让欲填充的范围线所在的图层孤立或"冻结"，再用"HATCH"图案填充就可以快速找到所需填充的范围。

在默认情况下，"HATCH" 通过分析图形中所有闭合的对象来定义边界。对屏幕中的所有完全可见或局部可见的对象进行分析以定义边界，在复杂的图形中可能会耗费大量时间。要填充复杂图形的小区域，可以在图形中定义一个对象集（称作边界集），"HATCH"不会分析边界集中未包含的对象。

图22-48　绘制圆

图22-49　填充圆

2．绘制清扫口

1）单击"默认"选项卡"绘图"面板中的"圆"按钮⊙，绘制一个半径为180mm的圆，如图22-50所示。

2）单击"默认"选项卡"绘图"面板中的"矩形"按钮▢，在圆内绘制一个 196mm×181mm 的矩形，如图 22-51 所示。

图22-50　绘制圆

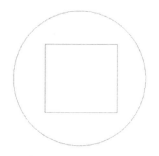

图22-51　绘制矩形

3．绘制排水栓

1）单击"默认"选项卡"绘图"面板中的"圆"按钮⊙，绘制半径为 160mm 的圆，如图 22-52 所示。

2）单击"默认"选项卡"绘图"面板中的"直线"按钮⟋，绘制十字交叉线，如图 22-53 所示。

图22-52　绘制圆

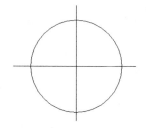

图22-53　绘制十字交叉线

4．绘制排水管

1）将"排水—管线"图层设置为当前图层。单击"默认"选项卡"绘图"面板中的"多段线"按钮⟋，指定起点宽度和端点宽度均为40，绘制多段线，如图22-54所示。

2）单击"默认"选项卡"注释"面板中的"多行文字"按钮**A**，在多段线之间输入"W"字样，如图 22-55 所示。

图22-54 绘制多段线 　　　　　　　　　　　　　　　图22-55 输入文字

5．绘制铜球阀

1）单击"默认"选项卡"绘图"面板中的"矩形"按钮 ▢，绘制一个矩形，如图 22-56 所示。

2）单击"默认"选项卡"绘图"面板中的"直线"按钮 ╱，在矩形内绘制对角线，如图 22-57 所示。

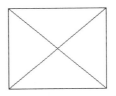

图22-56 绘制矩形 　　　　　　　　　　　　　图22-57 绘制对角线

3）单击"默认"选项卡"绘图"面板中的"圆"按钮 ⊙，在矩形内部绘制一个圆，如图 22-58 所示。

4）单击"默认"选项卡"修改"面板中的"修剪"按钮 ✂，修剪图形，结果如图 22-59 所示。

5）单击"默认"选项卡"绘图"面板中的"图案填充"按钮 ▨，填充圆，结果如图 22-60 所示。

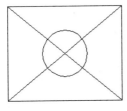
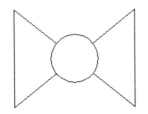
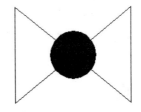

图22-58 绘制圆 　　　　　　图22-59 修剪图形 　　　　　　图22-60 填充圆

💧 说明

　　当使用"图案填充"命令时，默认的图案比例因子均为1，这是按原界限定义时的样式。但是如果填充界限变小或变大后还按这个比例因子进行填充，则会使填充图案过密或过疏，因此要对比例因子进行适当调整。在选择比例因子时可使用下列技巧：

　　1）当处理较小区域的填充图案时，可以减小图案比例因子值；相反，当处理较大区域的填充图案时，则可以增加图案比例因子值。

　　2）比例因子应选择适当。比例因子的选择要视具体的图形界限的大小而定。

　　3）当处理较大的填充区域时，如果选用的图案比例因子太小，则所生成的图案将会与使用"SOLID"所得到的填充结果相似，这是因为图案填充过密所致。

4）比例因子的取值应遵循"宁大不小"的原则。

其他图例请参见图 22-61。

6）单击"默认"选项卡"修改"面板中的"复制"按钮 ⍟，将给水设备图例复制到建筑平面图中，如图 22-62 所示。

图22-61　图例列表

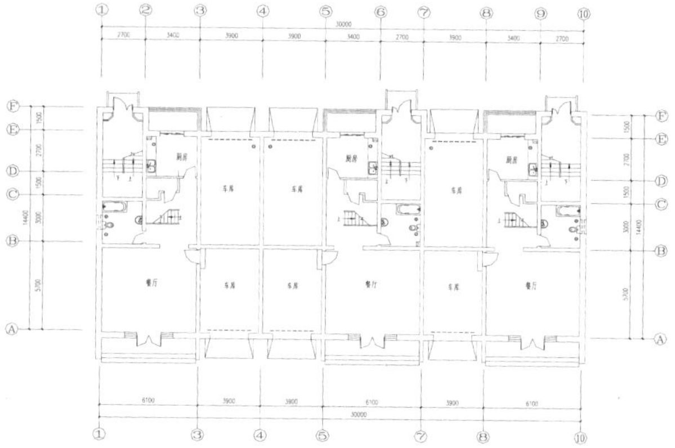

图22-62　复制图例

说明

在选择复制对象时，如果误选了某不该选择的对象，则需要将其删除，此时可以在"选择对象"提示下输入R（删除），并使用任意选项将对象从选择集中删除。如果删除后想重新为选择集添加该对象，可输入A（添加）。

按住Shift键，并单击对象选择，或者按住Shift键然后单击并拖动窗口或交叉选择，也可以从当前选择集中重复添加和删除对象，该操作在图元修改编辑操作时是极为有用的。

注意

绘制给水排水施工图时，可参照《房屋建筑制图统一标准》（GB/T 50001—2017）、《建筑给水排水制图标准》（GB/T 50106—2010）、《暖通空调制图标准》（GB/T 50114—2010）等标准，它们对制图的图线、比例、标高、标注方法、管径编号、图例等都做了详细的说明。

22.3.3　绘制给水管线

将"给水—管线"图层设置为当前图层。单击"默认"选项卡"绘图"面板中的"圆"按钮 ⊙，绘制立管图形，并根据室内消防要求布置消防给水管线。单击"默认"选项卡"绘图"面板中的"多段线"按钮 ⤵，完成其余给水管线的绘制。将"热水—管线"图层设置为当前图层，绘制热水管线，结果如图 22-63 所示。

ⓘ 注意

室内排水系统图的图示方法：

1）室内排水系统图选用正面斜等轴测视图，其图示方法与给水系统图基本一致。

2）排水系统图中的管道用粗虚线表示。

3）排水系统图只需绘制管路及存水弯，卫生器具及用水设备可不必画出。

4）排水横管上的坡度因图例小可忽略，按水平管道画出。

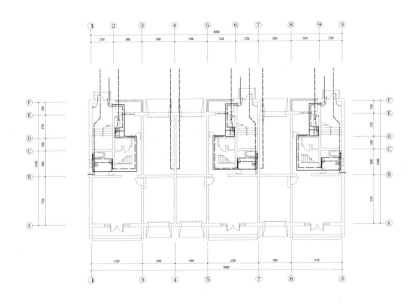

图22-63　绘制热水管线

📖 22.3.4　标注文字及相关的说明

将"标注"图层设置为当前图层。

建筑给水排水工程图一般采用图形符号与文字标注相结合的方法来表示。其中，文字标注包括尺寸、线路的文字标注，以及相关的文字说明等。标注的文字应符合相关的标准要求，做到表达规范、清晰明了。

1．管径标注

给水排水管道的管径尺寸以毫米（mm）为单位。

对于水煤气输送钢管（镀锌或不镀锌）、铸铁管、硬聚氯丙烯管等，用公称直径 DN 表示。

2．编号

当建筑物的排水排出（给水引入）管的根数大于一根时，通常用汉语拼音的首字母和数字对管道进行编号，如图 22-64 所示。圈中横线上方的汉语拼音字母表示管道类别，横线下方的数字表示管道进出口编号，如"J"表示给水。

如图 22-65 所示，对于给水立管及排水立管（即穿过一层或多层的竖向给水或排水管道），当其根数大于一根时，也应采用汉语拼音首字母及阿拉伯数字进行编号，如"WL-4"表示 4

号排水立管，"W"表示污水。

3．管材采用

（1）给水管　单元进户管、楼内立管、分户给水管皆采用铝塑 PP-R 冷水管，1.0MPa，热熔连接。

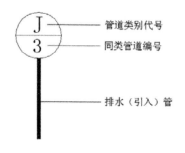

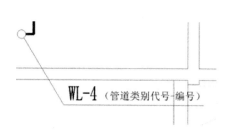

图22-64　排水排出（给水引入）管的编号方法　　　　图22-65　立管编号的表示方法

（2）热水管　采用铝塑 PP-R 热水管，1.0 MPa，标准工作温度 82 ℃。敷设于垫层内的热水管不应有接头，并采用 5mm 厚橡塑保温，其他明设部分热熔连接。

（3）排水管　立管采用 UPVC 螺旋排水管；室内支管及埋地干管采用普通 UPVC 管，皆为白色，承插胶粘连接。

将 "标注" 图层设置为当前图层。按上述方法标注排水排出（给水引入）管的编号，如图 22-66 所示。

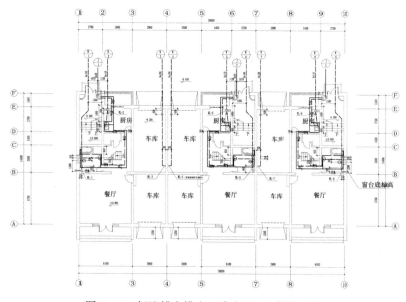

图22-66　标注排水排出（给水引入）管的编号

注意

当图形文件经过多次修改，特别是插入多个图块以后，文件占用的空间越来越大，这时计算机运行的速度也会变慢，图形处理的速度也相应变慢。此时，可以通过选择"文件"

菜单中的"绘图实用程序"→"清除"命令,清除无用的图块、字型、图层、标注样式、复线形式等来减小图形文件。

4．管道试压

给水管道试压可参见《建筑给水排水及采暖工程施工质量验收规范》(GB 50242—2002)、《建筑给水塑料管道工程技术规程》(CJJ/T98—2014)。

单击"默认"选项卡"注释"面板中的"线性"按钮，添加细部尺寸标注。

单击"默认"选项卡"注释"面板中的"多行文字"按钮 A，添加文字说明，结果如图 22-45 所示。

说明

在修改单行文本时，文本内容若为全选状态，重新输入文字可直接覆盖原有的文字，单击右键可以进行文字的剪切、复制、粘贴、删除、插入字段、全部选择等编辑操作；单击"确定"按钮或按Enter键可以结束并保存文本的修改。

在修改多行文本时，光标输入符默认在第一个字符后面，按End键或移动方向键则可以将光标移到最后，在此输入文字增加内容；单击右键可以对文字进行编辑操作(如复制、粘贴、插入符号等)；单击"确定"按钮可以结束编辑，并保存文本的修改；单击文本编辑框以外CAD工作区以内的任一地方也可以结束并保存文本的修改。

用户在使用鼠标滚轮时，应注意鼠标中键的设置命令"mbuttonpan"。该命令用于控制滚轮的动作响应，参数初始值为1。当其设置值为0时，支持菜单(.mnu)文件定义的动作；当其设置值为1时，按住并拖动按钮或滚轮，支持平移操作。

按照上述方法绘制出其他层给水排水平面图，结果如图 22-67 和图 22-68 所示。

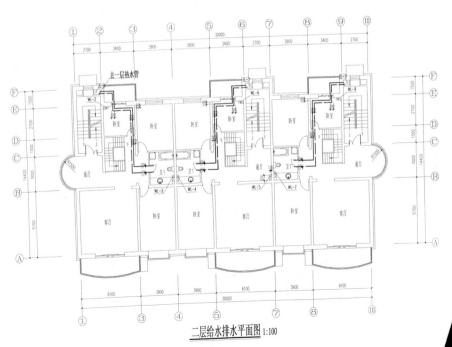

二层给水排水平面图 1:100

图22-67　二层给水排水平面图

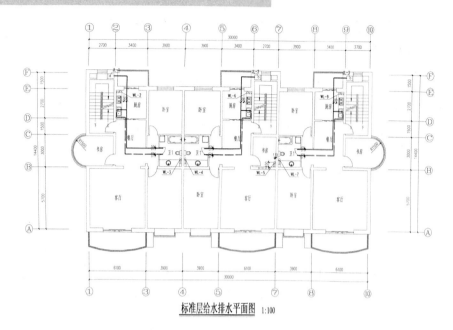

标准层给水排水平面图 1:100

图22-68 标准层给水排水平面图